普通高等教育"十三五"规划教材

钢铁冶金过程环保新技术

何志军　张军红　刘吉辉　李丽丽　主编

北　京

冶金工业出版社

2017

内容提要

本书以实用和适度为原则,介绍了钢铁冶金工业污染物的排放及特点、绿色钢铁建设理念、钢铁生产过程的清洁生产技术、循环经济内涵、钢铁厂废水处理技术、钢铁厂废气处理与利用技术、钢铁厂固体废弃物处理与高值利用技术、噪声控制与防护技术、工业生态系统循环经济技术等内容,紧随冶金工艺技术的进步,以翔实可靠的数据反映国内外钢铁工业在环保技术方面的最新进展。

本书为高等学校环境类和冶金类专业教材,也可供环境保护工作者、相关企业工程技术人员和管理人员参考。

图书在版编目(CIP)数据

钢铁冶金过程环保新技术/何志军等主编. —北京:
冶金工业出版社,2017.8
普通高等教育"十三五"规划教材
ISBN 978-7-5024-7576-5

Ⅰ.①钢…　Ⅱ.①何…　Ⅲ.①钢铁冶金—污染防治
—高等学校—教材　Ⅳ.①X757

中国版本图书馆 CIP 数据核字(2017)第 201976 号

出 版 人　谭学余
地　　址　北京市东城区嵩祝院北巷 39 号　邮编　100009　电话　(010)64027926
网　　址　www.cnmip.com.cn　电子信箱　yjcbs@cnmip.com.cn
责任编辑　宋　良　美术编辑　吕欣童　版式设计　孙跃红
责任校对　禹　蕊　责任印制　牛晓波
ISBN 978-7-5024-7576-5
冶金工业出版社出版发行;各地新华书店经销;三河市双峰印刷装订有限公司印刷
2017 年 8 月第 1 版,2017 年 8 月第 1 次印刷
787mm×1092mm　1/16;16.25 印张;394 千字;251 页
35.00 元

冶金工业出版社　投稿电话　(010)64027932　投稿信箱　tougao@cnmip.com.cn
冶金工业出版社营销中心　电话　(010)64044283　传真　(010)64027893
冶金书店　地址　北京市东四西大街 46 号(100010)　电话　(010)65289081(兼传真)
冶金工业出版社天猫旗舰店　yjgycbs.tmall.com
(本书如有印装质量问题,本社营销中心负责退换)

前　言

新中国成立以来，我国钢铁工业在近70年的发展历程中，经历过坎坷和曲折，更有过快速和辉煌的发展，在量质齐增的同时，钢铁工业的整体技术水平也基本改变了落后状态，稳步迈向国际先进行列。特别是改革开放后，我国钢铁行业再次取得突破性进展，引进技术再创新和自主创新逐步成为我国钢铁工业技术进步、向质量效益型转变的主旋律。但伴随钢铁产品总量规模的迅猛增加，钢铁生产过程引起的环境问题也愈加突出。我国钢铁行业在能耗、环保水平和环保治理深度上与国外先进企业相比还存在一定差距，特别是工业发达国家早已提出了"工业生态化"的概念并付诸实践，因此，我国的钢铁工业进一步发展面临着污染防治工作的新挑战。

环境保护是我国的一项基本国策，学习冶金工程专业的学生应该拓展知识面，培养环保意识，了解与冶金工艺相关的资源消耗、能源消耗、环境保护相关的知识和技术。目前，各个冶金高校为加强冶金工程专业学生的环保教育，培养学生的环保理念，都相继开设了冶金过程环保工艺与技术的相关课程。冶金过程环保工艺与技术是在冶金企业开展环保工作的重要基础。因此必须加强环境学科相关知识的学习以及在实践中的应用，提高学生的环境科研、监管能力，注重学生实践操作能力的培养，努力提高环保专业课程体系的整体性、系统性、实用性。通过课程的学习，加强环保课题研究，通过课程设计和构建，着力解决冶金专业人才培养和社会需求，以就业为导向，坚持改革创新，努力提高学生的职业素养，使学生深刻认识目前的学习如何为将来的职业服务，从而提高学生学习的积极性、针对性，提高教学质量。

本书内容安排以实用和适度为原则，力求集知识性、系统性、趣味性和前瞻性于一体，介绍了钢铁冶金工业污染物的排放及特点、绿色钢铁建设理念、钢铁生产过程的清洁生产技术、循环经济内涵、钢铁厂废水处理技术、钢铁厂废气处理与利用技术、钢铁厂固体废弃物处理与高值利用技术、噪声控制与防护技术、工业生态系统循环经济技术等内容。书中详细分析介绍了对钢铁生产过程中产生的废弃物进行合理处置的技术，冶金生产过程中废弃物的高值化处理技术，水、气、固废污染治理的最新技术；对冶金生产过程中现有的治理环境污染的新工艺、新技术，如烧结废气治理技术，也做了论述、分析。

在本书的编写过程中，参考了国内外有关文献，编者对相关文献作者表示衷心的感谢。辽宁科技大学材料与冶金学院李胜利、宋华、刘坤、李维娟教授给予了热情的指导与帮助；编者所在课题组的研究生（特别是高立华、胡国健、田晨、徐泽宇、丛云伶、赵兴通等）为本书的文字录入、插图绘制等工作付出了大量的劳动；辽宁科技大学教务处对本书的编写、出版给予了大力支持。编者在此对他们的无私帮助和辛勤劳动表示衷心感谢。

我国钢铁工业在工艺装备和技术水平方面有了显著提升，主体设备在大中型企业已达国际先进水平，某些工艺创新已进入世界先进行列，同时，钢铁冶金过程的环保治理技术的进步也取得了国内外工业界的共识。我们为能参与这一伟大的进程，深感荣幸。

本书由何志军、张军红、刘吉辉、李丽丽主编，汪琦主审，参加编写工作的还有庞清海、湛文龙和吕楠。

钢铁冶金环保技术涉及的学科领域、专业范围十分广泛。由于编者水平所限，书中若有不妥之处，诚请读者批评指正。

编　者

2017 年 5 月

于辽宁科技大学

目　　录

1 钢铁工业生产概述

1.1 现代钢铁生产流程

世界钢铁生产工艺有两种主要流程：以高炉-氧气转炉、电炉炼钢工艺为中心的钢铁联合企业生产流程，即长流程（简称 BF-BOF 长流程）；以废钢-电炉炼钢为中心的钢铁生产流程，即短流程（简称 LAF 短流程）。

我国钢铁企业按其生产产品和生产工艺流程可分为两种类型，即钢铁联合企业和特殊钢企业。现代化钢铁联合企业的生产流程主要包括烧结（球团）、焦化、炼铁、炼钢、轧钢等生产工序，即长流程生产，如图 1-1 所示。特殊钢企业的生产流程主要包括炼钢、轧钢等生产工序，即短流程生产。短流程主要是可省去高炉炼铁工序，用废钢（或 DRI）作为原料，在电炉内炼成钢水铸成坯，这样可取消钢铁生产中投资巨大的部分，即炼铁高炉，也可省去供给铁矿石、煤和焦炭，同时降低能耗，避免了由于炼焦、烧结、炼铁等工序造成的污染，降低生产成本。由于社会资源结构、环境承受能力和技术进步的程度等不同，长、短流程会互相渗透、并存发展。

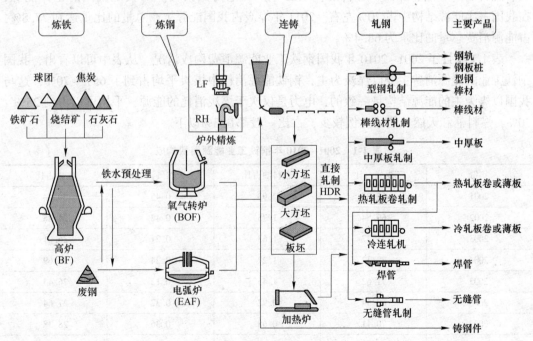

图 1-1　现代钢铁生产工艺流程

随着冶金理论和工程技术的进步，现代化钢铁生产流程逐步走向大型化、连续化、自动化和高度集成化。钢铁生产流程经历了从简单到复杂，再从复杂到简单的演变过程。连铸（凝固）工序不断向近终型、高速化方向发展，促进钢铁生产流程向连续化、紧凑化、协同化的方向演变。"三脱"预处理和钢的二次冶金工艺的出现使包括转炉、电炉在内的各工序的功能日益简化和优化，有利于缩短冶炼时间，使生产效率更高。热送热装、一火成材技术的发展，使连铸工序之后的工序明显呈现出越来越简化、集成、紧凑和连续的特征。

由于钢铁企业本身的结构和技术工艺特性，钢铁工业生产的特点是：

（1）资源、能源消耗量大。

钢铁工业是资源、能源密集型行业。在消耗大量资源和能源的同时，也产生大量的副产品，2010年，钢铁工业消耗成品铁矿石9.2亿吨、焦炭3.3亿吨，能源消耗占全社会总能耗高达13.9%。

我国为世界第一大铁矿石生产国，2010年生产铁矿石10.7亿吨，同比增长21.59%，但主要为低品位铁矿石；同年进口铁矿石6.18亿吨，比上年减少了913.47万吨，下降1.4%，对外依存度为62.5%，进口量和对外依存度10年来首次下降，其主要原因是自产矿量有了较大幅度提高。2015年是国内冶金矿山直面市场降本、转型，责任重大的一年。全国规模以上铁矿企业生产铁矿石仍然高达13.81亿吨；同时累计进口铁矿石9.52亿吨，同比增长2.17%。2015年全国焦炭产量为4.47亿吨，同比下降6.5%，焦炭贸易出口985.54万吨，同比增长15.11%，进口炼焦煤4799.9万吨，同比下降23.1%。

钢铁行业消耗的能源种类繁多，主要可以分为煤炭（焦炭、原煤、洗精煤）、天然气、燃料油（石油、煤油、燃料油、原油等）和电力四大类。煤炭是我国的主体能源，在我国一次能源结构中占70%左右。2011年煤炭占我国能源生产总量的比重达到77.8%，占能源消费总量的比重为68.4%。

表1-1统计了2001~2010年我国钢铁工业能源消费构成情况。从表中可以看出，我国钢铁工业的能源消费主要以煤炭为主，钢铁能源消耗中煤炭平均占到了65%~70%，这与我国以煤为主的能源结构是一致的，电力是仅次于煤炭消耗的能源，平均可以占到25%~30%，燃料油和天然气使用比例较少，占比一般都在3%以下。

表1-1　2001~2010年钢铁工业能源消费构成　　　　　　　　（%）

年份	煤炭占比	燃料油占比	天然气占比	电力占比
2001	66.97	2.93	0.45	26.64
2002	69.54	1.75	0.42	25.28
2003	71.27	1.63	0.21	26.01
2004	70.32	1.27	0.24	26.69
2005	71.62	1.45	0.12	26.43
2006	69.54	0.92	0.32	27.64
2007	70.11	0.68	0.36	28.38
2008	69.55	0.54	0.37	28.83
2009	62.09	0.47	0.38	33.48
2010	62.95	0.48	0.4	35.25

煤炭在使用过程中的能源转化效率和使用效率要比燃料油和天然气低，因此相较于燃料油和天然气等其他能源使用煤炭的能耗更高。我国煤炭在钢铁用能中的结构比重远高于世界其他先进产钢国家的 40%~50% 煤炭结构比重，因此仅此一项我国钢铁工业就要比发达工业国家的吨钢能耗高出 15~20 千克标煤/吨。因此，推广节能工艺技术和装备、改善产品结构以实现煤炭能源消费比重的下降、电力能源消费比重上升对我国钢铁行业未来发展节能减排尤为重要。

在未来相当长的时期内，我国仍将是以煤为主的能源结构。煤炭消费量还将持续增加，但是在一次能源结构中的比重将明显下降。2015 年全国煤炭生产能力 41 亿吨/年，煤炭产量控制在 39 亿吨左右。"十二五"期间，煤炭消费比重降低到 65% 左右。近年煤炭产量的趋势见图 1-2。

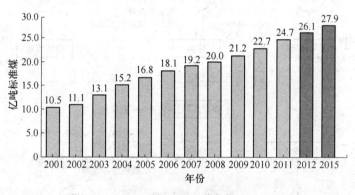

图 1-2　煤炭产量趋势

（2）生产规模，物流吞吐大，环境污染严重。

钢铁工业生产要消耗大量的资源和能源，生产过程中涉及大量原料的输入和产品的生产。吨钢设计的物流量约为 5~6t。同时其金属收得率相对较低，这就决定了在钢铁生产整个过程中将会有大量的废气、废水、废渣及其他污染物的排出。这些污染物如果不进行处理就直接排放，将对环境产生不良影响。

（3）制造流程工序多、结构复杂。

钢铁生产流程是一类开放的、远离平衡的、不可逆的复杂过程系统。它可以抽象为铁素物质流在碳素能量流的推动作用下，按照一定的程序，沿着一定的流程网络，完成最终钢铁产品的生产。从工程角度看，钢铁生产流程包括：原料和能源的储运、原料处理（包括烧结、球团等）、焦化、炼铁、铁水预处理、炼钢、钢水的二次冶金、凝固成型、铸坯再加热、轧钢及深加工等诸多工序准连续或间歇地生产过程，期间伴随大量物质/能量排放，形成复杂的环境界面。

1.2　钢铁工业污染物排放及特点

1.2.1　钢铁工业污染物排放情况

钢铁工业需消耗大量的能源和原材料，对环境的现实和潜在影响是很大的。我国自

1996年起已成为世界第一大钢铁生产国，产量的增加进一步增加能源和资源消耗，同时也造成了更严重的环境污染。钢铁生产的整个过程中都伴随着大量的废气、废水、废渣及其他污染物的排出，如图1-3所示。

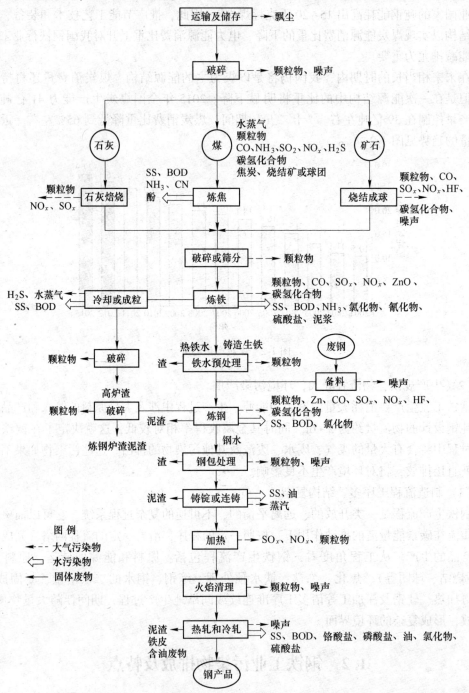

图 1-3　某钢铁联合企业主要工艺及其污染物排放

钢铁厂产生的各种污染物有三类：

（1）大气污染物质。

SO_2：是通过原料、燃料中硫黄成分的燃烧而产生的。烧结工厂等为其主要发生源。

NO_x：通过燃烧后发生。烧结工厂等为其主要发生源。

煤尘：通过燃烧后发生。烧结机、各种加热炉为其发生源。

粉尘：从燃料原料的输送、处理过程，及储料场中产生。炼铁、炼钢工程为其主要发生源。

（2）污水。污水中含有下列污染物：

固体悬浮物（SS）：从排气集尘、高温物质的直接冷却等过程中产生。

油：由各种机械等所使用的油所发生的泄漏及冷轧工程使用轧制机的机油等原因而产生。

化学需氧量（COD）：从煤炭干馏时的氨水，及冷轧、电镀废水中产生。

酸、碱：从冷轧工程的酸洗工程、电镀工程等的脱脂工程中产生。

（3）固体废弃物。

炉渣：从高炉、铁水预处理、转炉、电炉、二次精炼设备等的冶炼工程中产生。

污泥：在各种水处理过程中产生。

灰尘：从各种干式集尘机中产生。

据有关部门统计，我国钢铁行业每生产 1t 钢材将会排放 2.5t CO_2、2.85kg SO_2、110kg 转炉渣、15~50kg 粉尘，同时消耗 4.82m^3 新水、467.40kW·h 电能。大气中 80% 的 CO_2、SO_2 是由于燃煤产生的，钢铁行业作为能源消耗和环境变化的主要领域，是节能环保工作的重点和难点。

1.2.2　烟气排放及其特点

钢铁厂的烧结、球团、炼焦、化学副产、炼铁、炼钢、轧钢、锻压、金属制品与铁合金、耐火材料、碳素制品及动力等生产环节，拥有各种排放大量烟尘的窑炉。

钢铁生产过程需要消耗大量化石燃料，排放大量 CO_2，是温室效应气体的排放大户。2012 年全球化石能源 CO_2 排放量为 316 亿吨，我国 CO_2 排放量为 92 亿吨，占世界排放总量的 29%；而我国钢铁工业 CO_2 排放量约占全国总排放量的 15%，远高于全球的 5%~6%。因此，我国在未来较长时期内都将面临国内 CO_2 减排的艰巨任务和严峻的国际压力。

此外，钢铁行业的 SO_2 排放量仅次于火电行业的排放量。烧结工序则是这些污染物产生的主要来源，其排放的 SO_2、NO_x 和颗粒物等废气污染物分别占到了钢铁企业排放总量的 70%、40% 和 35% 以上，成为钢铁企业大气污染防治的一个最重要环节。

根据钢铁企业排放的废气，大体可分为 3 类：

（1）生产工艺过程化学反应中排放的废气，如冶炼、烧焦、化工产品和钢材酸洗过程中产生的烟尘和有害气体；

（2）燃料在炉、窑中燃烧产生的烟气和有害气体；

（3）原料、燃料运输、装卸和加工等过程产生的粉尘。

钢铁工业废气的特点是：

（1）排放量大、污染面广。钢铁工业生产过程中释放的废气，每吨钢的废气排放量约为 20000m^3（标准状态），在全国 40 个行业中，钢铁工业废气年排放量占全国总排放量的 18%，位居第二。钢铁企业的工业窑炉规模庞大、设备集中。全国 40 个行业中，废气排放量在 100 万立方米（标准状态）以上的 76 个大户中，钢铁企业有 14 户，占 18.4%。

（2）烟尘颗粒细，吸附力强。钢铁冶炼过程中排放的多为氧化铁烟尘，其粒径在 10mm 以下的占 91% 以上。由于尘粒细，比表面积大，吸附力强，易成为吸附有害气体的载体。

（3）废气温度高，治理难度大。冶金窑炉排出的废气温度一般为 400~1000℃，最高可达 1400~1600℃，在钢铁企业中，有 1/3 烟气净化系统处理高温烟气，处理烟气量占整个钢铁企业总烟气量的 2/3。由于烟气温度高，对管道材质、构件结构以及净化设备的选择均有特殊要求，高温烟气中含硫、一氧化碳，使烟气在净化处理时，必须妥善处理好"露点"及防火、防爆问题。所有这些特点，构成了高温烟气治理中的艰巨性和复杂性，使处理技术难度大、设备投资高。

（4）废气具有回收价值。钢铁生产排出的废气虽然对环境有害，但高温烟气中的余热可通过热能回收装置转换为蒸汽或电能，可燃成分如煤气可作为燃料，净化过程收集的尘泥多数富含氧化铁，可以回收利用。

进入 2015 年，钢铁行业发展的环境发生了深刻的变化，钢铁消费与产量双双进入峰值区并呈现下降趋势，钢铁主业从微利经营进入整体亏损，行业发展进入"严冬"，新修订的环保法和钢铁工业污染物排放标准新要求开始贯彻与实施，带来巨大的压力，钢铁企业加大了节能减排的工作力度，企业节能环保设施投入日益增大。节能降耗成为钢铁企业增强市场竞争力和企业核心竞争力的重要手段，钢铁行业各项节能减排指标持续改善。

2015 全年，重点统计钢铁企业废气累计排放量 121153.80 亿标准立方米，同比增加 9526.80 亿标准立方米，增幅 8.53%。主要气体污染物中，二氧化硫累计排放量 47.17 万吨，比 2014 年减排 15.15 万吨，降幅 24.31%；烟尘累计排放量 15.35 万吨，比 2014 年减少 0.63 万吨，降幅 3.94%，工业粉尘累计排放量 29.73 万吨，同比减排 1.23 万吨，降幅 3.97%。其中二氧化硫的排放量降幅在 2015 年尤为明显。

1.2.3　废水排放及其特点

钢铁工业用水量很大，外排废水量约占全国的 1/7，仅次于化工，位居第二。钢铁生产过程中排出的废水，主要来源于生产工艺过程用水、设备与产品冷却水、设备和场地清洗水等。70% 的废水来源于冷却用水，生产工艺过程排出的只占一小部分。废水中含有随水流失的生产用原料、中间产物和产品以及生产过程中产生的污染物。

钢铁工业废水通常按下述三种方法分类：

（1）按所含的主要污染物性质，可分为含有机污染物为主的有机废水、含无机污染物（主要为悬浮物）为主的无机废水和仅受热污染的冷却水。

（2）按所含污染物的主要成分，可分为含酚氰污水、含油废水、含铬废水、酸性废水、碱性废水和含氟废水等。

（3）按生产和加工对象，可分为烧结厂废水、焦化厂废水、炼铁厂废水、炼钢厂废水和轧钢厂废水等。

各厂含有的主要废水以及这些废水处理工艺的选择，见表 1-2。

表 1-2　钢铁企业主要废水及其单元处理工艺选择一览表

排放废水的工厂	按污染物主要成分分类的废水								单元处理工艺选择															
	含酚氰废水	含氟废水	含油废水	重金属废水	含悬浮物废水	热废水	酸废（液）水	碱废水	沉淀	混凝沉淀	过滤	冷却	中和	气浮	化学氧化	生物处理	离子交换	膜分离	活性炭	磁分离	蒸发结晶	化学沉淀	混凝气浮	萃取
烧结厂					●	●			●			●												
焦化厂	●	●			●	●			●	●				●		●		●	●			●		●
炼铁厂	●				●	●			●	●		●										●		
炼钢厂					●	●			●	●		●									●	●		
轧钢厂			●		●	●			●	●	●	●		●				●	●			●	●	
铁合金	●				●				●	●		●	●											
其他			●		●				●	●	●	●							●			●	●	●

钢铁工业废水的特点是：

（1）废水量大，污染面广。钢铁工业生产过程中，从原料准备到钢铁冶炼以至成品轧制的全过程中，几乎所有工序都要用水，都有废水排放。

（2）废水成分复杂、污染物质多。表 1-3 列出了钢铁工业废水的污染特征和主要污染物质。从中可以看出钢铁工业废水污染特征不仅多样，而且往往含有严重污染环境的各种重金属和多种化学毒物。

（3）废水水质变化大，造成废水处理难度大。钢铁工业废水的水质因生产工艺和生产方式不同而有很大的差异，有的即使采用同一种工艺，水质也有很大变化。如氧气顶吹转炉除尘污水，在同一炉钢的不同吹炼期，废水的 pH 值可在 4～13 之间，悬浮物可在 250～25000mg/L 之间变化。间接冷却水在使用过程中仅受热污染，经冷却后即可回用。直接冷却水因与物料等直接接触，含有同原料、燃料、产品等成分有关的各种物质。由于钢铁企业废水水质的差异大、变化大，无疑加大废水处理工艺的难度。

表 1-3　钢铁工业废水的污染特征和主要污染

排放废水的生产单元	污染特征						主要污染物																
	浑浊	臭味	颜色	有机污染物	无机污染物	热污染	酚	苯	硫化物	氟化物	氰化物	油	酸	碱	锌	镉	砷	铅	铬	镍	铜	锰	钒
烧结	●		●	●																			
焦化	●	●	●	●	●		●		●		●	●						●					
炼铁	●		●	●	●		●				●						●					●	
炼钢	●		●		●				●		●												
轧钢	●				●							●											
酸洗					●				●				●						●	●	●		
铁合金	●		●		●	●													●			●	●

　　2015 年全年中国钢铁工业协会统计，2013 年吨钢耗新水量为 $3.57m^3/t$，2015 年下降到 $3.25m^3/t$，降幅 8.96%；水的重复利用率呈现上升趋势，从 2013 年的 97.57% 上升到 2015 的 97.71% 提高了 0.14%。重点统计钢铁企业用水总量累计 791.35 亿立方米，同比增长 1.95%，其中，取新水量累计 18.13 亿立方米，同比减少 0.76 亿立方米，下降 4.02%；重复用水量累计 773.22 亿立方米，同比增加 15.92 亿立方米，增长 2.10%。

　　2015 年，重点统计钢铁企业外排废水量呈逐年下降趋势，2013 年累计排放为 50976.44 亿立方米，2015 年下降到 43813.50 万立方米，下降 14.05%，相对于 2007 年则下降了 66.46%。全年外排废水中，各项指标同比下降明显，其中化学需氧量累计排放 13894.12t，同比下降 25.70%；氨氮累计排放 1110.34t，同比下降 25.32%；挥发酚累计排放 11.93t，同比下降 24.68%；氰化物累计排放 16.19t，同比下降 0.80%；悬浮物累计排放 8730.57t，同比下降 33.11%；石油类累计排放 350.98t，同比下降 31.39%

1.2.4　固体废物排放及其特点

　　钢铁工业固体废物（冶金渣或废渣）是指钢铁生产过程中产生的固体、半固体或泥浆废弃物。主要包括：采矿废石、矿石洗选过程排出的尾矿、冶炼过程产生的各种冶炼矿渣、轧钢过程中产生的氧化铁皮和各生产环节净化装置收集的各种粉尘、污泥以及工业垃圾。此外，按固体废物管理范畴还包括容器盛装的酸洗废液和废油等。

　　钢铁工业固体废物产生于钢铁生产的各个环节，换言之，伴随着从矿石的采掘到钢铁成品的出厂，每一步工序都有其特定的固体废物的产生、排放，其品种因工序而异，其发生量因工艺技术而增减。表 1-4 列出了钢铁厂通常产生的固体废物和副产品。

　　钢铁工业固体废物特点如下。

1.2.4.1　量大面广，种类繁多

　　钢铁生产消耗原材料和燃料多，但 80% 以上的消耗又以各种形式的废物排出。即每生产 1t 钢，废物排放量即超过半吨。我国现已成为世界第一产钢大国，年产量逾 2 亿吨，其固体废物产生量约占我国工业固体废物产生总量的 1/5，排在矿业和电力行业之后，位居第三。从表 1-4 中又可以看出固体废物产生于钢铁生产的各个环节，不仅涉及面广，而且种类各异、品种繁多。

表 1-4　钢铁工业中的废物和副产品

生产阶段	副产品及废物
焦炭生产	硫酸铵、苯、浓焦油、萘、沥青、粗酚、硫酸、焦油； 锅炉与冷却器清除残渣； 氨生产中排出的石灰泥浆； 焦化废水机械澄清排出的污泥； 熄焦水与湿法除尘器排出的湿尘泥； 焦化废水处理的活性污泥； 粉尘
烧结厂	废气净化产生的粉尘； 二次烟尘产生的粉尘

生产阶段	副产品及废物
高炉	高炉渣； 铸造厂烟气除尘产生的粉尘； 煤气净化产生的粉尘； 煤气洗涤水净化产生的污泥
炼钢	钢渣； 二次排放控制产生的粉尘； 干法烟气除尘产生的粉尘； 钢厂除尘用工艺水产生的污泥
热成形和连铸	铁屑； 轧机污泥； 铁皮坑渣； 碾磨与切削废物； 轧辊碾磨产生的污泥
精加工	来自表面机械处理的铁屑； 工艺水处理产生的铁屑； 粉尘； 再生设备产生的 Fe_2O_3； 再生设备产生的 $FeSO_4 \cdot 7H_2O$； 酸洗废液； 中和污泥； 废热处理盐； 来自金属表面除油与清洗的残渣
其他辅助部门	含油废弃物； 液态废弃物：如废油和废油乳化液，含油污泥； 含油固体废弃物：如润滑剂生成的固体废弃物及含油的金属切削物； 轧钢废料，建造和拆除的废钢； 废耐火材料； 屋顶集尘； 挖掘出的土； 下水道污泥； 家庭废物； 大块的废物

1.2.4.2 蕴含有价元素，综合利用价值高

钢铁工业原料多为各种元素共生矿物。废物中蕴含各种不同的有价元素，如铁、锰、钒、铬、钼、铝等金属元素和钙、硅、硫等非金属元素。因此，钢铁工业固体废物是可再利用的二次资源。有些固体废物稍加处理即可成为其他生产部门的宝贵原料，如高炉渣经水淬处理成为粒化高炉矿渣，是生产矿渣水泥的重要原料。尤其应指出的是，含铁固体废物即是钢铁厂内部循环利用的金属资源，不仅综合利用价值高，而且减少废物外排，有利于减少污染。从图 1-4 中可以看出，相当一部分固体废物（确切地说应是副产品）可在企业内部循环利用。

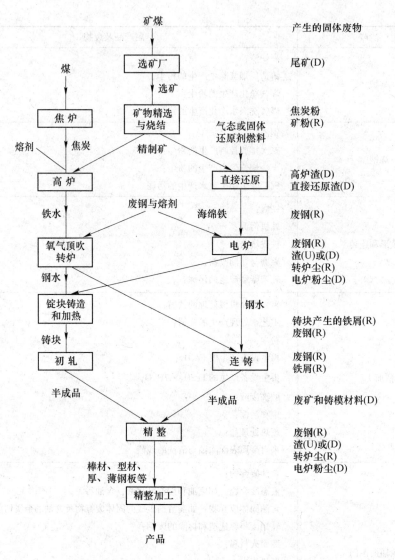

图 1-4　某综合性钢铁企业中主要的副产品与废物流程

　　2015 年全年，重点统计钢铁企业钢渣、高炉渣和含铁尘泥累计产生量分别为 6874.83 万吨、19258.98 万吨和 3343.67 万吨，同比分别减少 275.28 万吨（降幅 3.85%）、减少 337.22 万吨（降幅 1.72%）、减少 112.63 万吨（降幅 3.26%）。钢渣、高炉渣和含铁尘泥的利用率分别达到 95.94%、98.34% 和 99.77%。

　　1.2.4.3　有毒废物少，便于处理与利用

　　钢铁工业除金属铬与五氧化二钒生产过程产生的水浸出铬渣和钒渣、特殊钢厂铬合金钢生产过程中产生的电炉粉尘以及炭素制品厂产生的焦油、轧钢过程废水治理产生的含铬污泥等少量有毒有害废物外，其他固体废物，如尾矿、钢铁渣、含铁尘泥等，虽然量大，但基本属于一般工业固体废物。因而，比起易燃、易爆、有腐蚀性、有毒等危险固体废物更易于收集、输送、加工、处理，也便于作为二次资源加以利用。

1.3 我国钢铁工业的现状与发展趋势

1.3.1 我国钢铁工业的发展

20 世纪，世界钢铁工业得到空前的发展：1900 年世界钢产量为 2850 万吨，2000 年达到 8.4 亿吨，增长 28.5 倍。1900 ~ 2000 年全球累计钢产量 335 亿吨。

进入 21 世纪，世界钢产量快速增长，进入钢铁工业第二个高速发展期，世界钢产量由 2005 年到 2013 年的 8 年间，世界钢年产量由 11.47 亿吨增至 16.07 亿吨，净增 4.6 亿吨，增长率 40.1%。2015 年，全球 66 个主要产钢国家和地区粗钢产量 15.99 亿吨，粗钢产量排名前十位国家中（见表 1-5），除印度钢产量增长外，其余 9 个国家钢产量均有不同程度地下降。钢产量的高速增长证明了钢铁材料在人类社会经济发展中的重要性。

表 1-5　2015 年全球产钢前 10 位国家粗钢产量及增长率　　　　（百万吨，%）

排名	1	2	3	4	5	6	7	8	9	10
国家	中国	日本	印度	美国	俄罗斯	韩国	德国	巴西	土耳其	乌克兰
产量	803.8	105.4	89.9	78.9	71.1	69.6	42.7	33.2	31.5	22.9
增长率	-2.3	-4.8	2.9	-10.5	-0.5	-2.7	-0.6	-1.9	-7.1	-15.6

2005 年以来世界钢产量增长情况见表 1-6。

表 1-6　2005 年以来世界钢产量及人均表观使用量

年　份	2005	2006	2007	2008	2009	2010	2011	2012	2013
世界钢产量/亿吨	11.47	12.49	13.47	13.41	12.39	14.29	15.18	15.48	16.07
人均表观使用量/kg·（人·年）$^{-1}$	173.5	187.5	198.4	196.4	181.9	205.5	214.7	219.0	205.6

改革开放以来，特别是 20 世纪 90 年代以来，我国钢铁工业得到快速发展，在全球钢铁工业占有重要地位。取得了举世瞩目的成就，有力地支撑我国经济的发展，这一时期也是我国钢铁工业在全球崛起的时代。1996 年，我国钢产量历史性地突破 1 亿吨，跃居世界第一位，占世界钢产量的 13.5%，成为世界钢铁大国。之后，在经济发展和固定资产投资增长的拉动下，我国钢产量出现阶梯增长，连续跨越几个大台阶。2000 年我国粗钢产量达到了 1.26 亿吨，2002 年增加到了 1.82 亿吨，2005 年超过 3 亿吨，2006 年超过 4 亿吨，2008 年超过 5 亿吨，2010 年超过 6 亿吨，2011 年达到 6.955 亿吨，2012 年达到新高 7.17 亿吨，连续多年成为世界第一产钢大国。2014 年，我国粗钢产量达 82231 万吨，占世界粗钢产量的 46.3%。2015 年，我国粗钢产量达 80382 万吨，占世界粗钢产量的 50.26%，全球粗钢产量的一半来自于中国见表 1-7。

表 1-7　2011 ~ 2015 年我国粗钢、生铁、钢材产量　　　　（万吨，%）

种类	2011 年		2012 年		2013 年		2014 年		2015 年	
	产量	比例	产量	比例	产量	比例	产量	比例	产量	比例
粗钢	68528	7.5	72388	5.6	81314	12.3	82231	1.1	80382	-2.33
生铁	64051	7.2	66354	3.6	71150	7.2	71375	0.3	69142	-3.45
钢材	88620	10.4	95578	7.9	108201	13.2	112513	4.0	112350	0.56

从我国人均粗钢表观消费角度看，2015 年人均粗钢表观消费量为 509.5kg，比 2014 年减少 30.5kg，见表 1-8。

表 1-8　2011~2015 年我国粗钢人均表观使用量

年　份	2011 年	2012 年	2013 年	2014 年	2015 年
总消费量/万吨	66793.00	68761.00	76575.00	74038.00	70034.86
人均表观使用量/kg·(人·年)$^{-1}$	495.70	507.30	562.00	540.60	509.50

伴随钢铁产品总量规模的迅猛增加，钢材的自给率也不断提高，在 2012 年底达到了 104.5%，有力支撑了国民经济的发展。尤其是大量高端钢铁产品的成功自主生产，为国民经济各主要用钢产业技术与产品的升级换代提供了支撑，部分产品已经达到国际先进水平，成为钢铁工业的精品。与此同时，我国钢铁行业技术发展的面貌也产生了重大的变化。

首先，"十一五"期间，曹妃甸和鲅鱼圈两个千万吨级先进钢铁企业的建成，标志着我国钢铁产业在以循环经济理念为导向的模式转型方面取得了突出成绩。用全新的理念诠释钢铁工业的内涵与功能，用流程理论解析钢铁生产的全流程，以及在循环经济理念指导下赋予钢铁企业钢铁生产、能源转换及社会废弃物消纳三个功能，代表了 21 世纪钢铁产业发展总的趋势。理念先进、起步及时，成为我国钢铁产业今后发展的示范工程，也引起了国际的关注。

其次，我国钢铁工业在工艺装备和技术水平方面有了显著提升。到 2014 年，大型钢铁冶炼装备数量趋于稳定，中型装备数量有所增加，小型装备数量有所减少。一方面是由于企业通过产能置换增加部分装备，另一方面主要是淘汰落后产能工作取得一定效果，关停了部分落后产能。宝钢、首钢、沙钢、鞍钢、攀钢等大型企业的主要技术装备水平已达到或超过世界先进水平，有些工艺创新也已进入世界先进行列。基本实现了焦化、烧结、炼铁、炼钢、连铸、轧钢等主要工序主体装备国产化，并逐步实现热轧自动化装备的国产化和高炉的大型化进程，其中大型冶金设备国产化率达 90%以上，吨钢投资明显下降。在工艺技术方面，大力推广了高效低成本洁净钢生产技术，控轧控冷及热处理工艺技术，性能预报与控制装备及一贯制生产管理技术；特大方坯、特大圆坯连铸装备与工艺技术；大型真空精炼装备与工艺技术；冷连轧机组和取向硅钢生产线自主集成技术等，具备自主建设世界一流年产千万吨级现代化钢厂的能力，新一代钢铁流程工艺和装备技术实现产业化。同时，钢铁产业节能减排取得显著进步，环境质量明显提升。建设了一批具有国际先进水平的清洁生产、环境友好型企业，钢铁企业的社会形象有很大改善。与此同时，近年来通过淘汰落后在钢铁企业联合重组、优化布局、提高集中度等方面也取得了相当的进展。

综上所述，时至今日，我国钢铁行业的技术水平，尤其是大型重点钢铁企业，已经迈入了国际先进行列。但是，钢铁行业科技发展中的不均衡现象仍然突出，先进与落后并存、原创共性技术成果不足、资源高效利用率不高、总体平均吨钢能耗仍然偏高等问题还存在，关键高端产品仍需进口等问题仍然制约着我国向钢铁强国迈进的步伐。

由于世界经济增长不确定因素增多以及我国经济增速放缓，我国钢铁工业产能急剧扩张，产量连创新高、突飞猛进发展，也导致钢铁行业产能过剩矛盾愈发突出，面临很多新的问题。

1.3.2 我国钢铁工业发展中存在的问题

1.3.2.1 产品结构需要调整

目前我国钢铁行业存在产品结构失衡，高端产品供给能力不足，关键高端产品仍需进口，低端产品同质化严重，缺少创新，特色与核心竞争力等问题。而且尽管我国钢材产量占世界钢材总产量的一半以上，但钢材生产过程与产品性能稳定性、均匀性、一致性与国外相比仍有较大差距，尚未建立钢铁生产全过程的一体化控制与各层次的协调优化。

此外，我国钢材产品质量的可靠性与适应性不高，产品的外形尺寸精度和组织性能的控制尚待提高，在大规模、连续化生产条件下，产品个性化、定制化亟待加强。迫切需要进行科技创新，开发高性能、绿色化钢铁材料，开发减量化绿色工艺与装备，减少资源和能源的消耗，减少污染和排放。

围绕经济发展和产业转型升级需要，钢铁工业不断加大技术创新和产业升级力度，钢铁企业积极调整产品结构。2012年以来，国家对房产的从严调控，以及受制造业需求不旺，特别是铁路、造船、石油、化工、电力、轻工、汽车和家电等行业对钢材需求萎缩，市场形势十分严峻，长材、板材等增速明显减缓。一些高端、高附加值产品的产量和比重大幅增长，以适应市场需求，提高企业在国内市场激烈竞争中的适应能力，在世界上占有一席之地。

2015年，生产长材49380.78万吨，比2014年下降3.6%，其中棒材、钢筋和线材均有所下降，型钢产品有所增长。生产板带材48859.73万吨，比2014年增长2.5%，其中热轧窄钢带增长12.4%，冷轧薄板增长6.49%，特厚板增长6.41%，冷轧窄钢带增长6.35%，热轧薄板产量下降3.79%。生产管材9827.19万吨，比2014年增长10.98%，其中焊接钢管增长20.31%，无缝钢管下降6.67%。生产铁道用钢材483.57万吨，比2014年下降14.78%，其中重轨下降11.29%，轻轨下降27.31%。

同时，钢铁产品整体水平提高，建筑、造船、汽车等量大面广钢材产品水平明显提升，高强度钢筋及钢结构用钢比例大幅度提高，其中试点省市400MPa及以上高强钢筋的使用比例已达70%~80%，高强度造船板占造船板生产比例已超过50%。

一大批高科技含量、高附加值产品研发成功，有力地支撑了我国快速发展的工业化、城镇化进程，支撑了高端装备制造业用材的国产化：用于大型水电、火电、核电装备制造的取向硅钢板、磁轭磁极钢板、电站蜗壳用钢板等产品实现以产顶进，部分产品性能水平达到国际领先，国产核反应堆安全壳、核岛关键设备及核电配套结构件三大系列核电用钢，在世界首座第三代核电项目CAP1400实现研发应用；高铁用钢国产化取得新的进展，已成功开发了高铁转向架构架用钢，时速350km高速动车车轮用钢即将进入试用阶段；自主研发的第三代汽车高强钢实现全球首发；耐候、耐蚀钢研发取得突破，完成了耐腐蚀油船货油舱用钢板、耐腐蚀石油天然气集输和长距离输送用管线钢、耐腐蚀油井管等关键技术开发及产品生产，制定了相关标准规范，耐候耐腐蚀桥梁板中标美国大桥工程。高端产品的研制成功使我国对国外钢材的依赖程度明显下降，为我国钢铁工业以及下游制造行业转型升级，实现《中国制造2025》打下了坚实基础。

1.3.2.2　效益持续低迷

钢铁市场供需严重失衡，导致产品价格大幅下降，同时生产成本高企，造成了企业亏损面的持续扩张。据中国钢铁工业协会统计，2012 年 80 家重点大中型钢铁企业累计实现销售收入 35441 亿元，同比下降 4.3%；实现利润 15.8 亿元，同比下降 98.2%。销售利润率几乎为零（只有 0.04%），利润率已经连续 5 年位于 3% 以下，如图 1-5 所示。

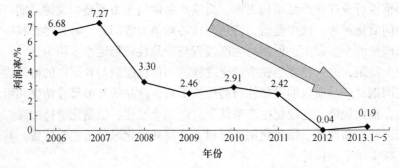

图 1-5　2006 年以来重点大中型钢企利润变化

2015 年，受国内钢材需求继续下降、市场恶性竞争等影响，钢材价格不断走低，钢材供大于求矛盾越来越突出。虽然广大钢铁企业加强内部管理、降本增效，但是降本仍弥补不了钢材价格造成的损失。大中型钢铁企业收入、成本同比下降，且收入降幅高于成本降幅 2.17%，实现利税大幅下降，利润有盈变亏；101 户大中型钢铁企业集团中，共有 51 户企业亏损，亏损面 50.50%，亏损额 817.24 亿元；50 家盈利，盈利额 171.91 亿元。在盈利的 50 户企业中，吨钢利润超过 100 元的只有 5 户，占比 10%；吨钢利润为 100 元以下的企业共 45 户，占比 90%。2015 年盈利前十名企业中，只有中信泰富、沙钢、河北新武安、山钢、河钢、宝钢等 6 户企业实现利润在 10 亿元以上，其中中信泰富吨钢利润最高，为 281 元/吨。

从亏损企业的产量规模看，亏损最严重企业主要集中在大型企业。1000 万~2000 万吨规模企业吨钢利润亏损最大，500 万~1000 万吨规模企业吨钢利润亏损最少。

1.3.2.3　产业布局欠佳

由于自然条件及政治考量等多方面原因，随着时间的发展，我国钢铁产业的地域布局已愈发显现其不合理性。截至 2012 年，我国西部地区炼钢产能仅占全国总产能的 14.4%，而东部地区的炼钢产能高达 85.6%；以长江流域流经的省份为界，长江流域以北地区炼钢产能比重达到 61.4%，明显大于长江以南地区的 13.3%，呈现出"东多西少，北重南轻"的特点。钢材产品北钢南运、进口铁矿东进西运，推高了物流成本，增加了企业负担。

A　产能与原料、市场不协调

改革开放后，我国钢铁产业原料条件发生了很大变化，从使用国内铁矿石为主转变为利用国内外两种资源，钢铁产业沿海布局开始启动。但总体上看，我国沿海钢铁产能比重仍然较低，钢铁产业仍是内陆型布局为主导，内陆产能比重高。原来依托国内资源的内陆钢厂，由于规模不断扩大，不得不大量使用进口铁矿石。大量进口铁矿石需从沿海港口经铁路、公路以及水路转运，有些甚至需经 2~3 次倒运。虽然沿海省份的粗钢产能占全国总产能的 60% 以上，但沿海省份钢铁企业亦大部分地处内陆，真正充分发挥临海优势的仅有宝钢本部、首钢曹妃甸、鞍钢鲅鱼圈和宁波钢铁等，产能总量仅 5000 万吨，仅占产能总量的 5% 左右。

与此同时，钢材市场消费格局也发生了较大变化，而钢铁产能布局调整滞后于消费市场的变化。地区间钢铁生产和消费不均衡，导致不同地区间钢材流动量日益增加，大量的钢材需经长距离运输销往用户。产能过剩的华北、东北地区要大量调出钢材，而华南、西部地区要大量调入钢材，特别是制造业发达的广东省，长期是钢材净流入地区。据测算，我国生产每吨钢的厂外运输量约为 5t。钢铁产能与原料、市场不协调，既导致物流成本增加、影响竞争力，又占用紧缺的铁路等运输资源，增加全社会的能源消耗，没有实现资源优化配置。

B　缺水地区产能比重过大

我国水资源贫乏，人均水资源占有量仅 2200m³，不足全球平均水平的四分之一。钢铁行业是用水大户，我国钢铁产能超过 75% 分布在人均水资源低于 1700m³ 缺水警戒线的 17 个省、市，近 70% 集中分布在低于 1000m³ 的 11 个缺水省、市。河北省人均水资源不足全国平均水平的七分之一，却集中了全国约 25% 的钢铁产能。

C　城市钢厂与城市功能矛盾

我国钢铁企业中有相当一部分位于省会城市或地区中心城市，钢厂的"城市型"布局特征明显。据统计，70 多家重点大中型企业中，位于省会、直辖市的钢厂有 20 家，城市型钢厂合计 39 家。随着城市发展水平提升和钢铁企业规模扩大，一些城市钢厂与城市功能不符的矛盾日益凸现，主要是在城市产业结构、环境、资源、能源、土地、交通等方面，钢铁企业不能适应城市发展新要求。此外，钢铁企业地处省会或中心城市，也制约了企业自身的发展。

总体看，我国钢铁产业布局与市场、资源、能源、环境、运输等方面存在不合理、不协调、不适应的问题。从"十二五"开始，国家在发挥市场调节机制的同时，综合运用经济、行政等各种手段，加大宏观调控力度，引导企业按照主体区域功能定位，优化资源配置，促使钢铁产业生产力布局调整和优化，努力实现钢铁工业持续、健康、稳定发展。

D　产业集中度低

产业集中度（Concentration Ratio，CR）是对某个产业集中状况、市场竞争形势分析的量化指标。它通常表示一个国家（或地区，或全球）特定行业或产业的市场容量中最大的若干家企业份额。

中国钢铁工业协会数据显示，2000 年以后我国地方中小钢厂产能快速增长，产业集中度不升反降，"十一五"初期前 10 家钢企产业集中度仅 35%，此后政府陆续出台相关产业政策，兼并重组在全国范围展开，产业集中度逐年提升，2011 年达到仅次于 2002 年的 49.20%，2012 年则又下降了 3.26 个百分点到 45.94%。如图 1-6 所示为 2002 年以来我国钢铁产业集中度变化趋势。

《钢铁工业"十二五"发展规划》明确提出：2015 年钢铁行业前 10 家产业集中度要提升至 60%。以我国全年钢产量 7 亿吨计，则前 10 家钢厂的年平均钢产量应为 4200 万吨，与 2012 年的前 10 家钢厂年均钢产量 3300 万吨比，每家相差近千万吨。

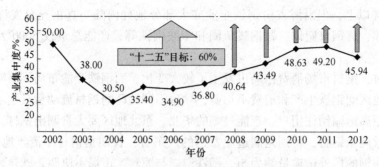

图 1-6　2002 年以来我国钢铁产业集中度变化趋势

据 2015 年 12 月《中国钢铁工业统计月报》，2015 年我国粗钢产量为 80382.26 万吨，粗钢产量前 5 家钢铁集团粗钢产量合计为 17703.55 万吨，占全国总产量的 22.02%；粗钢产量前 10 家钢铁集团粗钢产量合计为 27473.42 万吨，占全国总产量的 34.18%；粗钢产量前 15 家钢铁集团粗钢产量合计为 34527.41 万吨，占全国总产量的 42.95%；2015 年粗钢产量达到 1000 万吨以上的企业共有 21 家，与 2014 年持平。

产业集中度既非越高越好，也非越低越好。过高的产业集中度容易造成行业垄断，影响效率与进步，损害相关行业和消费者利益；产业集中度过低则会导致规模效益不能发挥，以及单纯降价竞争和其他短期行为，同样不利于产业整体素质的提高和保障消费者利益。换言之，适宜的或称理想的产业集中度水平，应该既能使供应商最大限度地发挥规模效益（包括技术、营销、研发和管理等方面），以及出于对品牌和企业声誉的关心而承担应有的社会责任，又不足以构成行业垄断。

根据国外主要产钢国（或地区）CR4 已经超过 60%，出现了垄断苗头，我国钢铁行业总规模比世界上任何国家和地区都大这一现实，一般认为：我国如果有 5、6 家特大型企业集团占据国内粗钢 60% 左右的产量份额，另外 40% 左右由主要服务于区域市场或从事专业品种生产的中小企业占有，这样既能保持国内市场垄断竞争局面，又能充分发挥大集团的协同效应和在国际市场上的影响力，应该是比较理想的状态。

过去的几年，尽管钢价走势纠结，企业盈利不佳，但是不能忽视的是，行业在淘汰落后产能、兼并重组、区域规划调整、海外投资等方面取得了积极的成果。在面临全球经济疲软以及国内钢铁产业供需失衡的市场环境下，我国钢铁产业必将经历一个复杂而艰巨的转型历程。今后很长一个时期钢铁产能将成为常态，多数企业减产亦成为常态，在这样的大背景下，推进企业重组，是提高粗钢产业集中度指标的重要途径。

2 绿色钢铁的建设

2.1 清洁生产的概念

2.1.1 清洁生产的产生背景

2.1.1.1 工业发展与环境问题

随着环境问题的日趋严重，基于对传统"末端治理"的环境污染控制实践的反思，可持续发展已成为全人类的共识。

纵观人类社会工业化的发展进程可以看出，工业革命标志着人类的进步。但在传统的资源—生产/消费—污染排放的线性单向发展模式下，高增长、高消耗、高污染的生产方式实现了国民生产总值的迅速提高，为人类提供了大量的物质消费品。但与此同时，大量投入于生产中的资源（包括能源）并未得以有效地利用，而是转化为废弃物排入自然环境中继而成为污染物。这种对地球自然资源的耗竭和生态环境的污染与破坏日趋严重，其影响范围已从局部地区发展为区域性，乃至形成全球性的环境问题。

A　自然资源的耗竭

人类为了自身的生存，正在对自然资源采取掠夺性的开发利用，导致某些资源短缺，如世界性淡水资源危机，森林资源锐减，不少动植物已经或濒临灭绝，有些矿产资源面临枯竭，耕地面积大量丧失等。

矿产资源是人类生存与发展的重要物质基础。目前全球 95% 的能源以及 80% 的工业原材料来自于矿产资源。现代工业生产对矿物资源的消耗不断增加，呈现急剧上升的趋势。20 世纪以来，美国的人口约增加了 3 倍，整个矿产资源的消耗随之增加了 10 倍。据对我国 13 个省区 700 余个大型坑采矿山调查，56% 的矿山回采率低于要求，全国矿产开发的综合回收率只有 30%~50%，个体采矿的消耗及浪费则更为严重。

B　生态环境的污染与破坏

随着现代科学技术的发展，愈来愈多的化学品被合成出来，以满足人类的生产与生活消费。世界上每年有 1000~2000 种化学品进入市场，目前已知的化学品多于 700 万种。这些化学品，一方面造福于人类，另一方面也为人类带来直接的和潜在的灾难。化学品数量和种类的不断增加，导致新的污染源不断出现，对人类健康和生态系统安全的威胁也不断加大。

工业生产直接产生大量有毒有害化学物质。来自工业、交通等大量产生及排放的二氧化硫、总悬浮微粒、氮氧化物及各种芳烃类化合物，严重污染环境，直接影响着人体健康。

海洋是人类未来的资源宝库，然而还未等到对其进行开发便遭到了难以弥补的毁坏。全世界每年向大海排放的废物中，悬浮物和溶解盐类有 200 亿吨，垃圾和污水中的有机物有 330 万吨。仅每年倾倒大海中的船舶垃圾就有 640 万吨，塑料集装箱 500 万个，包装材料超 2 万吨，塑料网、绳、救生衣 13 万吨以上。所有这些向海洋倾倒的固体、液体废物，有毒或放射性废物都给浮游生物、海鸟和鱼类带来致命威胁。

大量化石燃料使用，使得全球每年因燃烧而排入大气中的 CO_2 多达 50 亿吨，导致大气中 CO_2 浓度比工业化前增加了 10% 左右，全球气温上升。有专家估计，如果大气中 CO_2 的浓度仍然按目前的速度增长，到 2030 年全球气温将比现在升高 2~5℃（比过去 1 万年升高的温度还高），由此导致海平面上升 20~140cm，直接威胁人类的生存。

此外，作为地球上的生命保障系统，不同空间尺度的生态系统由于人类长期对资源的不合理开发和环境污染使其受到严重损害，形成一系列生态环境问题。水土流失、植被破坏、土地沙漠化、土壤沙化、盐碱化以及富营养化，水资源短缺等，导致区域经济发展与生态环境维护的失调，有的地区甚至陷入经济发展困境与生态环境条件不断恶化的恶性循环中。经济的高速发展伴随而来的是三大危机：人口急剧膨胀、资源逐步减少、环境不断恶化。人们逐渐意识到环境与资源的可持续利用是持续发展的基础，而这个基础由于三大危机的存在使其正在从根本上发生动摇。必须重新审视原有的经济发展模式，考察环境与经济之间的关系，重新寻求环境与经济协同发展的新模式，清洁生产应运而生，并成为支持可持续发展的有力战略措施。

2.1.1.2　工业污染控制模式的变革

人类为了保护自身的生存环境，逐渐开始重视环境问题，踏上了保护环境的艰难历程。人类保护环境的历程，大致经历了四个阶段。

A　第一阶段——直接排放

20 世纪 60 年代以前，由于当时的工业尚不十分发达，污染物排放量相对较少，而环境容量较大，人们将生产过程中产生的污染物不加任何处理便直接排入环境，环境问题并不突出。

B　第二阶段——稀释排放阶段

进入 20 世纪 70 年代，人们开始关注工业生产中排放污染物对环境的危害，为了降低污染物浓度、减少环境影响，采取将污染物转移到海洋或大气中的方法，认为自然环境可以吸收这些污染。后来人们意识到，自然环境在一定时间内污染的吸收承受能力有限，开始根据环境的承载能力计算一次性污染排放限度和标准，将污染物稀释后再排放。

C　第三阶段——末端治理阶段

进入 20 世纪 80 年代，特别是进入高度工业化时代以后，环境问题已由局部、区域性发展为全球性的生态危机，而且已危及人类生存。科技的飞速发展和生产力的极大提高使人们战胜自然、征服自然的愿望日益强烈，受科技、认识上的限制，人类过分自信，盲目认为：环境问题是发展中的副产物，只需略加治理，就可以解决。于是，在环保工作中采取了"头痛医头，脚痛医脚"的做法，消除人类活动中产生的废物的不良影响，即"末端治理"。

随着末端治理措施的广泛应用，人们发现末端治理污染技术还有一定的局限性，末端治理并不能真正解决环境污染问题。很多情况下，末端治理需要投入昂贵的设备费用、惊人的维护开支和最终处理费用，其工作本身还要消耗资源、能源，并且这种处理方式会使污染在空间和时间上发生转移而产生二次污染。

据美国环保署（EPA）统计，美国用于空气、水和土壤等环境介质污染控制总费用（包括投资和运行费用），1972 年为 260 亿美元（占 GNP 的 1%以上），1987 年猛增到 850 亿美元，20 世纪 80 年代末期达到每年 1200 亿美元（占 GNP 的 2.8%）。再如，杜邦公司每 0.4536 千克废物的处理费用以每年 20%~30%的速率增加，焚烧一桶危险废物的可能花费达 300~1500 美元，但即便付出如此高昂的代价也难以达到预期的污染控制目标。

随着末端治理措施的广泛采用和实践，人类为治理污染付出了高昂而沉重的代价，收效却并不理想。末端治理在实践中愈来愈显露出它不能有效保护环境的缺陷，从环境污染防治政策体系的整体设计和技术对策的实施上看，其着眼点侧重于污染产生后的治理，将综合的污染产生、控制、排放系统人为地割裂开来，因而使得生产发展与环境保护相互分离脱节，环境污染治不胜治。

正是基于对传统"末端治理"的环境污染控制模式实践的反思，人类社会认识到不改变长期沿用的大量消耗资源和能源来推动经济增长的传统模式，单靠一些补救的环境保护措施，是不能从根本上解决环境问题的，开始对单纯以末端治理为基础的环境污染控制体系进行战略调整，解决的办法只有从源头到全过程考虑。为此，清洁生产应运而生。

D　第四阶段——清洁生产与可持续发展阶段

1984 年，国际上成立了"环境与发展委员会"，提出了"持续发展"的思想，指出工业的持续发展方向，即提高资源和能源利用效率，减少废物的产生。至此，经过人类近 20 年的探索，环境管理手段的完善和科技的发展，使可持续发展这一科学体系基本形成，并得以应用。

1992 年，联合国在巴西里约热内卢举行了"环境与发展大会"，大会一致同意要改变发展战略，走可持续发展的道路。可持续发展的定义是：既符合当代人的需求，又不致损害后代人满足其需求能力的发展。显然，可持续发展鼓励经济增长。可持续发展的标志是资源的永续利用和良好的生态环境。经济和社会发展不能超越资源和环境的承载能力。因此，可持续发展要求在严格控制人口增长、提高人口素质和保护环境、资源永续利用的条件下进行经济建设、保证以可持续的方式使用自然资源和环境成本，使人类的发展控制在地球的承载力之内。

可持续发展呼唤着新的科技革命，这就是应该改变末端治理为源头控制，开发全新的科学技术，使工业生产不致损害环境，制约发展，而是保护和改善环境。

国际社会在总结工业污染治理经验教训的基础上提出了一种新型污染预防和控制战略。联合国环境规划署与环境规划中心综合各种说法，采用了"清洁生产"这一术语。

清洁生产的概念，最早可追溯到 1976 年的 11 月、12 月间，欧洲共同体在巴黎举行了"无废工艺和无废生产的国际研讨会"，提出协调社会和自然的相互关系应主要着眼于消除造成污染的根源，而不仅仅是消除污染引起的后果。随后，1979 年 4 月，欧洲共同体理事会宣布推行清洁生产的政策，并于同年 11 月在日内瓦举行的"在环境领域内进行国际合作的全欧高级会议上"，通过了《关于少废无废工艺和废料利用的宣言》，指出无废工艺是使社会和自然取得和谐关系的战略方向和主要手段。此后，欧共体陆续多次召开国家、地区性或国际性的研讨会，并在 1984 年、1985 年、1987 年曾三次由欧共体环境事务委员会拨款支持建立清洁生产示范工程。

全面推行清洁生产的实践始于美国。1984 年，美国国会通过了《资源保护与回收法——固体及有害废物修正案》。该法案明确规定：废物最小化即"在可行的部位将有害废物尽可能地削减和消除"是美国的一项国策，它要求产生有毒、有害废弃物的单位应向环境保护部门申报废物产生量、削减废物的措施、废物的削减数量，并制定本单位废物最少化的规划。其中，基于污染预防的源削减和再循环被认为是废物最小化对策的两个主要途径。

在废物最小化成功实践基础上，1990 年 10 月美国国会又通过了《污染预防法》，将污染预防活动的对象从原先仅针对有害废物拓展到各种污染的产生排放活动，并用污染预防代替了废物最小化的用语。它从法律上确认了：污染首先应当削减或消除在其产生之前，污染预防是美国的一项国策。

在此期间，清洁生产所包含的主要内容和思想在世界上不少国家和地区均有采纳。例如，在欧洲，瑞典、荷兰、丹麦等国相继在学习借鉴美国废物最小化或污染预防实践经验的基础上，纷纷投入了推行清洁生产的活动。

例如，1988 年秋，荷兰以美国环保局的《废物最少化机会评价手册》为蓝本，编写了荷兰手册。荷兰手册又经欧洲预防性环保手段（PREPAPE）工作组作了进一步修改，编成《PREPARE 防止废物和排放物手册》，并译成英文，广泛应用于欧洲工业界。

在总结工业污染防治理论和实践的基础上，联合国环境规划署（UNEP）于 1989 年提出了名为"清洁生产"（Cleaner Production，意为"不断清洁地生产"）的战略和推广计划，在和联合国工业发展组织（UNIDO）、联合国发展规划署（UNDP）的共同努力下，清洁生产正式走上了国际化的推行道路。

1990 年 9 月，在英国坎特伯雷举办了"首届促进清洁生产高级研讨会"，正式推出了清洁生产的定义：清洁生产是指对工艺和产品不断运用综合性的预防战略，以减少其对人体和环境的风险。此后，这一高级国际研讨会每两年召开一次，定期评估清洁生产的进展，并交流经验，发现问题，提出新的目标，以全力推进清洁生产的发展。

1992 年 6 月，联合国"巴西环境与发展大会"在推行可持续发展战略的《里约环境与发展宣言》中，清洁生产被作为实施可持续发展战略的关键措施，正式写入大会通过的实施可持续发展战略行动纲领《21 世纪议程》中。自此，在联合国的大力推动下，清洁生产逐渐为各国企业和政府所认可，清洁生产进入了一个快速发展时期，成为世界各国推进可持续发展所采用的一项基本策略。

2000 年 10 月，第六届清洁生产国际高级研讨会在加拿大蒙特利尔市召开，对清洁生产进行了全面系统的总结，并将清洁生产形象地概括为技术革新的推动者、改善企业管理的催化剂、工业运动模式的革新者、连接工业化和可持续发展的桥梁。从这层意义上可以认为，清洁生产是可持续发展战略引导下的一场新的工业革命，是 21 世纪工业生产发展的主要方向。

我国政府十分重视清洁生产，1992 年联合国"环境与发展大会"后，积极响应大会的倡议，环保局制定出全国推广清洁生产行动计划。1993 年第二次全国工业污染防治会议进一步指出了工业企业开展清洁生产行动计划。1994 年通过了《中国 21 世纪议程》，即《中国 21 世纪人口、环境与发展》白皮书。随后清洁生产具体落实在首批优先项目之中，通过多年的生产实践，取得了明显的成效。

清洁生产的产生及其发展是一个不断演进的历史过程。目前，无论在理论概念还是在应用实践上，在可持续发展的思想原则指导下，仍然处于不断丰富、深化与拓展过程中。

2.1.2 清洁生产的定义

2.1.2.1 定义

清洁生产是一个相对抽象的概念，目前国际上对清洁生产并未形成统一的定义。清洁生产在不同年代，不同的国家和地区存在许多不同而相近的提法，使用着具有类似含义的多种术语。欧洲国家有时称之为"少废无废工艺"、"无废生产"；日本多称"无公害工艺"；美国则称为"废料最少化"、"污染预防"、"减废技术"。此外，还有"绿色工艺"、"生态工艺"、"环境工艺"、"过程与环境一体化工艺"、"再循环工艺"、"源削减"、"污染削减"、"再循环"等。这些不同的提法或术语实际上描述了清洁生产概念的不同方面。但是这些概念不能包容上述多重含义，尤其不能确切表达当代容环境污染防治于生产可持续发展的新战略。联合国环境规划署（UNEP）综合各种说法，采用了"清洁生产"这一术语，于 1989 年正式提出了清洁生产的定义，并于 1996 年进行了修订。下面是 1996 年 UNEP 的定义：

清洁生产是一种新的创造性思想，该思想将综合预防的环境策略持续地应用于生产过程、产品和服务中，以增加生态效益和减少对人类及环境的风险。

对生产过程而言，要求节约原材料和能源，淘汰有毒原材料，削减所有废物的数量和毒性；对产品，要求减少从原材料提炼到产品的最终处置的整个生命周期的不利影响；对服务，要求将环境因素纳入设计和所提供的服务中。

1994 年《中国 21 世纪议程》里对清洁生产的定义是：清洁生产是指既可满足人们的需要，又可合理使用自然资源和能源并保护环境的实用生产方法和措施，其实质是一种物料和能耗最少的人类生产活动的规划和管理，将废物减量化、资源化和无害化，或消灭于生产过程之中，同时对人体和环境无害的绿色产品的生产亦将随着可持续发展进程的深入而日益成为今后产品生产的主导方向。

2002 年 6 月 29 日，第九届全国人民代表大会常务委员会第二十八次会议通过并正式颁布了《中华人民共和国清洁生产促进法》。该法的第一章第二条指出："本法所称清洁生产，是指不断采取改进设计、使用清洁的能源和原料、采用先进的工艺技术与设备、改善管理、综合利用等措施. 从源头削减污染，提高资源利用效率，减少或者避免生产、服务和产品使用过程中污染物的产生和排放，以减轻或者消除对人类健康和环境的危害"。

上述几个定义虽然表述不同，但内涵是一致的，就是对生产过程与产品采取整体预防的环境策略，减少或者消除它们对人类及环境的可能危害，同时充分满足人类需要，使社会经济效益最大化的一种生产模式。在联合国环境规划署清洁生产的概念中，其根本目的是减少对人类和环境的影响与风险。贯穿在清洁生产概念中的基本要素是污染预防，即在生产发展活动的全过程中充分利用资源能源，最大可能地削减多种废物或污染物的产生，它与污染产生后的控制（末端治理）相对应，并重点表征了清洁生产的内容以及从原料、生产工艺到产品使用全过程的广义的污染防治途径，把这一思想提高到战略高度。在

《中国21世纪议程》中，对清洁生产的定义重点强调清洁生产的实质以及清洁生产是实施可持续发展的重要手段。而《中华人民共和国清洁生产促进法》中的清洁生产定义借鉴了联合国环境规划署的定义，结合我国实际情况，表述更加具体、更加明确，便于理解，说明了实施清洁生产的内涵、主要实施途径和最终目的。

清洁生产不包括末端治理技术，如空气污染控制、废水处理、固体废弃物焚烧或填埋，清洁生产通过应用专门技术，改进工艺技术和改变管理态度来实现。

2.1.2.2　清洁生产的内容

清洁生产要求实现可持续的经济发展，经济发展既要考虑自身生态环境的长期承受能力，使环境与资源既能满足经济发展要求的需要，又能满足人民生活的现实需要和后代人的潜在需求。同时，环境保护也要充分考虑到一定经济发展下的经济支持能力，采取积极可行的国家政策，配合与推进经济发展进程。

清洁生产的内容十分丰富，其核心是将对资源与环境的考虑有机融入产品及其生产的全过程中。清洁生产的主要内容可以概括为清洁的能源、清洁的生产过程、清洁的产品三个方面。

A　清洁的能源

清洁能源，即非矿物能源，也称为非碳能源，是清洁的能源载体，它在消耗时不生成CO_2等对全球环境有潜在危害的物质，将自然能源转换成清洁的能源载体，作为燃料和动力，也是实现清洁能源的重要途径。

清洁能源有狭义与广义之分，狭义的清洁能源是指可再生能源，如水能、太阳能、风能、地热能、潮汐能等。广义的清洁能源，除上述能源外，还包括用清洁能源技术加工处理过的非再生能源，如洁净煤、天然气、核能、水合甲烷、硅能等。

在21世纪能够替代目前煤炭、石油、天然气等矿物能源的清洁能源，主要分为核能、水电和可再生能源三大类，后者指太阳能、风能、地热能、生物质能，还有新发展起来的氢能等。

a　积极开发新能源，有效利用可再生能源

由于新型的清洁能源对环境无污染，具有取之不尽、用之不竭的可再生性，因此备受各国关注，洁净煤、水电、风电、太阳能、氢能和生物质能等清洁能源在近年来得到了广泛的开发和利用。我国"十二五"期间，建成太阳能电站达500万千瓦以上。

在我国能源消费结构中，煤炭的比重居高不下，20世纪90年代稳定在70%上下，其他如核能、太阳能、风能、地热能等，占比很小，因此，可再生能源的利用具有很大的发展空间。

（1）水能方面：水电具有资源可再生、发电成本低、生态上较清洁等优越性，已经成为世界各国大力利用的水力资源。世界上有24个国家靠水电为其提供90%以上的能源，如巴西、挪威等；有55个国家依靠水电为其提供50%以上的能源，包括加拿大、瑞士、瑞典等。

我国水能资源丰富，总量位居世界首位，可开发量3.78亿千瓦，占全世界可开发水能资源总量的16.7%。但水能资源开发程度很低，不到10%，与发达国家的90%相比差距很大。主要原因是水电投资大，工期长，加上我国水能资源70%以上分布在开发条件差的西南地区。

（2）风能方面：我国风能资源丰富，陆上 3 级及以上风能技术开发量（70m 高度）在 26 亿千瓦以上，现有技术条件下实际可装机容量可以达到 10 亿千瓦以上。此外，在水深不超过 50m 的近海海域，风电实际可装机容量约为 5 亿千瓦。

2006 年后，我国风电装机呈现爆发式增长。2014 年，我国新增装机容量 23.196MW，同比增长 44.2%；累计装机容量 114609MW，同比增长 25.4%。新增装机和累计装机两项数据均居世界第一。2015 年，我国新增装机 30500MW，同比上升 31.5%；累计装机 1.45 亿千瓦，同比上升 26.6%，我国新增风电装机占全球 51.8%。但是与常规能源发电相比，风电仍占较小的份额。

世界风能协会的初步统计显示，2015 年全球风力发电装机容量再创新高，全球新增风电装机达 63691MW。2015 年，全球风电装机容量同比增长 17.2%，比 2014 年 16.4% 的增速还要高。在风电装机容量最大的 15 个国家中，巴西、波兰、中国的风电装机容量 2011 年末以来增速最快，在"十二五"期间，风电新增装机 7000 万千瓦以上。随着技术的不断进步及风电运营经验的逐步积累，风电机组价格、风电场投资和运行维护成本的降低将相应的拉低风电发电成本，有利于风能的广泛应用。

（3）核电方面：各国都在积极发展核电。若按各国所拥有的可运行（operable）核电机组数量排名，前五位分别是美国（99）、法国（58）、日本（42）、俄罗斯（35）、中国（34），均是能源消费大国。2011 年福岛核事故后，日本关停了国内所有在运核电站，但作为能源消耗大国，日本资源匮乏，核电的缺失使其付出了高昂的代价。面对电力短缺的现实及减少温室气体排放的目标，日本政府在 2016 年重启了位于九州鹿儿岛县的川内核电站。

我国的核电从秦山核电站起步，核电事业历经 30 年的发展，取得了很大进步。2016 年最新统计数据显示，我国当前在运核电机组数达 34 台，仅次于美国、法国、俄罗斯，位列全球第四。此外，我国在建核电机组 20 台，稳居世界首位，占全球在建核电机组数的 40%，是世界上核电发展最快的国家。从总装机容量看，截至 2016 年 7 月，我国大陆核电总装机容量 5500 多万千瓦，位居世界第四。据中国核能行业协会发布的数据，2016 年 1~6 月，全国累计发电量为 27594.90 亿千瓦时，商运核电机组累计发电量为 953.89 亿千瓦时，约占全国累计发电量的 3.46%。与世界水平相比，这一比例仍然较低。与燃煤发电相比，核能发电相当于减少燃烧标准煤 3004.75 万吨，减少排放二氧化碳 7872.45 万吨，减少排放二氧化硫 25.54 万吨，减少排放氮氧化物 22.24 万吨。

在我国的能源结构调整中，核电始终被寄予厚望。"十二五"期间，我国开工建设核电 4000 万千瓦。根据"十三五"规划，到 2020 年，核电运行装机容量达到 5800 万千瓦，在建达到 3000 万千瓦以上。若要按时完成在运、在建总装机 8800 万千瓦的目标，"十三五"期间每年至少开工 6 台机组。此前环保部权威人士曾称，到 2020 年，我国核电机组数量将达到 90 余台，从装机容量上将超过法国，成为世界第二的核电大国，仅次于美国。

目前，与传统化石能源不同的是，可再生能源无论是生产端还是消费端的地理分布都开始转向新兴市场国家和发展中国家，可再生能源发展的重心向发展国家转移。在发达国家中，虽然可再生能源已经占其新增发电量的全部，但这一增速并不快，仅能贡献全球 1/3 左右的增长率。

在需求增长缓慢的情况下，OECD 国家已经开始转变其长期能源政策，逐渐降低了可再生能源发展刺激计划的高水平。作为仅次于我国的第二大可再生能源市场，欧盟的年度增长已经出现了下降。美国作为第三大市场，虽然在天然气价格下行期间可再生能源市场依然保持了很高的活跃度，但也面临着政策不确定性风险。在日本，能源供应紧张的局面促使光伏太阳能迅速发展，但在并网中存在的诸多问题仍使其可再生能源产量在本年度出现了下降。

而在发展中国家中，仅我国就为全球可再生能源的增长做出了40%的贡献，是目前英国总发电量的三倍多。据IEA预测，我国在2020年前对可再生能源的新增投资将占世界总额的1/3左右。我国巨大的电力需求、环境压力以及强烈的政策偏好是这一预期较为乐观的主要原因。目前我国正在进行的电力系统改革，也会使可再生能源在整个电力系统中的地位更加重要，陆上风电和光伏发电项目都有望实现快速发展。水电项目虽然增速缓慢，但其累计的新增水力发电量已与目前澳大利亚的总发电量相近。

b 积极开发利用各种节能技术，提高能源利用率

当前世界各国都十分重视节能，能源界有人将节能称为"第五种能源"，与煤炭、石油和天然气、水电、核电并列。推动节能应采取多种政策和措施，开发各种节能产品，使节能技术和效率得到更大的发展。

常见的节能新技术如热电冷联产联供技术、热管技术、高效工业锅炉和窑炉、电力电子调节补偿技术、高效节能照明技术、高效加热技术、高效风机、高效水泵、高效压缩机、高效电机、热泵、热管技术等。

热电冷联产联供技术是同时产电、供热、供冷的系统技术。在热电联产联供基础上，再配以制冷系统，利用调曝电能或少量机械能来泵热制冷，可进一步提高电厂能量转换效率。据报道，我国最近已开发出利用冰—水蓄能调电供冷技术。城区住户，夏天分散制冷或用空调，会导致炎热时齐开机，电力不足；凉爽时齐停机，电力过剩。这种供电峰谷在每月、每旬，甚至每天内都可能出现，造成电力资源的极大浪费。采用集中供冷系统，可以在电力过剩时大量制冰并存入冰库，冰库底部有冰水，可通向冷负荷，同时为居民循环供冷。

热管是一种高效率而结构简单的传热元件，它在两端封闭的圆柱壳内壁衬一层多微孔的吸液"管芯"。管内一端受热另一端被冷却时，工质在受热端吸热气化，流向另一端就放热凝结，凝结的液态工质借毛细作用沿管芯又渗回受热端，如此循环传热。热管广泛用于工业热回收、电子工业和航空航天技术中。

发展高效工业锅炉和窑炉。20世纪90年代中期以前我国的工业锅炉和窑炉效率低，煤耗高，污染重。目前正采取发展高效层燃式煤燃烧器、流化床燃烧器、小容量煤粉燃烧器和适当提高蒸汽压力、余热回收利用等措施，平均热效率高达80%以上，且排污量符合标准。

c 清洁利用常规能源，采用各种方法对常规能源实现清洁利用

应用洁净煤技术替代燃料油，包括应用水煤浆技术替代燃料油。水煤浆作为新型煤基流体燃料，具有燃烧稳定、污染物排故量少等优点。2~2.5t水煤浆替代1t重油，可降低燃料成本500~800元；炼化企业还可得到500元的重油深加工效益。现阶段，10万千瓦以下燃油热电机组比较适宜采用水煤浆技术进行替代改造。近年来引进国外先进的大型气化技术和装置，煤炭转化率高，环保达标，可大幅度降低生产成本。也可采用其他洁净煤

技术替代燃料油，如大中型燃油发电机组改燃煤，一是采用先进成熟的粉煤燃烧加烟气脱硫技术进行代油改造；二是采用洗选煤或动力配煤，在环保达标的前提下，进行煤代油改造。

B　清洁的生产过程

生产过程是一个生产性组织，特别是一个工业企业最基本的活动。对于这类组织，生产过程一般包括原料准备直至产品的最终形成，即由生产准备、基本生产过程、辅助生产过程以及生产服务等过程构成的全部活动过程。狭义上讲，清洁生产的基本内容是对一个组织的生产过程实施污染预防的活动，这也是清洁生产的重要内容之一。

由于部门、行业、企业情况千差万别，即使同一类部门、行业、企业，其产品、生产过程所面临的具体环境问题也不尽相同。因此，不存在一个统一的清洁生产技术方法措施。但对于一个生产过程系统，实施清洁生产的基本途径可概括为五个主要方面，如图2-1所示。

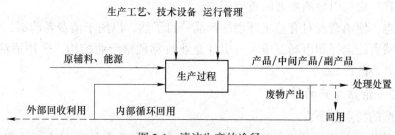

图 2-1　清洁生产的途径

企业基于生产过程的清洁生产的分析包括以下几个方面：采用无毒无害或少害原料替代有毒有害原料，以有效利用资源和减少废物产生；改革工艺与设备，选用少废、无废工艺和高效设备，实现从原材料到产品的物质转化；尽量减少市场过程中的各种危险性因素，如高温、高压、低温、低压、易燃、易爆、强噪声、强振动等；改进运行操作管理，以较小的费用提高资源和能源的利用效率；将资源能源回用于生产系统内部。

在一定情况下，可考虑将废物收集作为企业自身或其他生产过程的原料，加工成其他产品。从清洁生产的优先顺序看，对于废物首先应将其尽可能消纳在自身生产过程中，使投入的资源和能源充分利用。

C　清洁的产品

生命周期概念的提出提供了一种新的思想原则，要求在考察产品的某种环境性能时，不能停留在一时一地，而应该审视其生命周期的各个阶段，这样才能得出科学、全面的结论。

清洁的产品是指生命周期的产品，即要求产品从生产原料、生产过程、使用、再循环利用或废弃、回归自然的整个过程都是清洁的，能与自然生态相融合，即产品自其"诞生"至"坟墓"的全生命周期均是清洁的。获得产品是生产活动的首要目标。产品不仅是工业生产各种效益的载体，而且是体现工业生产与环境相互作用的基本单元。同时，产品还决定着生产过程，并通过市场连接生产过程和消费过程。

产品设计应考虑节约原材料和能源，少用昂贵和稀缺的原料；产品在使用过程中以及使用后不含危害人体健康和破坏生态环境的因素；产品包装的合理设计；产品使用后易于回收、重复使用和再生；使用寿命和使用功能合理。

随着人们环境意识的提高，对产品的认识已经从认识产品的性能、质量、价格到认识产品的生产过程以至扩大到产品的消费。在国内外出现了日益扩展的"绿色消费"运动，反映了公众对环境问题的重视和对消除工业生产过程中环境污染的渴望。众多者宁可多花钱都愿意购买优质的、生产及消费中均对环境无害的产品。产品的"环境性能"已成为市场竞争的重要因素，这将敦促工业界开发、生产既能满足要求又有利于环境的清洁产品。

近年来，除了人们早已熟知的各种生产厂家商标、产品注册商标外，又增加了一种新的标志——环境标志。环境标志又称"绿色标志"、"生态标志"、"蓝色天使"等，另外还有国家和地区将类似标志称为"再生"、"纯天然"、"符合环保标准"等。为不引起混淆，国际标准化组织（ISO）将其统称为"环境标志"。"环境标志"就是附贴在商品上的、表示该产品在设计、生产、使用均对环境无害，在产品销售时，为消费商品选择而提供的必要信息，成为引导消费者的重要标志。

环境标志，使消费者对有益于环境的产品一目了然，以便于消费者购买，使用这类产品，通过消费者的选择和市场竞争，可引导企业自觉调整产业结构，采用清洁生产工艺、生产对环境有益的产品。

2.1.2.3　清洁生产的特点

清洁生产的特点如下：

（1）清洁生产提供了环境管理的预防途径。清洁生产不是将立法和科学割裂开，而是将两者结合在一起从理论上进行分析。清洁生产既包含了生态效率、废物最小化、污染预防和绿色生产力，还包括了其他方面。

（2）清洁生产是一种思维方式。在当前的技术和经济条件下，如何使产品和服务的生产过程对环境的影响最小。

（3）清洁生产不否定社会的发展。清洁生产认为社会的发展是一种生态进化过程。环境效益同样起到推进社会发展的作用，而不是单纯的考虑经济。清洁生产过程将废物看做一种负价值产物。减少原材料和能源的消耗，防止和减少废物的产生，都是生产力的提高，并能给企业带来经济效益。

（4）清洁生产是"双赢"策略。在保护环境、消费者和个人的同时，提高工业效率、增加企业效益和竞争力。

（5）清洁生产和末端治理不同。清洁生产作为污染预防的环境策略，是对传统的末端治理手段的根本变革，是污染防治的最佳模式，二者的区别见表2-1。

表2-1　清洁生产与末端治理的比较

比较项目	末端治理（不含综合利用）	清洁生产系统
产生时代	20世纪70~80年代	20世纪80年代末期
思考方式	当工艺和产品已经开发出来了，环境问题已经产生时，才考虑污染控制	污染预防作为产品及工艺研发活动的组成部分，将污染物消除在生产过程中
控制过程	污染物达标排放控制	生产全过程控制，产品生命周期全过程控制
控制效果	产污量影响处理效果	比较稳定

续表 2-1

比较项目	末端治理（不含综合利用）	清洁生产系统
产污量	无显著变化	明显减少
排污量	减少	减少
资源利用率	无显著变化	增加
资源消耗	增加（治理污染消耗）	减少
产品产量	无显著变化	增加
产品成本	增加（治理污染费用）	降低
经济效益	减少（用于治理污染）	增加
治理污染费用	随排放标准严格，费用增加	减少
污染转移	有可能	无
目标对象	企业及周围环境	全社会

2.2 循 环 经 济

2.2.1 循环经济的提出与发展

循环经济（Circular Economy）是实施可持续发展战略的重要途径和实现模式。发展循环经济既是 21 世纪世界各国环境保护必然的战略选择，体现了以人为本、全面协调可持续发展观的本质要求，也是转变经济增长方式、走新型工业化道路和全面建设小康社会的重要战略举措；既是缓解资源约束矛盾的根本出路，也是从根本上减轻环境污染的有效途径。总之，发展循环经济是实现全面建设小康社会宏伟目标的必然选择，在我国发展循环经济具有特殊的重要性和紧迫性。

回顾世界经济发展的历史不难发现，循环经济理念的产生和发展，是人类对人与自然之间关系深刻反思的结果，是人类在社会经济的高速发展中陷入资源危机、生存危机，深刻反省自身发展模式的产物，也是人类社会发展的必然选择。

循环经济的概念框架如图 2-2 所示。

循环经济思想我国古时已有之，如图 2-3 所示。我国传统的农业文明中的"桑基鱼塘"就是代表。但作为学术性概念，多数学者都认为循环经济思想萌芽于美国经济学家肯尼斯·鲍尔丁于 1962 提出的"宇宙飞船经济"（Spaceship Economy）理论。他将人类生活的地球比作太空中的宇宙飞船，提出如果不合理地开发自然资源，当超过地球承载能力时就会走向毁灭，只有循环利用资源，才能持续发展下去。他从经济的角度提出了循环经济的概念，揭示了资源危机，这可以看做是循环经济思想的最初萌芽。

20 世纪 70 年代，发生了两次世界性能源危机，经济增长与资源短缺之间矛盾凸显，引发人们对经济增长方式的深刻反思。1972 年，罗马俱乐部发表了题为《增长的极限》的研究报告，首次向世界发出了警告："如果让世界人口、工业化、污染、粮食生产和资源消耗像现在的趋势继续下去，这个行星上的增长极限将在今后一百年中发生"。尽管这个报告中的观点有些片面和悲观，但提出的资源供给和环境容量无法满足外延式经济增长

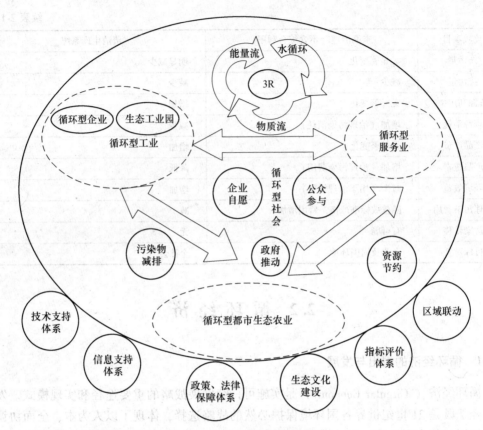

图 2-2　循环经济的概念框架

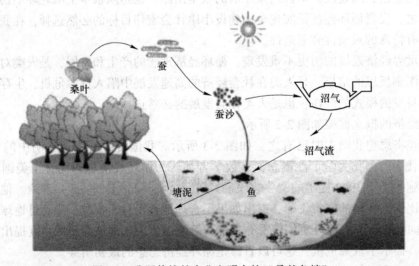

图 2-3　我国传统的农业文明中的"桑基鱼塘"

模式的观点，强调了生存危机，引起人们对资源环境利用和保护的思考，并着力寻求保护资源环境的途径和方法，吸引了全世界极大的关注。

20 世纪 80 年代，人们开始探索走可持续发展道路。1987 年，时任挪威首相的布伦特兰夫人在《我们共同的未来》的报告里，第一次提出可持续发展的新理念，并较系统地阐述了可持续发展的含义。1989年，美国福罗什在《加工业的战略》一文中，首次提出工业生态学概念，即通过将产业链上游的"废物"或副产品，转变为下游的"营养物"或原料，从而形成一个相互依存、类似于自然生态系统的"工业生态系统"，为生态工业园建设和发展奠定了理论基础。

1990年，英国环境经济学家珀斯和特纳在《自然资源和环境经济学》一书中首次正式使用了"循环经济"。

自1990年以来，循环经济开始作为实践性概念出现在德国。与此同时，日本也开始了与之含义相近的循环社会实践活动。循环经济的理论从含义、原则、特征、评价指标、支持体系等方面的研究不断成熟和深化，并应用到实践中去。

1992年，在巴西里约热内卢召开的联合国环境与发展大会通过了《里约宣言》和《21世纪议程》，正式提出走可持续发展之路，号召世界各国在促进经济发展的过程中，不仅要关注发展的数量和速度，更要重视发展的质量和可持续性。会后，世界各国陆续开始积极探索实现可持续发展的道路。

到20世纪90年代，随着可持续发展战略的普遍采纳，发达国家正在把发展循环经济、建立循环型社会，作为实现环境与经济协调发的重要途径。在日本、德国、美国等发达国家，循环经济正在成为一股潮流和趋势，从企业层次污染排放最小化实践，到区域工业生态系统内企业间废弃物的相互交换，再到产品消费过程中和消费过程后物质和能量的循环，都有许多很好的实践经验。国外循环经济实践大致有4种主要形式：（1）杜邦模式——企业内部的循环经济模式；（2）卡伦堡模式——区域生态工业园区模式；（3）德国DSD-回收再利用体系；（4）循环型社会模式。

总之，人类在发展过程中，越来越意识到自然资源并非取之不尽，用之不竭，生态环境的承载能力也不是无限的。人类社会要不断前进，经济要持续发展，客观上要求转变增长方式，探索新的发展模式，减少对自然资源的消耗和生态系统的破坏。循环经济的产生顺应了社会发展的需求。

我国从20世纪90年代起引入了循环经济的思想，此后对于循环经济的理论研究和实践不断深入。1998年确立"3R"原理的中心地位；1999年从可持续生产的角度对循环经济发展模式进行整合；2002年从新兴工业化的角度认识循环经济的发展意义；2003年将循环经济纳入科学发展观，确立物质减量化的发展战略；2004年提出从不同的空间规模即城市、区域、国家层面大力发展循环经济；2005年把发展循环经济作为建设资源节约型、环境友好型社会和实现可持续发展的重要途径来认识；2006年循化经济从示范试点走向全面推进的新阶段。其后，循环经济的理论和实践研究不断深入。2008年8月全国人大常委会通过、2009年1月1日起实施的《中华人民共和国循环经济促进法》，是继德国、日本后世界上第三个专门的循环经济法律，标志着我国循环经济进入一个新的阶段。

2.2.2 循环经济的内涵

2.2.2.1 循环经济的定义

循环经济是指在人、自然资源和科学技术的大系统内，在资源投入、企业生产、产品消费及其废弃的全过程中，把传统的依赖资源消耗的线性增长的经济，转变为依靠生态型资源循环发展的经济。其基本含义是指在物质的循环再生利用基础上发展经济。通俗地说，循环经济是一种建立在资源回收和循环再利用基础上的经济发展模式。

按照《中华人民共和国循环经济促进法》的定义，循环经济是指在生产、流通和消费等过程中进行的减量化、再利用、资源化活动的总称。

其中，减量化是指在生产、流通和消费等过程中减少资源消耗和废物产生；再利用是指将废物直接作为产品或者经修复、翻新、再制造后继续作为产品使用，或者将废物的全部或者部分作为其他产品的部件予以使用；资源化是指将废物直接作为原料进行利用或者对废物进行再生利用。

所有的原料和能源要在这个不断进行的经济循环中得到最合理的利用，从而使经济活动对自然环境的影响控制在尽可能低的程度。循环经济不仅重视自然资源，而且更重视再生资源，主张在生产和消费活动的源头控制废物的产生，并进行积极的回收和再利用。发展循环经济，需要促进企业在资源和废物综合利用等领域进行广泛合作和社会公众的积极参与，实现资源的高效利用和合理使用。

循环经济本质上是一种生态经济，它要求运用生态学规律而不是机械论规律来指导人类社会的经济活动，是相对于传统经济发展模式而言的，代表了新的发展模式和发展趋势。

循环经济的思想以及模式的发展是随着环境保护思路的不断改进和发展而进行的。对循环经济的认识可以归纳为三种观点：

（1）从人与自然的关系角度定义循环经济，主张人类的经济活动要遵从自然生态规律，维持生态平衡。从这一角度出发，循环经济的本质被规定为尽可能地少用或循环利用资源。

（2）从生产的技术范式角度定义循环经济，主张清洁生产和环境保护，其技术特征表现为资源消耗的减量化、再利用和资源再生化，其核心是提高生态环境的利用效率。

（3）将循环经济看做一种新的生产方式，认为它是在生态环境成为经济增长制约要素、良好的生态环境成为一种公共财富阶段的一种新的技术经济范式，其本质是对人类生产关系进行调整，其目标是追求可持续发展。因此可以说循环经济是以清洁生产、资源循环利用和废物高效回收利用为特征的生态经济。

"循环经济"一词并不是国际通用的术语，在学术界尚有争议。从"循环经济"概念的外延和内涵的演变进程看，它是国际社会在追求从工业可持续发展、到社会经济可持续发展过程中出现的一种关于发展模式的理念，是针对传统线性经济发展模式的创新，是对清洁生产和工业生态学的拓展。循环经济最重要之处在于综合和简化，使之具有更大的适应范围，不是主流经济学中关于"经济行为"问题的理论与实践。

2.2.2.2 传统经济与循环经济模式

从物质流动的方向看，传统经济模式是一种由"资源—产品—废物"单向流动的线性经济，其特征是高开采、低利用、高排放。这种经济中，人们高强度地把地球上的物质和能源提取出来，然后又把污染和废物大量地排放到水系、空气和土壤中，对资源的利用是粗放的和一次性的，通过把资源持续不断地变成废物来实现经济的数量型增长，导致了许多自然资源的迅速短缺与枯竭，造成了灾难性环境污染和生态破坏后果。

循环经济是对物质闭环流动型经济的简称。循环经济根据生态规律，建立一种在物质不断循环利用基础上的经济发展模式，倡导一种与环境和谐的经济发展模式。它要求把经济活动按照自然生态系统的模式。循环经济的增长模式是"资源—产品—消费—再生资源"封闭反馈式流程（见图2-4），所有的物质和能源在这个不断进行的经济循环中得到合理和持久的利用。循环经济把生态工业、资源综合利用、生态设计和可持续消费等融为一体，使得整个经济系统以及生产和消费的过程基本上不产生或者只产生很少的废弃物，以把经济活动对自然环境的影响降低到尽可能小的程度，其特征是自然资源的低投入、高利用、高循环率和废弃物的低排放，从根本上消解长期以来环境与发展之间的尖锐冲突。

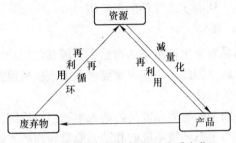

图 2-4 循环经济模式下的物质变化

在传统经济模式下，人们忽略了生态环境系统中能量和物质的平衡，过分强调扩大生产来创造更多的福利。而循环经济则强调经济系统与生态环境系统之间的和谐，着眼点在于如何通过对有限资源和能量的高效利用，如何通过减少废弃物来获得更多的人类福利（见表2-2）。

表 2-2 循环经济与线性经济模式的比较

类别	特 征	物质流动	理论指导
循环经济	对资源的低开采、高利用、污染物的低排放	"资源—产品—再生资源"的物质反馈循环流动	生态学规律
线性经济	对资源的高开采、低利用、污染物的高排放	"资源—产品—污染物"的单向流动	机械论规律

2.2.2.3 循环经济的三个主要原则

循环经济是对物质闭环流动型经济的简称，是以物质、能量梯次使用为特征的，在环境方面表现为低排放，甚至零排放。循环经济要求必"减量化、再利用、循环"为经济活动的行为准则，人们称之为3R原则。

A 减量（Reduce）原则

减量原则是针对输入端，要求用较少的原料和能源投入，达到既定的生产或消费目的，旨在减少进入生产和消费过程中物质和能源流量，从经济活动的源头就注意节约资源和减少污染物排放。换句话说，对废弃物的产生，是通过预防的方式而不是末端治理的方式来加以避免。在生产中，可以通过重新设计制造工艺、减少每个产品的原料使用量来节约资源和减少排放。例如，要求产品体积小型化和产品质量轻型化，既小巧玲珑，又经久耐用。此外，要求产品包装追求简单朴实而不是豪华浪费，既要充分又不过度，从而达到减少废弃物排放的目的。

B　再利用（Reuse）原则

再利用原则属于过程性方法，目的是延长产品和服务的时间强度。要求产品和包装容器能够以初始的形式被多次重复使用，而不是用过一次就废弃，尽可能多次或多种方式地使用物品，避免物品过早地成为垃圾，以抵制当今世界一次性用品的泛滥。在生产中，制造商可以使用标准尺寸进行设计，例如，使用标准尺寸设计可以使计算机、电视和其他电子装置非常容易和便捷地升级换代，而不必更换整个产品。在生活中，人们可以将可维修的物品返回市场体系供别人使用或捐献自己不再需要的物品；在产品设计开始，就研究零件的可拆性和重复利用性，从而实现零件的再使用。

C　循环（Recycle）原则

循环或再生利用原则是要求生产出来的物品在完成其使用功能后，能重新变成可以利用的资源而不是无用的垃圾。因此，一些国家要求在大型机械设备上标明原料成分，以便找到循环利用的途径或新的用途。

循环经济要求将废弃物中的物质和能量再纳入生态经济系统，转化成为资本。只有这样才能实现人类经济系统与生态环境系统的和谐，能量和物质才能平衡，人类才能永续不断地通过生产活动谋求福利。

循环原则是输出端方法，通过把废弃物资源化以减少最终处理量。资源化有两种：一是原级资源化，即将消费者遗弃的废弃物资源化后形成与原来相同的新产品，例如，将废纸生产出再生纸、废玻璃生产玻璃、废钢铁生产钢铁等；二是次级资源化，即废弃物变成不同类型的新产品。原级资源化在形成产品中可以减 20%～90%的原生材料使用量，而次级资源化减少的原生材料使用量最多只有 25%。

值得注意的是，循环经济的 3R 原则重要性并不一样，三者的顺序也不能随意变动。最基本的是减量原则，其根本目标是要求在经济过程中系统地避免和减少废物，再利用和资源化都应建立在对经济过程进行了充分源削减的基础之上。由于再利用和资源化过程本身需消耗资源和能源，再利用和资源化过程的效率总小于 100%，同时受产品质量的限制，再利用和资源化的循环次数不可能无限制继续。只有优先减量，其次再利用，最后进行资源化，这样才能最大限度地实现理想的循环经济，提高资源和能源的利用率，从而使经济活动对自然环境的影响降至最低。

循环经济的主导理念是追求资源利用效率的最大化和永续化，本质是物质的循环永续利用，即一种物质消耗后，其产物再生利用，达到循环反复的效果。

循环经济要求建立产业系统中不同工艺流程和不同行业之间的横向共生，为废弃物找到下游的"分解者"，以实现物质的再生循环和分层利用。这种经济追求的是对环境无污染或污染极小及废弃物的零排放。它将清洁生产和废物的综合利用结合起来，通过企业层次和区域层次的清洁生产实践，来实现在更高的社会层次上的物质和能源的合理与持续的利用。

目前，发达国家在四个层面上发展循环经济。

一是企业内部的循环利用，即企业层面的循环经济。推行清洁生产，通过厂内各工艺之间的物料循环，减少物料的使用，达到少排放甚至"零排放"的目标，最具代表性的是美国杜邦化学公司模式。

二是企业间或产业间的生态工业网络，即工业园区层面的循环经济。按照工业生态学的原理，建立或形成企业间有共生关系的工业生态系统、工业生态园区或虚拟园区，实现企业间废物相互交换，使资源得到充分利用：把不同的工厂联结起来，形成共享资源和互换副产品的产业共生组合，使一个企业产生的废气、废热、废水、废渣在自身循环利用的同时，成为另一企业的能源和原料，最具代表性的是丹麦卡伦堡生态工业园区。生态工业园区与传统的工业园区的最大不同是它不仅强调经济利润的最大化，而且强调经济、环境和社会功能的协调和共进。

三是废物回收和再利用体系，即某领域（或行业）层面的循环经济。如德国的包装物双元回收体系（DSD）和日本的废旧电器、汽车、容器包装等回收利用体系。

四是社会循环经济体系，即社会层面的循环经济。通过产品消费过程中和消费后废物的再利用和再循环，实现物质和能量的循环，建立循环型社会。如日本政府为推动循环经济的形成，曾经提出 2010 年达到的三个方面的目标，包括资源投入产出率比 2000 年提高 40%，资源循环利用率提高 40%，废弃物最终处置量减少 50%，为实现这些目标，日本政府制定和实施了一系列政策措施。

2.2.2.4 循环经济的特征

循环经济作为一种科学的发展观，一种全新的经济发展模式，主要特征是物质闭路循环、能量梯次使用，其特征主要体现在以下几个方面。

A 新的系统观

循环是指在一定系统内的运动过程，循环经济的系统是由人、自然资源和科学技术等要素构成的大系统，系统内部要以互联的方式进行物质交流，以便最大限度地利用进入系统的物质和能量，从而实现"低开采、高利用、低排放"的结果。循环经济观要求人在考虑生产和消费时不再置身于这一大系统之外，而是将自己作为这个大系统的一部分来研究符合客观规律的经济原则，将"退田还湖"、"退耕还林"、"退牧还草"等生态系统建设作为维持大系统可持续发展的基础性工作来抓。

B 新的经济观

在传统工业经济的各要素中，资本在循环，劳动力在循环，而唯独自然资源没有形成循环。循环经济观要求经济发展不仅要考虑工程承载能力，还要考虑生态承载能力。在生态系统中，经济活动超过资源承载能力的循环是恶性循环，会造成生态系统退化；只有在资源承载能力之内的良性循环，才能使经济和生态系统平衡地发展。

C 新的价值观

循环经济观在考虑自然时，不再像传统工业经济那样将其作为"取料场"和"垃圾场"，也不仅仅视其为可利用的资源，而是将其作为人类赖以生存的基础，是需要维持良性循环的生态系统。循环经济的价值观包含两层含义：一是环境具有价值，人类通过劳动可以提高其价值，也可以降低其价值；二是发展活动所创造的经济价值必须与其所造成的社会价值和环境价值相统一，追求社会经济与人文协调发展"效益"和"效率"的最大化，不以无节制地耗用资源、能源、污染环境、破坏自然生态为代价。在考虑科学技术时，不仅考虑其对自然的开发能力，而且要充分考虑到它对生态系统的修复能力，使之成为有益于环境的技术；在考虑人自身的发展时，不仅考虑人对自然的征服能力，而且更重视人与自然和谐相处的能力，促进人的全面发展。

D 新的生产观

传统工业经济的生产观念是最大限度地开发利用自然资源，最大限度地创造社会财富，最大限度地获取利润。而循环经济的生产观念是要充分考虑自然生态系统的承载能力，尽可能地节约自然资源，不断提高自然资源的利用效率，循环使用资源，创造良性的社会财富。同时，在生产中还要求尽可能地利用可循环再生的资源替代不可再生资源，如利用太阳能、风能和农家肥等，使生产合理地依托在自然生态循环之上；尽可能地利用高科技，尽可能地以知识投入来替代物质投入，以达到经济、社会与生态的和谐统一，使人类在良好的环境中生产生活，真正全面提高人民生活质量。

E 新的消费观

循环经济观要求走出传统工业经济"拼命生产、拼命消费"的误区，提倡物质的适度消费、层次消费，在消费的同时就考虑到废弃物的资源化，建立循环生产和消费的观念。同时，循环经济观要求通过税收和行政等手段，限制以不可再生资源为原料的一次性产品的生产与消费，如宾馆的一次性用品、餐馆的一次性餐具和豪华包装等。

2.2.2.5 清洁生产、循环经济、可持续发展与生态文明的关系

清洁生产、循环经济、可持续发展与生态文明四个术语具有特定的内涵，但就内涵的认识而言，却是仁者见仁、智者见智，这里从一般意义上加以理解，并辨析它们之间的关系。生态文明是人类文明发展的一个新的阶段。从纵向上理解，可以认为是人类在经历了原始（远古）文明、农业文明、工业文明之后的一种新的文明形态；从横向上理解，生态文明是与物质文明、精神文明和政治文明共同构成了现代化建设的总体布局。生态文明是人类遵循人、自然、社会和谐发展这一客观规律而取得的物质与精神成果的总和；生态文明是以人与自然、人与人、人与社会和谐共生、良性循环、全面发展、持续繁荣为基本宗旨的社会形态。

可持续发展是既满足当代人的需要，又不对后代人满足其需要的能力构成危害的发展，是一种总体的发展战略。循环经济是一种以资源的高效利用和循环利用为核心，以"减量化、再利用、资源化"为原则，以低消耗、低排放、高效率为基本特征，符合可持续发展理念的经济发展模式。清洁生产是一种新的创造性的思想，该思想将整体预防的环境战略持续应用于生产过程、产品和服务中，以增加生态效率和减少人类及环境的风险。

清洁生产的目标是预防污染，以更少的资源消耗产生更多的产品。主要表现为各国际组织、政府机构和民间组织从保护环境的角度出发，对生产过程（已延伸到消费）提出的一系列规范要求，即要求从生产的源头，包括产品和工艺设计、原材料使用、生产过程、产品和产品使用寿命结束以后对人体和环境的影响各个环节都采取清洁措施，预防污染的产生或把污染危害控制在最低限度，概括地说就是低消耗、低污染、高产出。

循环经济是模仿自然生态系统，按照自然生态系统物质循环和能量流动规律构建的经济系统，并使得经济系统和谐地纳入到自然生态系统的物质循环过程中。根本目标是要求在经济过程中系统地避免和减少废物，再利用和循环都应建立在对经济过程进行充分资源削减的基础之上，其特征是自然资源的低投入、高利用和废弃物的低排放。清洁生产和循环经济的演变过程如图 2-5 所示。

清洁生产和循环经济最大的区别在于实施的层次不同。清洁生产和循环经济二者之间

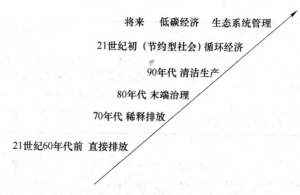

将来　低碳经济　生态系统管理

21世纪初（节约型社会）循环经济

90年代 清洁生产

80年代 末端治理

70年代 稀释排放

21世纪60年代前 直接排放

图 2-5　清洁生产和循环经济的演变过程

是一种点和面的关系，一个是微观的，一个是宏观的。一个产品、一个企业都可以推行清洁生产，但循环经济覆盖面就大得多。在企业层次实施清洁生产是小循环的循环经济，一个产品，一台装置，一条生产线都可采用清洁生产方案，在园区、行业或城市的层次上，同样可以实施清洁生产。某些区域或行业的层面上实施清洁生产，称为"生态工业"。而广义的循环经济是需要相当大的范围和区域的，如日本称为建设"循环型社会"。推行循环经济由于覆盖的范围较大，链接的部门较广，涉及的因素较多，见效的周期较长，不论是哪个单独的部门恐怕都难以担当这项筹划和组织的工作，需要全社会协调一致，共同组织与筹划。清洁生产和循环经济的比较见表 2-3，适用范围如图 2-6 所示。

表 2-3　清洁生产与循环经济的比较

比较内容	清 洁 生 产	循 环 经 济
思想本质	环境战略：新型污染预防和控制战略	经济战略：将清洁生产、资源综合利用、生态设计和可持续消费等融为一套系统的循环经济战略
原则	节能、降耗、减污、增效	减量化、再利用、资源化（再循环）。首先强调的是资源的节约利用，然后是资源的重复利用和资源再生
核心要素	整体预防、持续运用、持续改进	以提高生态效率为核心，强调资源的减量化、再利用和资源化、实现经济行动的生态化、非物质化
适用对象	主要对生产过程、产品和服务（点，微观）	主要对区域、城市和社会（面，宏观）
基本目标	生产中以更少的资源消耗产生更多的产品，防治污产生	在经济过程中系统地避免和减少废物
基本特征	预防性：清洁生产从源头抓起，实行生产全过程控制，尽最大可能减少乃至消除污染物的产生，其实质是预防污染。通过污染物产生源的削减和回收利用，使废物减至最少 综合性：实施清洁生产的措施是综合性的预防措施，包括结构调整、技术进步和完善管理 统一性：清洁生产最大限度地利用资源，将污染物消除在生产过程之中，不仅环境状况从根本上得到改善，而且能源、原材料和生产成本降低，经济效益提高，竞争力增强，能够实现经济效益与环境效益相统一	低消耗（或零增长）：提高资源利用效率，减少生产过程的资源和能源消耗（或产值增加，但资源能源零增长）。这是提高经济效益的重要基础，也是污染排放减量化的前提 低排放（或零排放）：延长和拓宽生产技术链，将污染尽可能地在生产企业内进行处理，减少生产过程的污染排放；对生产和生活用过的废旧产品进行全面回收，可以重复利用的废弃物通过技术处理进行无限次的循环利用。这将最大限度地减少初次资源的开采，最大限度地利用不可再生资源，最大限度地减少造成污染的废弃物的排放

续表 2-3

比较内容	清 洁 生 产	循 环 经 济
基本特征	持续性：清洁生产是一个持续改进的过程，没有最好，只有更好	高效率：对生产企业无法处理的废弃物集中回收、处理，扩大环保产业和资源再生产业的规模，提高资源利用效率，同时扩大就业
宗旨	提高生态效率，并减少对人类及环境的风险	

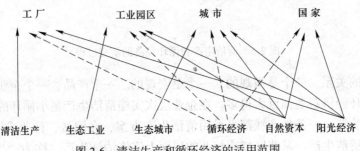

图 2-6　清洁生产和循环经济的适用范围

由上述比较可知，清洁生产具体表现为单个生产者和消费者的行为，是一种微观层次上的生产行为和消费行为；而循环经济具体表现为产业生态链上区域和产业层次的废物和资源循环利用，是一种宏观层次上的行为。微观层次的清洁生产和消费行为，通过发展为工业生态链和农业生态链，进一步实现区域和产业层次的废物和资源再利用，并通过政府、企业、消费者在市场上的有利于环境的互动行为，上升为循环经济形态。如果广大生产者和消费者都采纳了清洁生产的行为方式，从社会经济总体来看，它就表现为一种循环经济模式。

就实际运作而言，在推行循环经济的过程中，需要解决一系列技术问题，清洁生产为此提供了必要的技术基础。特别应该指出的是，推行循环经济技术上的前提是产品的生态设计，若没有产品的生态设计，循环经济只能是个口号，而无法变成现实。

总之，清洁生产是循环经济的微观基础，循环经济则是清洁生产的最终发展目标。循环经济和清洁生产关系密切，都是对传统环保理念的冲击和突破。在理念上，它们有共同的时代背景和理论基础；在实践中，它们有相通的实施途径。

清洁生产、循环经济、可持续发展与生态文明既有联系，也有区别。清洁生产总体理解为超越"末端治理"弊端而产生的一种污染预防的环境战略，是属于技术层面的，清洁生产审核是实现清洁生产的重要手段和方法工具；循环经济总体认为是一种超越传统的"资源—产品—污染排放"单向流动的线性经济，形成"资源—产品—再生资源"的反馈式经济发展模式；可持续发展是一种既满足当代人的需要，又不对后代人满足其需要的能力构成危害的发展，是一种总体的发展战略；而生态文明是一种扬弃了工业文明新型的、更高级别的文明形态。要实现生态文明的文明形态，就要在可持续发展战略原则的指导下，实施清洁生产的环境战略和循环经济的经济发展模式。因此，推行清洁生产，发展循环经济，实现经济社会和环境的可持续发展，是建设生态文明的基本途径和必然选择。它们之间的关系如图 2-7 所示。

图 2-7　清洁生产、循环经济、可持续发展与生态文明的关系

2.2.3　钢铁企业的清洁生产与循环经济思想

钢铁行业是资源、能源密集型产业，其特点是产业规模庞大、生产工艺流程长，从金属矿石的开采，到产品的最终加工，需要经过很多工序，其中一些主体工序的资源、能源消耗量很大。同时由于传统冶金生产工艺技术发展的局限性以及我国冶金工业多年来基本上延续以粗放生产为特征的经济增长方式，钢铁工业结构不合理，工艺技术水平和经济效益不高，不适应于市场竞争的需要。结构性矛盾突出，市场竞争日益激烈，集中体现在品种质量、产品成本和劳动生产率和环境污染问题所构成的综合竞争力的压力，行业的可持续发展，正面临着市场与环境的双重严峻挑战，同时也说明实施清洁生产的迫切性和重要性。

在钢铁工业中，清洁生产的内容大致可归为 5 个环节，即钢铁产品设计、产品制造原材料准备、产品的制造过程、排放物无害化、资源化处理以及产品的使用、再使用和回收：

（1）钢铁产品设计。

对清洁生产概念的钢铁产品设计，其关键是要充分注意产品制造、使用、回收利用全过程中无害化、生态化的要求，而不是只注意其使用性能。

（2）产品制造原材料准备。

钢铁产品制造所需资源的开采、提纯、加工和输送，主要包括能源、水、金属和非金属矿物以及与钢铁生产相关原材料。这一环节的关键是"精料"与制造过程的无污染，例如，用精矿粉代替矿石，采用清洁能源油、天然气代替煤，减少生产过程中废物的产生量和污染物的排放量。

（3）钢铁产品的制造过程。

钢铁产品的制造过程主要包括炉外处理、冶炼、浇铸和加工 4 个工序。这 4 个工序的关键是高效率、高合格率、低消耗，以"零排放"为目标和污染物尽量在生产过程内被吸收、被利用。这些取决于流程优化的程度和先进技术、装备的开发与应用程度。

钢铁工业是一种流程工业。要确保以最低的资源消耗、最高的生产效率、最优化的质量控制和最小的环境负荷，来生产质量合格、低成本的产品就必须加强工艺技术优化的工作，其中最重要的就是从总体上优化钢铁生产流程。流程创新是钢铁生产工艺优化最重要的基础，它已成为当前钢铁生产工艺技术关注的热点。

新一代可循环钢铁流程工艺和装备技术是我国首先提出的流程工艺创新思路，旨在更加充分地发挥钢铁企业产品制造，能源高效利用、转换和回收再利用，社会废弃物消纳利用的三大功能。新工艺技术在大型装备先进技术集成、生产紧凑高效、低耗及清洁能源利用等多方面已初步显现出优势，引起了广泛的关注。鲅鱼圈和曹妃甸正成为新建企业和老厂改造的重要参考，示范性作用日渐突出。

（4）排放物无害化、资源化处理。

钢铁生产产生的大量气体、粉尘、水、炉渣和其他废液、废物是其他行业的原料。排放物的高附加值利用是非常值得关注的，如高炉煤气余热发电等。

钢铁工业"十三五"规划纲要明确提出：到 2020 年，钢铁企业平均吨钢综合能耗不高于 580kg 标准煤，吨钢所耗新水量不高于 $4m^3$，吨钢 SO_2 排放量不高于 1kg，节能减排工作已经成为国家的整体战略目标。钢铁工业是耗能大户，而循环经济和清洁生产技术是钢铁企业降低能耗的主要途径之一，所以需要对我国钢铁企业现有生产技术进行环境效益综合评价分析，最终实现钢铁企业环境友好、循环生态发展。

（5）钢铁产品的使用、再使用和回收。

这一阶段要充分体现产品的"绿色度"，要合理使用并充分关注再加工后更好的应用性能，钢材是 100%回收的"绿色"材料。

2010 年发展改革委办公厅发布的《循环经济发展规划编制指南》中指出，对已有企业，可重点考虑开展清洁生产的相关工作，结合产业发展，采用高新技术改造传统生产方式，淘汰落后、节能减排、综合利用，构建企业内部的小循环，努力实现废弃物的"零排放"；应重点开展大宗固体废弃物的综合利用以及共伴生矿产资源的综合利用等。

钢铁工业发展循环经济，要推进重点工程建设和关键技术研发。对于以钢铁行业为核心或有钢铁行业参与的循环经济过程，实施循环经济的一系列重点工程可分钢铁企业层次、不同产业层次及社会层次。

构建循环经济产业链的重点工程，主要包括重点突破行业间和与社会层次构建循环经济的关键技术。可构建的循环经济产业链主要有：钢铁—电力循环经济产业链、钢铁—化工循环经济产业链、钢铁—建材循环经济产业链、钢铁—农业循环经济产业链、钢铁—市政循环经济产业链等。

与城市和社会和谐共存的重点工程，主要包括大宗工业固废资源化利用、工业废气资源化利用、废水深度资源化利用、废旧金属资源化利用、废旧电子电器循环利用、废旧高分子材料循环利用、城镇生活垃圾回收利用、建筑废弃物循环利用、农村废弃物资源化利用等废弃物资源化工程，以及消纳社会废塑料、城市污水处理等消纳处理社会废弃物工程。

目前，钢铁工业清洁生产、循环经济支撑共性技术合作研发存在以下问题：

（1）钢铁节能减排突破性技术的研发耗资大、时间长，涉及范围广，非一个企业、一个行业所能承担的，需要国家的资金支持和行业间的协调。而我国尚缺乏专项研究基金的支持，具有自主技术创新能力的企业较少，企业间技术水平也差异较大，核心技术的掌握程度较低，驱动发展后劲不足。

与国际先进企业相比，我国钢铁生产新工艺、新装备未取得突破性进展，仍然停留在模仿阶段，国内首创的较少。例如，引领炼铁技术进步的关键装备如无料钟炉顶、铜冷却壁、高风温顶燃式热风炉、转炉煤气干法除尘回收等都是从国外引进后再进行消化吸收。引进吸收再国产化这一模式导致前期技术引进成本高，不利于技术推广和普及，也不利于企业在生产过程中进行后续产品开发和装备改造，而且国内吸收也需要一定过程和时间，令国内技术水平落后于国际先进水平。

（2）依靠先进技术推进节能减排的激励机制还未完全建立，钢铁企业利用余能、余压发电等资源综合利用项目得不到有效认证和享受国家奖励，企业自发电项目上网、并网困难，上网价格较低，而用电价格较高；钢渣、尾矿综合利用等一些社会效益、环境效益好的共性循环经济技术缺乏资金支持，给推广造成困难。

（3）钢铁行业技术交流平台及技术联盟还不发达，需要进一步加强建立，促进技术沟通。组织建立节能减排技术及能耗指标数据等方面的交流平台，便于企业间进行技术交流及挖掘节能潜力。针对一些中长期，特别是潜在的突破性技术，建议建立技术联盟。同时要加强和持续保障对钢铁行业共性关键技术和前沿技术的科技投入，鼓励形成以企业为主体的开放的产、学、研结合的行业自主创新体系。

（4）加大研发行业间构建循环经济的关键技术，大力发展管理及生产模式创新。新一代钢厂在消纳处理社会废弃物的同时，还可以为其他行业提供高价值的副产品，行业间形成生态链，促进循环经济的发展。因此，应打破行业隔绝的现状，重点突破行业间及在行业与社会层次之间构建循环经济的关键技术，并在政策上鼓励行业间的链接。

我国钢铁工业清洁生产，发展循环经济，需要进一步加大节能减排技术和二次资源综合利用技术的开发，重点实施以烧结烟气脱硫为重点的大气污染防治技术，以综合废水脱盐为重点的废水治理利用技术，以含铁尘泥脱锌和钢渣微粉为重点的固废处置利用技术，实施系统集成烧结生产节能环保技术、系统集成烟气干法净化与余热余压综合利用技术、系统集成冶金渣处理高附加值利用与余热回收利用技术。通过实施和推广这些工艺技术，最终实现钢铁生产污染物高效处理与无害化防治要求下的"三低"，即低耗、低硫、低碳，实现循环经济理念下的"三高效"，即能源高效转换和高效利用、水资源的高效与循环利用、铁资源的高效与循环利用，保证钢铁工业绿色制造战略目标的实现。

我国钢铁工业清洁生产共性技术的研发和推广是针对我国钢铁工业当前存在的重要共性问题，应采取如下原则：

（1）突出过程控制原则。清洁生产主要是控制生产过程污染物的产生，使之尽可能地减少到最低水平的前提下，再进行末端治理。钢铁工业清洁生产共性技术研发针对钢铁工业生产工艺的整个过程和生产环节，注重引导物耗能耗降低、单位产品的污染物产生量降低和废物的资源化利用。

（2）突出提高效率原则。钢铁工业清洁生产共性技术引导企业生产的资源、能源高效利用，追求低投入、高产出。

（3）经济、环境和社会效益统一原则。钢铁工业清洁生产共性技术从资源节约和环境保护对钢铁生产从设计开始，到产品使用后直至最终处置，给予全过程的考虑。清洁生产不仅技术可行，提高生产效率，还要实现经济上的可盈利性，体现经济效益、环境效益和社会效益的统一。

（4）广泛性和持续改进原则。钢铁工业清洁生产共性技术普遍适用且先进高效，引导钢铁企业进行持续性改进，向更高要求发展。

循环经济的实现离不开技术进步，没有技术的创新和突破，循环经济不可能实现。循环经济的支撑技术大概有以下几方面：回收技术、替代技术、减量技术、再利用技术、资源化技术、系统化技术等。钢铁行业清洁生产、循环经济共性技术的研究基于钢铁生产各工序的节能减排特征指标、钢铁生产企业特点、各类技术在生产过程中的功能及前沿性技术可细分为五大类，包括：生产过程节能减排技术、资源能源回收利用技术、污染物治理技术、综合性节能减排技术及重点关注的新技术。

"十一五"期间，通过对我国钢铁工业清洁生产、循环经济共性技术研发方面的不断研究探索，钢铁行业的节能减排取得了一定成果。在中国钢铁工业协会积极组织下，行业以推广"三干、三利用"为主要节能措施（"三干"即干熄焦、高炉干法除尘、转炉干法除尘；"三利用"即可燃气体、工业用水和工业废弃物的全面回收和综合利用），节能降耗取得了明显效果，进一步缩小了与国外先进钢铁行业在能源利用上的差距。

"十二五"和"十三五"期间，钢铁行业要继续大力推进清洁生产、开展循环经济的共性支撑技术的研发、应用和推广，进一步实现"节能、降耗、减污、增效"，对促进钢铁行业技术进步、实现可持续发展具有十分重要的意义。

目前钢铁行业细分的五大类共性技术可根据其应用的效果、产业化前景和成熟度进行分类，逐步进行研发、实施和推广，包括：

（1）现有成熟的清洁生产技术：干熄焦、高炉炉顶余压发电、转炉煤气回收、蓄热式轧钢加热炉、铸坯热装热送等，这些技术应该大力普及，并着重对已有的节能技术的使用效果进行改进。

（2）"十二五"钢铁工业急需重点推广的清洁生产共性技术：烧结余热发电、焦化煤调湿、转炉低压饱和蒸汽发电、能源管控中心等。

（3）2015~2020年需持续研发的清洁生产共性技术：冶金渣余热回收技术、焦炉荒煤气余热回收技术、烧结烟气循环利用技术、非高炉炼铁技术、冶金副产煤气制取清洁能源、氢冶金工艺、在线热处理技术等。

2.3　钢铁的绿色化生产

2.3.1　绿色钢铁的概念及内涵

钢铁工业属于流程制造业，钢铁制造过程从本质上看是集物质状态转变、物质性质控制和物流有序、有效管制于一体的生产制造体系。在钢铁制造体系中大量的物质/产品流、大量能量转换过程、多种形式的排放过程和大量的排放废弃物都对环境造成不同层次、不同程度的影响。

关于"绿色钢铁"的概念，国内外并没有统一的定义，目前比较一致的看法是：钢铁企业把节约资源、降低能耗和保护环境的理念融入企业活动的全过程，转变生产方式，实行清洁生产，做到低资源消耗、低能源消耗、低排放再循环使用，实现企业与自然、社会和谐统一，促进经济社会的可持续发展，实现企业可持续发展。

绿色钢铁的内涵主要包含以下4个层次的内容：

（1）通过绿色采购与绿色输出，实现资源的综合利用。通过生产绿色产品实现产品生命周期内的节能与环保，与相关行业及社会形成代谢循环关系与工业生态链，向社会提供余热和副产品（煤气、热水、高炉渣、钢渣等），形成污染物的"零"排放体系（或称为最小排放体系）。

（2）通过制造装备的大型化、连续化、自动化以及绿色制造工艺技术的应用，实现企业内部清洁生产。

（3）钢铁企业的功能转换，参与区域生态工业建设，按照生态代谢原理，使得资源利用效率最高，减少资源浪费与耗散，企业效益最佳，环境持续改善。

（4）实现企业与外部环境和谐相处，促进组织结构优化和行业区域布局合理化，实现经济、社会和生态环境的均衡协调发展。

钢铁工业绿色化是绿色工业在钢铁工业中的具体体现，是一种综合考虑钢铁系统生产结构工艺流程、设备技术特性、资源与能源消耗和环境影响的现代钢铁生产制造模式，使产品从设计、制造、包装、运输和使用到报废处理的整个生命周期，对资源利用率最高、对能源消耗最低、对环境负面影响最小，并使企业的经济效益、环境效益和社会效益协调优化。所以"绿色钢铁"才有可能从根本上做到能耗少、产出多、质量优的清洁生产的清洁绿色钢铁产品。它是系统的、宽泛地涵盖了结构与技术升级、产业集中与重组，当然也包括相关经济、环境与人的和谐科学发展。

绿色的钢铁工业是在清洁生产基础上进一步延伸、扩展，具体包括：

（1）从源头入手根治造成污染的制造过程，注意资源、能源的选择，高度关注钢铁产品绿色生命周期。

（2）尽量将钢铁污染物消除在生产过程中。

（3）所谓污染是指在不同尺度上超过生态平衡所能接受的外源性污染，不同类型、相关类型企业之间形成生态工业链，促进构成污染物的"零"排放体系（或称为最小排放体系）。

（4）强调持续性的对环境污染集成预防策略，追求构成可持续钢铁生产发展战略的最佳模式。

钢铁工业的绿色化生产不仅仅包括清洁生产，还体现了生态工业的思想和循环经济的3R思想，即"减量化（Reduce）、再利用（Reuse）、再循环（Recycle）"。具体表现在：

（1）资源与能源消耗最小及实用高效化。原料方面，少用铁矿石及其他天然矿物资源，多用再生资源如废钢、钢厂粉尘等；少用不可再生能源（如煤、油、天然气等），开发采用新的能源如氢能、太阳能等；少用新水和淡水资源，发展节水技术，强化水循环，减少废水排放。

（2）生产过程清洁化。充分利用资源、能源；少排放废弃物、污染物和含毒物质；不用有毒物质。

（3）钢铁产品绿色化。如产品的生产制造过程环境负荷低，少污染或不污染环境；产品的使用寿命长，使用效率高；产品及其制品对环境的污染负荷低；产品使用报废后易于回收、循环。

（4）与相关行业及社会进行代谢循环。如可向社会提供余热和副产品（煤气、热水、高炉渣、钢渣等）；可消纳社会的废弃物（如废钢、废塑料、垃圾、废轮胎、各种合金返回料等）；与相关工业形成工业生态链。

因此，发展"绿色钢铁"遵循的基本原则包括：

（1）遵循清洁生产的原则。绿色钢铁的主要发展领域在于钢铁生产从开采到制造过程的绿色化，要转变生产发展方式和污染防治方式，通过技术进步和提高管理，优化钢铁生产流程，实施清洁化生产。

（2）遵循循环经济的原则。按照"减量化、资源化、再利用"的模式，由过去的"资源—产品—废弃物"变为"资源—产品—再生资源"，构筑经济与环境和谐的工业生态链。

（3）遵循"低碳经济"的原则。在"碳基"钢铁生产为主流的情况未改变之前，以提高能源效率为主要目标，同时进行新技术的研究开发，持续优化和最大化"废弃物"的循环利用，最大程度实现低碳。

2.3.2 我国绿色钢铁的发展背景

生态文明建设，是关系人民福祉、关乎民族未来的百年大计。2012年11月，党的"十八大"胜利召开。"十八大"政治报告中首次专章论述生态文明，提出"把生态文明建设放在突出地位，融入经济建设、政治建设、文化建设、社会建设各方面和全过程，努力建设美丽中国，实现中华民族永续发展"。这是"美丽中国"第一次作为执政理念在党的政治报告中提出。"美丽中国"写入"十八大"政治报告，是我国加快转变经济发展方式的一个"风向标"。

钢铁工业是国民经济的重要基础产业，冶金工业的发展水平也是衡量一个国家工业化的标志。与此同时，钢铁工业也是我国特别监控的六大高污染、高能耗、高排放产业之一。面对党的"十八大"提出的关于生态文明建设的新要求和建设"美丽中国"的宏伟蓝图，我国钢铁工业面对资源约束趋紧、环境污染严重、生态系统退化的严峻形势，必须牢固树立尊重自然、顺应自然、保护自然的生态文明理念，把生态文明建设放在突出地位，着力推进绿色发展、循环发展、低碳发展，以科技创新为驱动，围绕创建资源节约型、环境友好型企业的目标，全面实施节能减排、综合利用和厂区绿化工程，努力打造"绿色钢铁"，为建设"美丽中国"和全球生态安全做出贡献。简言之，绿色发展引领钢铁未来之路。

就钢铁产品而言，"绿色"与"钢铁"是能够相提并论的。因为钢铁产品是当今材料世界中当之无愧的"绿色材料之王"。首先，钢铁能够100%循环再利用，从而能够节约大量能源和原材料，而且不会导致其相关性能的损失，这个特性是其他可循环材料无法比拟的。比如纸张、玻璃等，循环使用一次，其性能就下降一次；其次，钢铁是太阳能、潮汐能、风能等可再生能源设备制造所需要的重要材料。有数据显示，每使用1t废钢冶炼新的钢，可以节约1400kg铁矿石、740kg煤和120kg石灰石；最后，如果按照生命周期评估方法，从生产、制造、使用阶段和回收及处置的角度考虑，钢铁材料与铝合金、镁合金和炭素纤维、玻璃纤维等材料相比，是二氧化碳排放量最低的材料。因此，从这个角度来说，"绿色"与"钢铁"完全可以珠联璧合，自然形成"绿色钢铁"。

就钢铁生产而言，"绿色"与"钢铁"也还是密切相关的。众所周知，传统的钢铁生产是与高能耗、高污染联系在一起的。虽然经过长期努力，已经有了长足的进步和明显改善，但是，高能耗、高污染问题尚未从根本上得到解决。钢铁生产在很长时期内是非绿色的产业之一。正因为如此，世界各国的科学家们一直在致力于钢铁绿色生产的研究。例如，现代钢铁企业正致力于形成生态工业园区（图2-8），不仅实现自身污染物"零排放"的目标，还积极消纳社会废弃物，使钢铁企业形成相关产业间资源循环利用链的中心环节，并能够成为实现能源逐级利用的保障。伴随着钢铁科学技术的日新月异和突飞猛进，相信在不久的将来，人们一定能够实现钢铁生产真正"绿色化"。因此，从这个角度来说，"绿色"与"钢铁"并非风马牛不相及，而是休戚相关，生死与共，人工合成"绿色钢铁"指日可待。全力打造"绿色钢铁"是时代发展的必然。

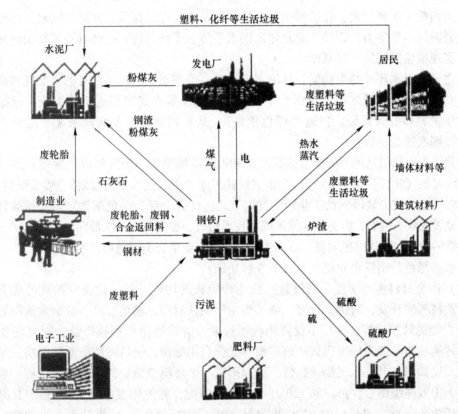

图 2-8　钢铁工业生态园区

2.3.2.1　全力打造"绿色钢铁"是国民经济和社会发展的迫切要求

"十二五"时期，我国将加快转变经济发展方式，推进建设资源节约型、环境友好型社会。"两型社会"建设对钢铁行业提出了新要求。钢铁工业是大量消耗资源、能源和大量排放"三废"的行业。资料显示：我国生产1t钢材约需要消耗23t资源（包括铁矿石、煤炭、熔剂类矿石、水和合金原料等），钢铁总能耗占全国的18%。钢铁工业废水排放占全国的8.53%；工业粉尘排放占全国的15.18%；二氧化碳排放量占全国的9.2%；固体废弃物排放量占全国的17%；二氧化硫排放占全国的37%。为了增强经济发展的可持续性，我国经济社会发展必须摒弃高投入、高消耗、高排放的发展模式，走绿色低碳的可持续发展道路。钢铁工业只有加快转变发展方式，走"绿色钢铁"之路，才能满足国民经济和社会发展的要求。

2.3.2.2　全力打造"绿色钢铁"是钢铁工业自身发展的切实需要

近年来，我国钢铁工业在节能减排和环保领域尽管已经取得了长足进步，但在长期粗放式发展过程中积累形成的产品结构、产业组织结构、生产布局等结构性矛盾依然突出，制约着我国钢铁工业由大到强的转变。

　　我国钢铁行业原由靠规模扩张，大量消耗资源、能源的粗放模式已经难以为继，生产举步维艰，一直处在微利或者亏损的状态，长此以往，只能死路一条。为此，钢铁行业只有转变发展方式，以促进钢铁工业由大变强，再创辉煌。

2.3.2.3　钢铁工业具备了全力打造"绿色钢铁"的良好基础

　　我国钢铁工业规模大，在品种质量、技术装备和节能减排等方面进步明显，部分企业具备较强的国际竞争力，钢铁工业总体发展水平迈上了新台阶，已经具备了加快转变发展方式、实现绿色发展的良好基础。

　　总之，在资源环境约束趋紧、环境污染严重、生态系统退化、原有的高能耗和高资源依赖的发展模式越来越难以为继形势下，必须转变发展方式以促进钢铁工业实现绿色发展、循环发展和低碳发展。打造"绿色钢铁"，是我国钢铁工业面向未来、走出当前困局、逆境崛起的必然选择。

　　为此，工业和信息化部依据《国民经济和社会发展第十二个五年规划纲要》和《工业转型升级规划（2011～2015年）》，发布《钢铁工业"十二五"发展规划》。事实证明，"十二五"时期已经成为我国钢铁工业转变发展方式，打造全新"绿色钢铁"的关键阶段，并取得了显著成效。例如，唐钢建立低碳炼铁技术路线，加大对二次能源回收利用水平、提高对污染物的治理，实现绿色制造、清洁生产，成为行业生态型绿色钢铁的典范。

　　未来的绿色的钢铁企业要具有以下3种功能：

　　（1）冶金材料生产功能。通过新一代生产流程的构建，新一代钢厂模式的确立，新一代钢铁材料的开发，质优、价廉、清洁地生产钢铁材料，满足经济、社会发展需要。

　　（2）能源转换功能。钢厂不仅要质优、价廉、清洁地生产钢铁产品，而且还要发挥其能源转换功能。因为传统模式的钢厂没有充分利用能源，钢厂发挥能源转换功能是很有希望的。比如钢、电、水泥集成运营，可以形成一个环境负荷低的生态工业过程。再具体讲：一个千万吨级钢厂，可以和120万千瓦电站匹配，它的年发电量为70亿千瓦时，每度电煤耗268g，而世界最好的IGCC机组是330g。钢厂每生产1t生铁要产生300kg左右炉渣，磨细了就是水泥。总之，钢厂是可以转化能源的——生产清洁能源，如提供大量的低硫煤气、富氢煤气、富CO煤气等，用于发电或作为化工原料，甚至探索转化为氢气，为社会提供热水和蒸汽等。

　　（3）大宗社会废弃物的消纳、处理功能。处理社会废钢、废塑料、废轮胎和焚烧垃圾，为社区集中处理废水等。现在我国钢铁业年处理废钢已近4000万吨，15～20年也许可达到近亿吨；废塑料处理后喷进高炉或压进焦炉可作为一种能源的补充，1t废塑料相当于1t油的热值；废轮胎可用钢厂的液氮来脆化、磨碎、分离处理；还有生活垃圾、社区污水等，可以通过钢厂的生产流程来消纳、处理等。

2.3.3　我国钢铁工业的绿色化进展与展望

　　从1990年代中期开始，发达国家的钢铁企业逐步进入集成度更高的绿色生产时代，节能环保工作的目的不再是单纯地通过环保措施降低污染物排放、通过新技术降低能耗，而是把企业效益和竞争力、保护环境、节约资源能源、降低温室气体排放作为一个整体来考虑。

　　以日本新日铁为例，新日铁提出了"Three ECOs—Eco-processes、Eco-Products、Eco-Solutions"的理念，即为了建立循环型社会、减缓全球气候变化，通过采用生态友好的钢铁生产过程、有利于节能、减排的途径，生产出环境友好的钢铁产品。

（1）Eco-processes：致力于在环境友好的前提下，通过以更高能源效率方式，建立生态友好的钢铁生产过程。

（2）Eco-Products：利用世界先进的技术生产环境友好产品，这样可以减少资源、能源消耗，也为减少环境影响和社会的可持续发展做出贡献。

（3）Eco-Solutions：为减少环境影响提供节能和减排的途径，并为减缓气候变化和保护环境提供技术转让。

我国进入 21 世纪以来，钢铁工业通过产业结构调整、新技术的应用等，使劳动生产率不断提高，能耗显著降低，污染物排放逐步减少。近年来，我国钢铁工业在节能减排、环境保护、污染物治理及废弃物综合利用等方面的投资逐年加大，节能减排相关技术取得显著进步，环境质量得到提升。

很多企业采取多种形式不断进行循环经济和工业生态建设的尝试，清洁生产和绿色化生产水平有很大提高，主要体现如下方面。

2.3.3.1 钢铁企业能耗下降

2007 年以来，随着钢铁企业面对供求矛盾的加剧，企业不断转型升级、淘汰落后，节能减排效果显著。全国重点大中型钢铁企业从 2001 年到 2010 年间吨钢综合能耗及吨钢可比能耗呈逐年下降的趋势，由 2001 年 8.5t 下降至 2010 年的 0.58t 左右。2015 年，中国钢铁工业协会能源统计企业吨钢综合能耗和总能耗首次出现近 30 年以来的双下降，重点钢铁企业总能耗累计 28597.16 万吨标准煤，同比下降 6.0%。吨钢综合能耗累计 571.85 千克标准煤/吨，同比下降 2.13%；吨钢可比能耗累计 539.97 千克标准煤/吨，同比下降 0.44%；吨钢耗电 471.55kW·h/t，同比增长 0.46%。

2015 年全年烧结工序能耗为 47.20 千克标准煤/吨，同比下降 2.64%；球团工序能耗为 27.65 千克标准煤/吨，同比增长 0.37%；焦化工序能耗 99.66 千克标准煤/吨，同比增长 1.77%。炼铁工序能耗 387.29 千克标准煤/吨，同比减少 5.70 千克标准煤/吨，下降 1.45%；转炉工序能耗 11.65 千克标准煤/吨，同比下降 1.71 千克标准煤/吨（见表 2-4）。

表 2-4 2013~2015 年重点统计钢铁企业能耗指标变化情况

指标名称	单位	2013 年	2014 年	2015 年
（1）综合能耗指标				
吨钢综合能耗	kgce/t	591.92	584.70	571.85
吨钢耗电	kW·h/t	467.03	467.90	471.55
（2）工序能耗指标				
烧结工序能耗	kgce/t	49.98	48.90	47.20
球团工序能耗	kgce/t	28.47	27.49	27.65
焦化工序能耗	kgce/t	99.87	98.15	99.66
炼铁工序能耗	kgce/t	397.94	395.31	387.29
转炉工序能耗	kgce/t	−7.33	−9.99	−11.65
电炉工序能耗	kgce/t	61.87	59.15	59.67

铁钢比的降低对于能耗降低的影响不容忽视。由于生铁是高能耗产品，铁钢比高必然导致钢铁工业能耗上升，铁钢比每提高0.1，吨钢综合能耗上升约20千克标准煤。近几年，铁钢比持续下降，保证了能耗的下降，见表2-5。

表 2-5　2013~2015 年我国钢铁工业铁钢比变化

种类	2013 年	2014 年	2015 年
粗钢/万吨	81314.00	82231.00	80382.00
生铁/万吨	71150.00	71375.00	69141.00
铁钢比/%	0.88	0.87	0.86

另一方面，高炉炼铁工序是钢铁生产流程的主要耗能工序，炼铁工序能耗的降低对总能耗的降低贡献很大，近几年炼铁燃料比的持续下降有效支撑了炼铁工序能耗的降低，见表 2-6。

表 2-6　2013~2015 年重点统计钢铁企业高炉燃料比变化　　　　　　　（kg/t）

名称	2013 年	2014 年	2015 年
燃料比	535.54	533.08	526.51

随着近些年节能减排工作的不断推进，很多成熟有效的节能措施已在钢铁行业普遍推广。除对一些新技术，如焦炉上升管余热利用，炉渣余热回收技术等研发应用外，更重要的是进一步升级了现有节能技术，提高了节能效果。吨钢综合能耗和主要工序的能源消耗逐年下降。

虽然在节能减排方面已经取得了显著的成绩，但与国际先进水平相比差距仍然很明显。

由于我国钢铁生产中的铁钢比高，电炉钢比例低以及钢铁产业集中度低和冶金装备容量偏小等原因，使钢铁工业 CO_2 排放量占全球钢铁工业 CO_2 总排放量的51%，而欧盟为12%，日本为8%，俄罗斯为7%，美国为5%，其他国家17%。我国重点钢铁企业的自发电比例从2005年的19.39%提高至2008年的29.3%。吨钢 CO_2 直接排放由2005年的2.30t下降到2008年的约1.86t，下降约19.3%，下降幅度明显。CO_2 排放总量的增幅（17%）远低于钢产量的增幅（45%）。

大气中 CO_2 排放的主要来源有20%是碳素燃烧引起的。我国降低钢铁生产过程中 CO_2 排放，主要工作就是节能降耗。钢铁生产的能源结构中煤炭占70%左右，炼铁工序能耗占钢铁联合企业的总能耗50%以上，其主要用煤工序就是炼铁用的燃料（焦炭+煤粉）。所以从宏观上讲，钢铁工业降低吨钢综合能耗，就是减少 CO 排放，从实际工作来看，降低炼铁燃料比是减少 CO_2 排放工作的重点。

目前，我国钢铁工业产品质量还未能普遍达到国际先进水平，而钢铁行业能耗约占全国总能耗的13%~14%，污染物（CO_2、SO_2、COD 及固体排放物）排放占全国1/6左右。我国大中型钢铁企业的吨钢能耗分别较日本高约10%；吨钢耗水量比最先进的德国蒂森克虏伯高约38%；废水排放量高约56%；吨钢工业粉尘排放量高约50%。

为改变这种现状，除淘汰高能耗、高污染的落后产能外，还必须认识到钢铁行业自身的生存发展以及满足国民经济与社会发展的首要前提，已经从规模经济与效益转为能否建成环境与资源友好钢铁工业的方向上。

2.3.3.2　环保方面

2012 年重点统计钢铁企业仅污染治理投入占固定资产投资总额超过 10%，比 2005 年同比提高了 4% 以上。近几年，钢铁行业吨钢耗新水量和主要污染物量持续降低。

国家重点推广"三干三利用"节能减排技术（干法熄焦，高炉煤气干法除尘，转炉煤气干法除尘；水综合利用、副产煤气利用、高炉渣和转炉渣的综合利用）。

截至 2012 年，我国建成投产干熄焦装置已达到 136 套，能力达 13500 万吨/年，重点钢铁企业焦化干熄焦率由 31% 提高到 84.5%，居世界第一。高炉煤气干式除尘 TRT 装置已建成近 700 套，已有超过 60 套转炉配备了转炉煤气干法除尘装置。

水循环综合利用方面，我国很多钢铁企业的吨钢耗新水指标已经达到世界先进水平。目前吨钢耗新水已降至 4t/t 钢以下。2013 年吨钢耗新水量为 $3.57m^3/t$，2015 年吨钢耗新水下降为 $3.25m^3$，创出历史最好水平，有 36 家钢企耗新水量低于 $3m^3$，与 2013 年相比，下降 7.14%。水的重复利用率呈现上升趋势，从 2013 年的 97.57% 上升到 2015 年的 97.71%，提高了 0.14%；企业高炉渣综合利用率提高到 98% 以上。转炉渣利用率提高到 95% 以上。焦炉煤气回收利用率接近 98.5%。高炉煤气回收利用率达到 95% 以上。吨钢转炉煤气回收量提高到 $76.5m^3/$吨钢。二氧化硫排放总量和吨钢化学需氧量分别比 2013 年下降 22.0% 和 15.6%，如图 2-9 所示。

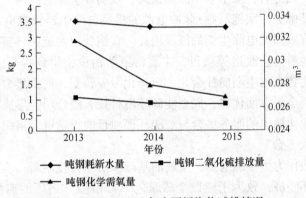

图 2-9　2013~2015 年主要污染物减排情况

2015 年，在新环保法和一系列环保标准的严格要求下，重点钢铁企业外排废水中化学需氧量、氨氮、挥发酚、氰化物、悬浮物和石油类等六项主要污染物排放量及外排废气中二氧化硫、粉尘等主要污染物排放量均呈下降趋势。其中，外排废水中悬浮物、石油类排量比 2014 年下降幅度达 30% 以上，化学需氧量、氨氮和挥发酚排放量比 2014 年下降幅度达 20% 以上；外排废气中二氧化硫排放量比 2014 年下降 24.3%，吨钢二氧化硫排放量比 2014 年下降 21.6%，烟粉尘排放量比 2014 年削减 1.9 万吨。钢铁行业环保工作推进效果非常明显。

2.3.3.3　实施清洁生产，积极推动节能环保工作

2015 年，随着新环保法的实施，钢铁污染物排系列标准以及焦炭、粗钢生产主要工序单位产品能源消耗限额标准的指标加严，加强监管、严肃问责已然成为企业节能环保工

作面临的新常态。面对环保达标、节能降耗的双重压力，针对各工艺环节存在的环境风险和节能潜力，大部分企业制定绿色发展实施（行动）计划，通过加大资金、人才、研发的投入深入推进节能减排设施新一轮全面升级，其中宝钢、太钢、首钢、河钢、日照钢铁等企业在焦炉烟气脱硫脱硝、焦炉荒煤气显热回收、焦炉生化废水深度处理、烧结烟气多种污染物治理、冶金渣余热回收及利用等热点难点领域开展了示范工程建设。在推进技改的同时，加强全程管控，持续改善现场基础管理，企业厂容绿化效果和厂容面貌进一步改善。

宝钢坚持践行环境经营、技术创新驱动产业绿色发展战略，不断探索节能减排新途径。2015 年应用了烧结和焦炉烟气低温余热回收、冷轧废水全程控制、光伏发电、能源环境集控中心和信息化系统等一批成熟的技术；围绕行业热点难点率先进行了工业化实践，其中 2015 年投产了焦炉烟气脱硫脱硝装置，排放气中二氧化硫、氮氧化物排放量分别小于 $30mg/m^3$、$150mg/m^3$；自主研发集成建设并投运 2 万吨热态高炉熔渣在线制粒状棉生产线，实现高炉渣余热回收与综合利用的集成；建成投运 50 万吨薄带铸轧机组工业化生产线，实现超薄规格产品的生产和用户供货，吨产品能耗大幅降低。

河钢集团制定了"绿色发展行动计划"，重点推进环保设施升级改造。唐钢公司对烧结除尘系统进行了改造，先后将 3 台机尾电除尘器改为电袋复合式，3 台成品及 3 台配料电除尘器改为低压脉冲布袋除尘器；新建一台 55 万立方米/小时低压脉冲布袋除尘工艺的焦粉破碎除尘系统；改造后，除尘效率大幅提高，现场环境显著改善。邯钢公司在 $435m^2$ 烧结机达标排放的基础上，实施高频+脉冲电源的机尾电除尘器供电电源技术改造，提高除尘效率的同时，有效降低电除尘器的能源消耗。宣钢公司实施回转窑脱硫改造、炼焦煤场全封闭改造、落地料筒仓改造等项目，主要污染防治设施得到提升。2015 年，为推动企业能源环保品牌优势由内生型向社会化、市场化服务转变，河钢集合能源环保领域的人才、技术、管理、资金等方面优势，成立能源环境科技有限公司，形成节能环保先进技术的研发、引进、产业化输出的服务平台与节能环保项目的投融资、组织实施和专业化运营的管理平台的"两大平台"。

太钢把绿色发展作为生存的前提、发展的基础，依靠科技创新，实施绿色制造，生产绿色产品，发展循环经济，致力于建设全球绿色"都市型"钢厂的典范，让绿色发展成为新的效益增长点和竞争力的同时，与城市实现功能互补、相互融合。例如，太钢在实施烧结工序烟气治理项目时，对全球的相关技术进行了对比分析，最终决策在业内率先采用活性炭技术，集脱硫、脱硝、脱二噁英、脱重金属、除尘五位一体的烧结烟气脱硫脱硝制酸系统。这样虽然投资额比采用成熟技术高二至三倍，但能够一劳永逸地解决烧结系统的污染排放问题，避免了将来的重复投资改造，同时也为钢铁行业推广应用这一先进技术闯出了一条路子。利用 300MW 发电机组热网首站和乏汽、高炉冲渣水、焦化初冷器冷却水，干熄焦乏汽和烧结烟气余热作为清洁热源用于城市集中供热，2015 年供热面积再扩大 500 万平方米，累计达到 2250 万平方米。通过管理创新推动节水，将过去按量考核转变为按水资源消耗成本考核，内部推行合同管理制度，激发节水的动力和潜力；创新商业模式，组建太钢碧水源公司，2015 年先后承担了太原晋阳污水处理厂项目、阳泉改善城市饮用水水质项目、平定县冶西工矿区及周边饮用水水质改善项目、古交市第二污水处理厂 PPP 项目等项目的建设，成为多元发展的重要业务板块。

太钢与美国公司合资建设了国内最先进的钢渣综合利用项目,实施了不锈钢渣冷却车间更新密封、新增不锈钢渣热焖处理车间、渣场堆料区及碳钢渣翻渣线封闭等一系列改造项目,每年可处理150万吨不锈钢渣和100万吨碳钢渣,生产钢渣肥料、路基材料、超细粉等高附加值产品,渣场粉尘和扬尘综合治理水平显著提高,进一步改善厂区城区环境质量;采用国际最先进技术,建成世界首套全功能冶金除尘灰资源化项目,年处理冶金除尘灰64万吨、回收金属32万吨,相当于开发一座年产200万吨铁矿石的矿山;建成年产30万立方米的粉煤灰混凝土砌块、2亿块蒸压粉煤灰标砖及20万立方米的蒸压加气混凝土板生产线,实现粉煤灰的全干送和零排放;建成了世界先进水平的高炉渣超细粉生产线,每年可将矿渣转化为300万吨高品质水泥。目前,太钢的固态废弃物实现了100%循环利用;工业废水、工业废酸实现100%循环利用;二次能源回收量已占到生产所需能源的48.6%,余热余压发电量占到生产用电量的33%;每年回收二氧化硫制造浓度98%的硫酸6万吨,全部回用于生产,既减少了污染排放,又减少了硫酸采购量,具有双重效益;开展了硅钢冷连轧、不锈钢冷连轧区域的绿化施工,完成炼钢一厂VOD与连铸工程及公辅工程区域、高炉热渣制棉改造项目区域、一降压改造区域的绿化栽植工作,厂区绿化覆盖率达到39.6%以上,进一步推进国际一流生态园林工厂建设。

山钢莱钢公司2015年在型钢炼钢厂4座120t转炉实施高温烟气处理焦化废水工业化改造,通过利用转炉除尘烟气的显热进行催化热分解处理焦化废水,使焦化废水中的有机物热解为在常温下为气态的碳氢化合物,热分解率达到96%以上,并使之混入转炉煤气提高热值,而不影响干法除尘的效率,既节能环保又降本增效,处理成本降低60%以上,又解决了焦化废水处理的难题。净化处理后的废水可作为煤气冷却水循环利用,且不会对转炉冶炼、吹氧、除尘系统以及煤气管道系统造成不良影响。

鞍钢重点针对存在的环境风险加大环保改造投入,实施转炉环保改造,改建的两座200t转炉一次除尘系统采用LT干法静电除尘设备,二次除尘采用新型预荷电直通式布袋除尘器,除尘布袋采用新技术成果PM2.5型超细针刺毡滤料,减少了PM2.5粉尘排放。围绕转炉生产的配套工艺设施,在散料合金装卸、皮带转运站、料仓下料、钢包整备、吹氩站等建设除尘设施,无组织粉尘排放点为零。实施自备电厂的煤粉锅炉改造,其中1号机组在现有NID脱硫除尘基础上实施低氮燃烧+SNCR脱硝系统;2号、3号锅炉实施提标改造,实现火电全部实现达标排放。自主研发了比表面积600m²/kg的超细矿渣粉高附加值产品,拓展了水渣的综合利用途径。

首钢公司在推进搬迁调整重点工程的同时,始终把发展循环经济、加强环境保护作为履行社会责任、落实科学发展观的重大战略任务,全力打造"绿色钢铁",为建设资源节约型、环境友好型社会做出新贡献。首钢京唐钢铁公司在搬迁的过程中,建设节能减排和发展循环经济的标志性工厂。公司承担的国家"十一五"科技支撑计划"新一代可循环钢铁流程工艺技术"研究已投入实际运行,节能减排指标达到国际同类钢厂先进水平。迁钢公司建成循环经济产业园,水循环率、能耗指标达国内先进水平。首钢冷轧公司在冷轧厂使用中水,中水占全厂新水用量的61%。首秦公司污水实现零排放,空气污染物也基本实现零排放,实现了清洁化生产。

首钢以全面提高二次能源发电量作为降本增效的重要举措。通过抓发电设备管理,确保发电设备达到良好的技术状态;强化能源生产管理,精心编制生产发电计划,做好能源供需平衡和生产动态调度；针对主辅工艺检修安排和冬季能源系统运行特点做好生产预案；实施了低品质余热蒸汽资源回收、煤气回收增量促发电、发电机组冷凝真空系统查漏攻关等一系列技措；完善激励机制，提升岗位精细化操作水平。首钢积极应对全国碳市场，2013 年、2014 年度出售富余碳排放权配额创收 1948 万元。2015 年度，开展了政策研究、历史排放碳盘查、碳排放 MRV 体系建立、碳市场变化及预判等基础性工作，碳排放能力不断提升，碳排放参与单位由 7 家重点排放单位、4 家报告单位，增加到 8 家重点排放单位、5 家报告单位。发布了"集团绿色行动计划（2015~2016 年）实施方案"，重点开展强化环保项目全过程管理、建立健全基础工作、严格执行工作反馈机制等方面的措施。实施了炼钢转炉烟气湿法电除尘项目改造，创新性地将原有 OG 除尘湿式洗涤塔和新的静电除尘器组合，在相对较低的成本下大幅度提升除尘效果，净化后烟气中粉尘含量降至每立方米 10mg 以下。

沙钢创新能源管理，建立发电负荷科学分配运控模型，合理动态调节好蒸汽、煤气平衡，蒸汽发电使用量由原 180t/h 提高到 200t/h 以上，自发电比例提高到 61.5%；蒸汽平衡率达到 80% 以上，生产用蒸汽消耗量降低 700t/h，为自发电及外供社会蒸汽创造了条件。2015 年，投资新建外供蒸汽管道 1.5km，新开发蒸汽用户 6 家，为周边宾馆、饭店、塑胶、印染等 62 家企事业单位提供蒸汽，实现蒸汽销量 40.4 万吨，每年减少社会用煤 5 万吨。为贯彻落实《环保法》，沙钢创新机制，聘请厂区周边 10 多个村镇社区的 17 位居民作为环境保护监督员，向社会发布了建设绿色钢城的"承诺书"，打开厂门接受群众监督，广泛听取周边群众的意见和建议，实现企业效益与社会效益的统一发展。

武钢通过开展健全环保管理体系，加快环保治理提档升级，推进环境监测监控等工作，全面提升环境绩效。在健全环保管理体系上，出台了环境保护"十严禁"制度和《武钢环境保护责任制》，实现环境保护责任全员覆盖；在加快环保治理提档升级方面，推进除尘升级、废水治理、成品堆场环保治理改造，包括烧结厂全厂 20 台电除尘器、炼铁厂 17 台套除尘设施、高炉煤气洗涤水治污改造 5 项重点废水治理项目、煤厂防风抑尘项目、烧结 4 个尘源点封闭改造等，其中烧结机尾改造采用"电串袋"新工艺，布袋除尘器运行阻力大幅降低，风机能耗降低，布袋使用寿命延长，粉尘排放浓度仅 9mg/m³。在推进环境监测监控上，完善监测点位和监测因子，新增无组织排放监测点 46 个、焦炉烟囱等废气监测点 65 个、重金属和 COD 监测点 7 个、在线监测系统 3 套，实现环保数字化管控。

"十二五"出台以及正式实施的多项"最严"法规和条例，其监管和执法力度将在"十三五"中逐渐落实，稳定达标排放、节能降耗、低碳发展钢铁行业生存和发展的关键。一方面，要积极采用先进污染物协同减排处理新技术，如除尘、脱硫脱硝、除二噁英协同处理技术等，另一方面，采用新材料、新技术对现有环保设施进行改造升级，实现污染物稳定达标排放。

此外，废水处理、新水循环、废气处理的过程，都将造成吨钢耗电量增加。因此，环保水平的提升在一定程度上会对降低吨钢综合能耗起到"负效应"，随着环保设施的增加，污染物处理深度的增加和运行率的提升，环保设施用能所占的比重将会加大，采用有效技术措施降低环保设施能耗就显得越来越重要。

"中国制造2025"指出，建设制造强国将强化产品全生命周期绿色管理，全面推进钢铁、有色等传统制造业绿色改造，推进资源高效循环利用，支持企业实施绿色战略、绿色标准、绿色管理和绿色生产。这就要求钢铁企业不仅仅要实现节能环保达标，更要将绿色发展理念、模式贯穿于企业生产经营的各个领域，全面提高可持续发展能力。

"十三五"期间，为加快绿色发展，钢铁工业可秉承"绿色产品、绿色物流、绿色产业、绿色制造和绿色采购"五位一体绿色发展理念，实现有效益的可持续发展。绿色产品指的是按全生命周期绿色环保要求，开发应用有市场竞争力的新产品；绿色物流指的是优化物流体系，降低原燃料、产品等钢铁相关物资运输、装卸、储存过程中的消耗与排放；绿色产业指的是围绕钢铁三废高效回收利用和节能环保技术产业化应用而衍生发展出的产业；绿色制造是指钢铁生产过程中以"降耗、增材、提效、减排"为目标而采取的工艺优化、技术升级和节能环保措施；绿色采购指的是考虑"生产绿色低碳、产品高效长寿"的因素，引导钢铁企业物资采购和供应商管理。

发展循环经济，重点推进以钢渣、含铁含锌尘泥、烧结脱硫副产物为代表的冶金渣资源综合利用板块的发展。2015年，政府修订了《固体废物污染环境防治法》，加强了对工业固体废物的规范化管理，部分省已开始清理"非法"钢渣处理利用场，将企业固废环境信息纳入企业信用信息征信系统，对冶金渣处理及综合利用的发展形成倒逼机制，同时也是发展的契机，以钢渣、含铁尘泥、烧结脱硫副产物的工业化利用、产业化、高值利用势在必行。

"十三五"期间，工业碳排放问题被列在重要位置，碳排放交易能力亟待加强建设。2015年9月，中美两元首就应对气候变化发布的联合声明也明确提出2017年建立全国碳排放权易体系。中央全面深化改革领导小组办公室已将建立全国碳排放交易市场列为生态文明体制改革重点任务。国家发展改革委已印发《碳排放权交易管理暂行办法》，建立国家碳交易登记注册登记系统，出台了24个行业企业温室气体排放核算和报告指南。钢铁行业作为碳排放重点行业，按目前年耗能1万吨标准煤的企业要纳入碳排放交易体系的标准，几乎所有的钢铁企业都将被纳入。因此各企业需做好积极准备，组织培训专业人员，加强企业碳排放交易能力建设，以满足碳排放交易市场的需要。

我国钢铁工业推进的绿色化重点技术见表2-7。

表2-7 我国钢铁工业绿色化重点技术

项目	钢铁产品制造功能	能源转换功能	废弃物处理-消纳和再生资源功能
重点推广技术	（1）高效率低成本洁净钢生产系统技术（含少渣冶炼）； （2）新一代控轧控冷技术； （3）高炉长寿技术	（1）高温高压干熄焦技术； （2）能源中心及优化调控技术； （3）烧结矿显热回收利用技术； （4）富氧燃烧技术和蓄热式燃烧技术； （5）焦化工序负压蒸馏技术	（1）城市中水和钢厂废水联合再生回用集成技术； （2）煤气干法除尘； （3）封闭料场技术； （4）钢渣高效处理利用技术； （5）冶金煤气集成转化和资源化高效利用技术

项目	钢铁产品制造功能	能源转换功能	废弃物处理-消纳和 再生资源功能
完善后推广技术	(1) 适应劣质矿粉原料的成块技术优化； (2) 经济炼焦配煤技术； (3) 绿色耐蚀钢、不锈钢等绿色钢材应用技术； (4) 转炉多用废钢新工艺	(1) 界面匹配及动态运行技术； (2) 烟气除尘和余热回收一体化技术（如烧结、转炉、电炉等）； (3) 烧结机节能减排及防漏技术； (4) 炼焦煤调湿技术（CMC）； (5) 钢厂中、低温余热利用技术	(1) 烧结烟气污染物协同控制技术； (2) 焦化酚氰废水治理及资源化利用技术； (3) 含铁、锌尘集中处理利用技术； (4) 焦炉烟道气脱硫脱硝技术
前沿探索技术	(1) 换热式两段焦炉； (2) 高效、清洁的全废钢电炉冶炼新工艺	(1) 竖罐式烧结矿显热回收利用技术； (2) 钢厂物质流和能量流协同优化技术及能源流网络集成技术； (3) 焦炉荒煤气余热回收技术； (4) 钢厂利用可再生能源技术	(1) 高炉渣和转炉渣余热高效回收和资源化利用技术； (2) 高效率、低成本 CO_2 捕集、回收、存储和利用技术； (3) 钢铁企业颗粒物的测定技术和排放规律研究

到 2020 年，我国钢铁工业绿色化发展实现的目标见表 2-8。

表 2-8　2020 年我国钢铁工业绿色化发展目标

类别	项　　目	2020 年目标	
		全行业	重点区域
能源	吨钢综合能耗/kg·t^{-1}	≤580	
	余热资源回收利用率/%	>50	
	吨钢 CO_2 排放量/%	比 2010 年下降 10%～15%	
资源	废钢综合单耗/kg·t^{-1}	≥220	
	利用城市中水，占企业补充新水量/%	>20（北方缺水地区>30）	
	冶炼渣综合利用率/%	>98	
	吨钢新水消耗/m^3·t^{-1}	≤3.5	
环保	吨钢 SO_2 排放/kg·t^{-1}	0.8	0.6
	吨钢 NO_2 排放/kg·t^{-1}	1	0.8
	吨钢 COD 排放/kg·t^{-1}	28	
	吨钢烟粉尘排放/kg·t^{-1}	0.5	

注：重点区域主要指京津冀、长三角等地区。

由于各国家发展阶段的不同，国外绿色钢铁发展的一些经验和做法并不能够完全适用我国。对此，当前我国发展"绿色钢铁"的首要任务是转变发展观念和转变生产发展模式，按照建设资源节约型和环境友好型社会基本国策的要求，加快创新钢铁生产体系和绿色化管理体系，努力建设企业与区域、生产与环境和谐共生的行业健康发展之路，推进钢铁工业的绿色化发展。

2.4 钢铁工业清洁生产、循环经济共性技术

国内外钢铁企业清洁生产技术发展方向主要是以下几方面：发展高效生产技术，节能降耗，降低生产成本；水的闭路循环；提高固体废物、废气的综合利用率。

从清洁生产的角度上看，钢铁工业排放的固体废弃物主要为尾矿、粉煤灰、含铁尘泥、高炉渣、钢渣、除尘灰，绝大多数可作为原料生产产品。

钢铁企业废气排放量大，污染面广，温度高，具有回收利用的价值。钢铁企业温度高的废气余热回收；炼焦及炼铁、炼钢过程中产生的煤气的利用技术发展迅速。目前钢铁工业资源、能源综合利用的技术发展、推广、应用前景较好。

我国钢铁工业主要有烧结、焦化、炼铁、炼钢和轧钢五大生产工序，还有污水处理等生产辅助系统。根据部分先进钢铁生产企业的实践经验，推广应用各生产工序和生产辅助系统的重点清洁生产技术，是目前实现钢铁工业节能减排的有效途径。

2.4.1 烧结工序

2.4.1.1 小球烧结、球团烧结工艺

随着钢铁工业的发展，天然的富矿从产量和质量上都不能满足高炉冶炼的要求。而我国贫矿和多金属共生复合矿占有相当大的比例，这些矿石经过破碎选矿之后粒度很细，如天然富矿的粒度一般为 $0 \sim 8mm$，精矿粉的粒度小于 $0.074mm$（200 网目）的占 40% 以上，所以必须事先造成块状，然后才能装入高炉冶炼。

矿石经过烧结或球团成块以后，一般称为"熟料"。原料经过造块不仅可以满足冶炼对原料粒度的要求，而且在造块过程中加入熔剂可以使原料达到自熔，这样高炉炼铁就可以少加或不加石灰石。另外，在造块的焙烧过程中可以除去原料中的有害杂质硫等，对原料中的其他有益元素也可进行综合回收，因此各国都非常重视入炉的熟料比。

我国烧结矿以细精矿为主，粒度细，料层透气性差，产量低，能耗高。小球烧结是解决上述问题的成熟技术，投资少，效益明显，集中了低温烧结和厚料层操作的优点，适合于精矿配比较高的烧结机。北京钢研总院、北京科技大学与酒泉钢铁公司、安阳钢铁公司等密切合作，取得工业化生产成功。生产实践表明，球团烧结工艺对使用磁精粉比例较高的我国具有很高的实用价值，现已全面推广。

小球团烧结工艺所采用的原料为一般普通的烧结原料，各种原料的化学成分见表2-9。

表 2-9 原料的化学成分 （%）

成分	精矿	富矿	澳矿	高炉返矿	轧钢皮	钢渣	污泥	石灰石	生石灰
TFe	64.5	56.4	63.3	57.0	68.3	30.0	53.0		
SiO$_2$	5.0	9.2	4.2	6.0	3.1	13.5	7.0	0.8	1.5
CaO	1.5	1.7	0.4	9.5		45.0	13.0	52.5	82.0
FeO	23.5	2.0	1.0	11.0		8.4	68.0		
MgO	0.8	0.5	0.27	1.0		5.5		0.93	0.66

成分	精矿	富矿	澳矿	高炉返矿	轧钢皮	钢渣	污泥	石灰石	生石灰
Al_2O_3	0.7	0.8	1.45	0.8		6.6			
S	0.25	0.12	0.02	0.03		0.20			
P	0.003	0.05	0.02	0.03		0.14			
烧损		5.0	3.6					43.4	7.5

传统的烧结法是将粉矿、燃料和熔剂按一定比例混合，利用其中燃料燃烧产生的热量使局部生成液相物，利用生成的熔融体使散料颗料黏结成块状烧结矿。传统球团矿是将精矿粉和熔剂、黏结剂混合之后，压成或滚成直径 10~30mm 的生球，然后经过干燥和焙烧使之固结。

小球烧结工艺是先将矿粉和熔剂按一定比例混合造球，并在球外滚上一层焦粉，然后再在烧结机上进行烧结。小球烧结工艺流程如图 2-10 所示。将烧结原料和熔剂的粒度 <3mm 粒级控制在 60%~70%，并在配料室内加雾化水进行润湿。按球团造球有水长大，无水密实理论，根据混合机内不同区域对加水强度的要求，在一次混合机内进行三段加水，在二次混合机内进行一段加水，当一混加水不足时进行补充。

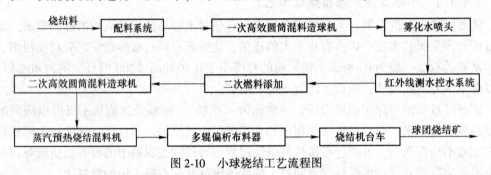

图 2-10　小球烧结工艺流程图

小球烧结、球团烧结工艺与传统烧结、球团工艺相比有如下优点：

（1）生产工艺简单。小球烧结工艺可在一个简单生产工艺中同时使用烧结原料和球团料，而以前这两种原料需要采用两种工艺分别加以处理。

（2）特别适合于细精矿等难烧矿种。球团烧结、小球烧结工艺生成的产品为球团烧结矿，其还原度和低温还原粉化率均有所改善，克服了烧结矿粒度不够均匀、球团矿的高温还原度低和软化性能差的缺点，特别适合于细精矿等难烧矿种。

（3）料层透气性改善，产量提高。采用小球团烧结工艺，使混合料中 ≥3mm 粒级达到 70% 左右，小球烧结料粒度均匀，强度较好，改善了料层内部的气体动力分布状况，烧结料层的透气性得到改善，原始混合料透气性能比普通烧结料提高 30%；同时也改善了水分蒸发条件，使干燥带厚度减薄，可提高产量 10%~15%。

（4）产品强度提高。由于小球料的堆相对密度和粒度较大，燃料分布均匀，使小球在烧结软化后生成的烧结饼的单位阻力比普通料略高，克服了普通烧结过程中风量分布不合理的现象，提高了产品的强度。

（5）采用球团烧结、小球烧结工艺可降低能耗 20% 左右。经过成球，混合料透气大大提高，改善了烧结条件，实现了厚料层烧结。由于料层的自动蓄热作用能使燃烧层的热量提高40%左右。另外，由于低碳操作，料层内氧化性气氛较强，料层温度不会过高，可增加低价铁氧化物的氧化反应，又能减少高价铁氧化物的分解热耗，有利于生产低熔点黏结相，促使燃料用量的降低。

采用小球球团烧结工艺，烧结机可增产10%，烧结矿的燃耗降低10kg/t，小球烧结矿的FeO含量较传统工艺低3%左右。

2.4.1.2 低温烧结工艺

低温烧结是世界上烧结工艺中一项先进的工艺，它不仅能生产具有较高机械强度和良好冶金性能的优质烧结矿，而且还能降低工序中能耗。日本、澳大利亚及我国都进行了这方面的研究，并将它应用到实际烧结生产中。其理论基础是"铁酸钙理论"，铁酸钙特别是针状符合铁酸钙是还原性和强度均好的矿物，但它只能在较低的烧结温度（1230~1270℃）下获得。

低温烧结法就是以较低的烧结温度（低于1300℃），使烧结混合料中部分矿粉发生反应，产生一种强度较高、还原性好的较理想矿物——针状铁酸钙（CF），并以此去黏结、包裹那些未起反应的残余矿石（或叫未熔矿石），使其生成一种交织多相结构的钙铝硅铁固溶体（SFCA）的烧结方法。

在较低温度和较高氧化氛围的条件下，CaO和Al_2O_3在熔体中有某种程度的熔解，与Fe_2O_3发生反应生成一种强度较高，还原性较好的理想矿物——针状铁酸钙（SFCA），同时用它去黏结、包裹那些未起反应的矿石。因而能够充分利用铁酸钙系列的黏结相，减少硅酸盐黏结相，保证了烧结矿具有良好的强度和还原性。

在低温烧结矿中，铁酸盐矿物含量明显增多，大多以细针状CF和Fe_3O_4互熔，有部分Fe_3O_4仍呈片状存在，中间几乎没有液相。原矿中呈脉状的褐铁矿在CaO接触处形成CF-Fe_3O_4互熔结构，中间为硅酸盐，周围有较多的Fe_3O_4晶体，有部分Fe_3O_4被纤维状CF所包围。另外，低温高氧化烧结，抑制了FeO生成。使烧结矿FeO含量较低，软化和熔化温度升高，软熔性得到改善，烧结矿的高温还原性也得到改善，烧结燃耗也得到降低。高炉使用这种烧结矿，不但能降低焦比，而且也可以提高生铁产量。不同烧结方法烧结矿中的矿物组成如表2-10所示。

表2-10　不同烧结方法烧结矿中的矿物组成　　　　　　　　　　（%）

烧结方法	R	Fe_2O_3	Fe_3O_4	CF	CF-Fe_3O_4	玻璃质	C_2S	CMS[①]
熔融烧结	2.0	2.0	50.2	9.3	12.0	15.8	6.2	5.3
低温烧结	2.0	10.0	48.9	7.4	15.2	10.1	3.1	3.5

①CMS为CaO-MgO-SiO_2。

低温烧结在工艺上的特殊要求包括：

（1）烧结混合料要充分混匀，以促进烧结的均匀性；

（2）造球效果要好，使混合料具有良好的透气性；

（3）要有理想的加热曲线，点火温度控制在1050±50℃，料层温度不超过1250℃，并要保证混合料在1100℃以上的温度下有3min以上的反应时间。

在保证烧结矿强度的前提下，烧结矿FeO含量每降低1%，可节省燃耗1.4kg/t，高炉可降低焦比1%，国外一些企业烧结矿中的FeO已降到6%以下。国内济钢、柳钢、天津铁厂等单位已成功地应用了低温烧结技术，烧结矿FeO由原来的10%以上降为8%左右，节能降耗效果显著。

2.4.1.3 厚料层烧结技术

提高烧结料层高度的烧结效果明显，其主要表现有：

（1）由于料层自动蓄热作用，可以节省烧结固体燃料消耗以及降低总的热量消耗。

（2）由于降低烧结配碳量的作用，料层最高温度下降，氧化性气氛加强，使得烧结矿FeO含量降低和铁酸钙含量增加，从而改善烧结矿还原性。

（3）由于高温保持时间的延长等作用，烧结矿物结晶充分，烧结矿结构得以改善，从而提高烧结矿的固结强度。

（4）由于烧结热量由"点分布"向"面分布"的变化作用，可抑制烧结过程的"过烧"及"轻烧"等不均匀现象，有利于褐铁矿的多量使用以及改善低SiO₂烧结矿的粒度组成。

（5）由于强度低的表层烧结矿相对减少的作用，可以进一步提高烧结矿的成品率。

厚料层的发展主要得益于我国烧结设备的大型化、工艺流程的完善和原料条件的改善。为了提高料层厚度，可在改善原料结构、强化混合料制粒、改善料层透气性和降低漏风率等方面采取有效措施。

通过厚料层烧结生产的烧结矿，其质量指标更加符合高炉生产需要，且成品率高、能耗低，可以降低烧结生产成本，因而得到广泛的应用。

近年来，我国厚料层烧结也取得很大进步，国内300m² 烧结机料层厚度均在700mm以上，其中我国莱钢、首钢烧结料层达到800mm，马钢烧结料层提高至900mm，其烧结机都取得了良好的效果。

2.4.1.4 EOS（Emission Optimized Sintering）工艺

德国的蒂森、日本新日铁及荷兰的霍戈文等烧结厂都有使用EOS工艺降低烧结过程 NO_x 和 SO_2 排放的报道。EOS烧结工艺和传统烧结工艺的比较如图2-11所示。EOS系统利用部分废气循环，可减少烟囱排出的粉尘、 SO_2 和 NO_x ，同时降低工序能耗，并可不同程度地改善烧结矿质量、产量。

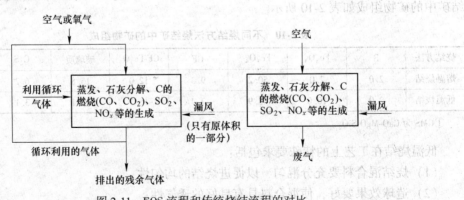

图2-11 EOS流程和传统烧结流程的对比

2.4.1.5 烧结废气余热回收技术

在钢铁企业中，烧结工序的总能耗仅次于炼铁，居第二位，一般为钢铁企业总能耗的

$10\% \sim 20\%$。我国烧结工序的能耗指标和先进国家相比差距较大，每吨烧结矿的平均能耗要高 20 千克标准煤。因此，我国烧结节能的潜力很大。

国内外对烧结余热的回收利用进行了大量的研究，据日本某钢铁厂热平衡测试数据表明，烧结机的热收入中烧结矿显热占 28.2%、废气显热占 31.8%。由此可见，烧结厂余热回收的重点应为烧结废（烟）气余热和烧结矿（产品）显热回收。

烧结矿余热回收（Sinter Plant Heat Recovery）是提高烧结能源利用效率、降低烧结工序能耗的途径之一。

烧结系统的显热回收有两部分：一是烧结矿的显热；二是烧结机尾部烟气的显热。目前，烧结废气余热回收利用的方式主要有以下四种：利用余热锅炉产生蒸汽或提供热水，直接利用；用冷却器的排气代替烧结机点火器的助燃空气或用于预热助燃空气将余热锅炉产生的蒸汽，通过透平及其他装置转换成电力；将排气直接用于预热烧结机的混合料。

烧结的来源主要来自焦粉和煤气，其能耗由烧结烟气湿热、冷却机废气显热、烧结矿显热、反应热以及辐射热等热耗和驱动设备正常运行的动力消耗两部分组成。

冷却机废气和烧结机烟气的显热约占全部热支出的 50%，因此余热回收利用空间很大。将这部分余热尽可能地加以有效利用是烧结技能的重要方面。

尽管烧结烟气和冷却机废气所含显热达总耗热的一半，但其平均温度比较低，仅在 150℃左右，温度分布也不均匀。所以能经济有效地利用的仅是烧结机尾部风箱的高温烟气和冷却机给料部的高温废气。可用作点火、保温炉的助燃空气，预热混合料，余热锅炉产蒸汽，余热发电。

近年来，烧结冷却废气余热回收发电技术的日益成熟和巨大的经济、社会效益，其已被广泛地在国内各大中钢铁企业应用推广。2004 年马钢引进日本川崎重工核心技术及关键装备在 $2\times300m^2$ 烧结机上建成我国第一套烧结冷却机废气余热发电系统（装机容量为 17.5MW，该系统于 2005 年 9 月并网发电。随后国内其他钢铁企业纷纷开展烧结冷却余热发电技术的探索研究，先后有济钢第二烧结厂 $320m^2$ 烧结机余热发电工程于 2007 年 3 月投产，安钢 $360m^2$ 和 $400m^2$ 烧结环冷机低温余热发电工程于 2008 年 10 月投产等，多个烧结冷却余热发电工程投产。马钢、莱钢、太钢等烧结厂均采用热废气发电技术，其中济钢废气发电达到 $11kW \cdot h/t$ 矿。

2.4.2 焦化工序

焦炭是炼铁工序的主要原材料之一。我国焦炭的年产量为 $1.1 \sim 1.3$ 亿吨，居世界第一，占世界总产量的 1/3。传统的炼焦工艺生产的焦炭具有抗碎强度（M40）、耐磨强度（M10）、焦炭含灰分指标差距大及高温强度差等缺点。

由于现代化炼铁高炉在迅速向大型化发展，大高炉内落差大、料柱高，使焦炭所受到的撞击、挤压、摩擦等机械破碎作用远比在中小高炉中大。同时，近来高炉喷煤技术发展迅猛，使得炼铁焦比大幅度下降，即由较少的焦炭承受原来较多焦炭所承受的机械力负荷。因此，炼铁生产对焦炭强度的要求越来越高。焦炭必须具备更高的强度才能满足高炉炼铁需要，保证生产顺利高效。否则会产生一系列不利影响，直接制约高炉生产操作，造成巨大损失和浪费。

我国焦化行业技术不断进步，焦炉大型化发展速度加快。为适应钢铁企业建设大型焦炉的需要和炼焦煤的资源情况，我国自行开发了炭化室高 6.98m（通常称 7m）的 JNX-70-2 型、JNX3-70-1 型和 JNX3-70-2 型顶装焦炉顶装焦炉，取代了过去的炭化室高 4.3m、6m 的焦炉。7m 焦炉的开发基本替代了从国外引进的 7.63m 超大型焦炉，不仅为国家节省大量外汇，而且使我国大型焦炉的技术装备达到了世界先进水平。

此外，捣固炼焦、干熄焦、煤调湿和预粉碎等技术的采用大大优化了配煤，多用弱黏结性煤而节省优质炼焦煤，或者改善焦炭质量，从而满足了我国大型高炉对低灰分、高强度优质焦炭的需求。

同时，为保证和提高焦炭质量并扩展炼焦煤源，目前国内外采用并发展了几种炼焦新工艺。

2.4.2.1　捣固炼焦技术

捣固炼焦工艺是采用高挥发弱黏结性或中等黏结性煤作为炼焦的主要配煤组分。将煤粉碎至一定粒度后，在炼焦炉外采用捣固设备，将炼焦配合煤按炭化室的大小，捣打成略小于炭化室的煤饼，将配合好的精煤由专门机械模具捣制成密实的煤饼后从炭化室侧面（机侧）装入炭化室内进行高温干馏，成熟的焦炭由捣固推焦机从炭化室内推出，经拦焦车、熄焦车将其送至熄焦塔，由胶带运动经筛焦分成不同粒级的商品焦炭。

捣固炼焦实行多锤、重锤、连续自动给料、快打、薄层自动捣固操作，提高了捣固效率，使煤饼堆密度由顶部散装时的 $0.75t/m^3$ 上升到 $1.05 \sim 1.1t/m^3$，抗剪强度由 $6 \sim 10N/cm^3$ 提高到 $1.7 \sim 2.1N/cm^3$。同时，在捣固炉顶采用消烟车与地面除尘站相结合的消烟系统，解决了装煤时的冒烟问题。表 2-11 列出了 4.3m 焦炉的主要参数及工艺指标。

表 2-11　4.3m 焦炉的主要参数及工艺指标

主 要 参 数	工 艺 指 标
规模/万吨·年$^{-1}$	100（冶金焦）
焦化室孔数/孔	2×72
焦化室尺寸（长×宽×高）/mm×mm×mm	14080×500×4300
煤饼尺寸（长×宽×高）/mm×mm×mm	13250×450×4100
煤饼堆密度/t·m^{-3}	~1.1
每炭化室一次装煤量/t	24.26
成焦比/%	78
每炭化室一次出焦量/t	18.9
周转时间/h	22.5
紧张操作系数	1.07
碳化室中心距/mm	1200
炭化室锥度/mm	10
立火道中心距/mm	480
立火道个数/个	28

从 21 世纪开始，我国先后投产了 4.3m、5.5m 和 6.25m 大型捣固焦炉，共 300 多座，现在年产能已超过 1.5 亿吨，解决了炼焦煤资源较少，强黏结性的主焦煤、肥煤资源更少

的问题。

搗固焦炉与传统的顶装焦炉比较，具有如下特点：

（1）扩大炼焦用煤煤源。最适宜于以高挥发分弱黏结煤为主的配合煤炼焦，通常情况下，普通工艺炼焦只能配入气煤35%左右，而搗固炼焦工艺在保证焦炭强度的前提下，可配入气煤55%左右，甚至高达70%。此外，搗固炼焦工艺煤料的黏结性可选范围宽，无论是采用低黏结性煤料，还是采用高黏结性煤料，经过合理的配煤，都可以生产出高质量的焦炭。

（2）通过搗固煤料，增加煤料的堆密度，减少煤粒间的空隙，从而减少结焦过程中为填充空隙所需的胶质体液相产物的数量，提高装炉煤堆密度，提高焦炭强度，焦炭产量也有所增加。

（3）投资费用低。据德国萨尔公司年产250万吨规模焦炉的对照统计分析，搗固炉与顶装焦炉投资比为：本体67:82，机械24:18，炉体加机械91:100。常规焦炉往往需要配用价格较高的优质强黏结煤以保证焦炭的质量，而搗固法炼焦配煤选择比较灵活，煤源广，可以用价廉的弱黏结性煤，使生产成本降低。

（4）碳化室锥度缩小到20mm，有利于炉体砌筑和加热调节。

由于搗固炼焦工艺的诸多优点，因此得到许多国家的认可，目前在德国、波兰、法国、捷克、罗马尼亚等国大量采用搗固炼焦术。

2.4.2.2 煤调湿技术（CMC）

煤调湿技术（Coal Moisture Control，简称 CMC），是将炼焦煤在装炉前去掉一部分水分，使入炉煤水分控制在6%左右，并确保入炉煤水分稳定的一项技术。煤调湿技术不仅可增加装入煤的堆密度，提高焦炭强度，提高炼焦生产能力，而且可以减少焦化废水排放量，达到降低成本和节能减排、清洁生产的目的。煤调湿工艺系统原理如图2-12所示。

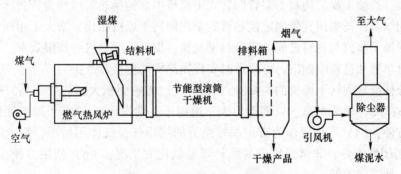

图 2-12 煤调湿工艺系统原理

煤调湿技术不同于煤预热和煤干燥，区别在于煤干燥没有严格的水分控制措施，干燥后水分随来煤水分的变化而改变；而煤调湿有严格的水分控制措施，能确保入炉煤水分的稳定。该技术通过直接或间接加热来降低并稳定控制入炉煤水分，并不追求最大限度地去除入炉煤气的水分，而只是把水分稳定在相对较低的水平，就可以达到增加效益的目的，又不会因水分过低而引起焦炉和回收系统操作困难。煤调湿技术于20世纪80年代初在日本开始应用，历经了3种工艺技术的变革。

A　第一代煤调湿技术

CMC 是热油干燥方式。利用热油回收焦炉上升管煤气显热和焦炉烟道气的余热。温度升高到 195℃ 的热油通过干燥机将常温的煤预热到 80℃，煤的水分由 9% 左右降到 5.7%，调湿后的煤在运输过程中水分还将降低 0.7%，装入煤水分保持在 5%±0.7%。

B　第二代煤调湿技术

第二代 CMC 是蒸汽干燥方式。利用干熄焦蒸汽发电后的低压蒸汽或其他低压蒸汽作为热源，在多管回转式干燥机中，蒸汽对煤料间接加热干燥。来自原料煤工序的湿煤经过进料螺旋输送机进入多管回转式干燥机，在干燥机体内，煤料与逆流运行的 1.3 兆帕饱和蒸汽环管充分接触，并进行热量交换。煤料从干燥机入口向出口方向移动，当物料到达干燥机出口时水分降至 6.5%，经出料口排出，与收尘器分离下来的粉尘混合后一起送至煤塔。从入口处进入的 220℃ 烟道气作为携湿气，在携湿的同时利用自身热量也给物料提供部分热量进行调湿。携湿后的烟道气由多管回转式干燥机的集尘罩顶部排出，排出的烟道气及夹带煤粉尘被引风机抽吸到布袋除尘器内进行气固分离。气固分离净化后的烟道气经引风机引至安全地点排放。调湿煤经输送、调湿等过程以后，采取了必要的除尘措施，防止粉尘飞扬。在输送过程中，带式输送机设防尘机罩进行全封闭，头部落料点处设收尘设施。

多管回转式干燥机是在普通回转圆筒干燥机内部安置了蒸汽加热管，加热管贯穿整个干燥机，以同心圆方式排成 1~3 圈，干燥所需热量由蒸汽加热管提供，是间接连续干燥机。加热管随筒体转动，进入干燥机的物料在转筒内受到加热管的升举和搅拌作用，被加热管提供的热量干燥，再借助于干燥机的倾斜度从加热口向出料口移动，从出料口排出。物料中汽化的二次蒸汽从排气口进入尾气处理系统，除去粉尘后放空；对易燃易爆易氧化工况，还可采用惰性气体闭路循环，多管回转式干燥机传热面积大，热效率高，因此适用于处理量大、连续干燥的物料。多管回转式干燥机内部的换热管组件为特制部件，采用直管与环管相结合，与采用直管固定换热管的蒸汽回转干燥机相比，增大了相同空间内的换热面积，保证了蒸汽与物料之间的充分热量交换，提高了干燥机的调湿效率。每一组换热管组件均可单独从进料端抽出，可以及时实现换热管的更换和维护。

环管分体蒸汽回转干燥机的主要特点有：（1）传热面积大，热效率高，热效率高达 80%~90%；（2）填充率高、处理能力大，适用于连续操作；（3）干燥温度低，操作简单，使用方便；（4）气体仅作为带走挥发组分的携带气，气体用量小，粉尘回收设备简单；（5）密闭性能好，非常适用于易燃易爆易氧化的工况；（6）使用方便，易于检修，结构简单，加工成本低。

C　第三代煤调湿技术

在对前二代 CMC 技术实践和总结的基础上，新日铁开发投产了第三代也是最新一代的流化床 CMC 装置，取得了显著降低炼焦耗热量、提高焦炉生产能力和改善焦炭质量的效果。

水分为 10%~11% 的煤料由湿煤料仓送往 2 个室组成的流化床干燥机，从分布板进入的热风直接与煤料接触，对煤料进行加热干燥，使煤料水分降至 6.6%。第三代 CMC 干燥用热源是由抽风机抽吸的焦炉烟道废气，其温度为 180~230℃。本装置还设有热风炉，当煤料水分过高或焦炉烟道废气量不足或烟道废气温度过低时，可将抽吸的烟道废气先送入热风炉，用焦炉煤气点火，使高炉煤气燃烧，提高烟道废气的温度。入炉煤料含水量设定为 6.0% 是为了防止调湿后煤料产生过多的粉尘。将 CMC 出口煤含水量设定略高于 6.0%，是因为从 CMC 出口到焦炉的运输过程中会蒸发一部分水分。流化床干燥机内的分布板是特殊钢材制作的筛板，干燥机的其他部分均可用普通碳钢材制作。在 CMC 的几个部位上设置有氧监测仪，自动报警，防止发生爆炸等不安全事故。

经过多年的生产实践，第三代 CMC 技术的效果是：（1）采用 CMC 技术后，煤料含水量每降低 1%，炼焦耗热量就降低约 50.0MJ/t（干煤）。当煤料水分从 10% 下降至 6% 时，炼焦耗热量相当于节省了 200MJ/t。

（2）由于装炉煤水分的降低，使装炉煤堆密度提高，干馏时间缩短，因此，焦炉生产能力可以提高约 4%~10%。

（3）改善焦炭质量，其 DI 值可提高 1%~1.5%。

（4）煤料水分的降低可减少 1/3 的剩余氨水量，相应减少剩余氨水蒸氨用蒸汽 1/3。同时也减轻了废水处理装置的生产负荷。

（5）节能的社会效益是减少温室效应，平均每吨入炉煤可减少约 35.8kg 的 CO_2 排放量。

（6）因煤料水分稳定在 6% 的水平上，使得煤料的堆密度和干馏速度稳定，有益于改善高炉的操作状态，有利于高炉的降耗高产。

（7）煤料水分的稳定可保持焦炉操作的稳定，延长焦炉寿命。

采用流化床 CMC 所带来的问题是：

（1）煤料水分的降低，使炭化室荒煤气中的夹带物增加，使粗焦油中的渣量增加 2~3 倍，为此，设置了三相超级离心机，保证了焦油质量。

（2）碳化室炉墙和上升管结石墨有所增加，为此，设置了除石墨设施，有效地清除了石墨，保证了正常生产。

（3）调湿后煤料用皮带输送机送至煤塔过程中散发的粉尘量较湿煤增加了 1.5 倍。

煤调湿技术节能减排效果：

（1）改善炼焦煤的粒度组成，各粒级煤质变化趋于均匀。

（2）装炉煤堆积密度提高约 5%，提高焦炉生产能力 4%~10%。

（3）提高焦炭强度：M40 提高 1%~2.5%，M10 改善 0.5%~1.5%；焦炭反应性降低 0.5%~2.5%，反应后强度提高 0.2%~2.5%。

（4）降低炼焦耗热量约 5%；节约焦炉加热煤气，装炉煤含水量每下降 1%，炼焦耗热量可降低 45~60MJ/t。当装炉煤含水量下降 4%，可节省炼焦耗热量 180~240MJ/t，相当于节约焦炉加热煤气（混合煤气热值 4000kJ/m³）45~60m³/t，折合标煤 6.1~8.2kg/t。

（5）减少废水排放，可减排蒸氨废水 30~40kg/t，节约蒸氨用蒸汽 6~8kg/t。

（6）提高高炉生产能力 1%~2%。

由于煤调湿技术显著的节能效果，近 20 年来，日本先后开发了三代煤调湿技术，煤调湿技术在日本得到普遍的应用和推广。各厂煤调湿装置基本都是将装炉煤水分由 9% 降到 5%~6%。截至 2009 年 12 月，日本共有 15 家焦化厂，47 组（座）焦炉，其中有 33 组（座）焦炉配置煤调湿装置，占炉组（座）总数的 70.2%，其中流化床 4 套，间接加热回转式 10 套。

1996 年 10 月，最新一代流化床 CMC 技术在日本北海制铁（株）室兰厂投产。我国济钢于 2007 年自行开发投产了处理能力 300t/h 气流床煤调湿装置，利用焦炉烟道废气作热源与动力源，流化床具有调湿、分级功能的，实现废热能源化利用，2007 年 10 月完成工业化实验，投入生产运行取得较好效果。2009 年济钢国际工程技术有限公司为昆钢建设投产了利用焦炉煤气加热的烟道废气做热源的、处理能力 150t/h 气流床煤调湿装置，项目投入运行确保焦炉生产顺行，取得很好的经济效益。近年来国家重点规划的大型钢铁项目中的焦化工序均预留了煤调湿用地，考虑采用第三代 CMC 技术。

根据煤调湿技术项目投资经济效益分析得知，只有炼焦煤水分含量超过 9.5% 的焦化企业，煤调湿技术投资内部收益率才能超过 8% 社会投资收益率，建设煤调湿装置才是经济的。为此，从投资回报率角度看，我国南方、沿海及东北地区比较适合建设煤调湿装置。截至 2012 年底，煤调湿技术在钢铁联合企业中的普及率为 10% 左右。

三种煤调湿技术的适用范围如下：导热油煤调湿技术操作环节多、投资高。因此，现有导热油煤调湿技术需经改进后，才可以在独立焦化企业推广。蒸汽煤调湿技术不节能还耗能，不能作为节能技术大力推广，可以用于有富余低压蒸汽的钢铁联合企业。烟道气煤调湿技术（第三代煤调湿技术）已经成熟，是比较理想的节能环保技术，符合国家节能方针政策。

2.4.2.3　干熄焦技术及其应用（CDQ 技术）

我国干熄焦技术的应用，始于上海宝钢建设。1985 年，宝钢一期工程引进日本新日铁 4×75t/h 干熄焦装置。随后，上海浦东煤气厂、济钢、首钢等分别引进乌克兰和日本干熄技术，2003 年马钢的干熄焦工程被列入"九五"国家重大引进技术消化吸收项目——干熄焦消化吸收创新"一条龙"项目工程，是国内第一条自行设计制造，国产化率达 90% 以上的干熄焦装置。干熄焦装置实现大型化、高效化、国产化是 20 世纪 80 年代中期以来干熄焦发展的必然趋势。建设大型干熄焦装置，具有占地面积小，降低投资和运行费用，生产操作、自动控制、维修与管理简便，劳动生产率高等优点。

干熄焦基本原理如下：利用冷的惰性气体（150℃）在干熄槽中与赤热焦炭（950～1050℃）换热，从而冷却焦炭（200℃）。吸收了焦炭热量的惰性气体（850℃）将热量传给干熄焦锅炉产生蒸汽。被冷却的惰性气体再由循环风机鼓入干熄槽循环使用。干熄焦锅炉产生的中压（或高压）蒸汽并入厂内蒸汽管网或用于发电。干熄焦工艺流程如图 2-13 所示。

与常规湿法熄焦相比，干熄焦工艺的技术特点主要有以下三方面。

A　回收红焦显热

出炉红焦显热约占焦炉能耗的 35%～40%，干熄焦可回收 80% 的红焦显热。平均每熄 1t 焦可回收 3.9～4.0MPa、450℃蒸汽 0.45～0.55t。据日本新日铁对其企业内部包括干熄焦、高炉炉顶余压发电等所有节能项目效果分析，结果表明，干熄焦装置节能占总节能的 50%，故干熄焦在钢铁企业节能项目中占有举足轻重的地位。

B　改善焦炭质量

与传统方法湿熄焦相比，干熄焦避免了湿熄焦急剧冷却对焦炭结构的不利影响，焦炭的机械强度、耐磨性、真密度均有所提高。焦炭米库姆转鼓指数 M40 提高 3%～6%，M10

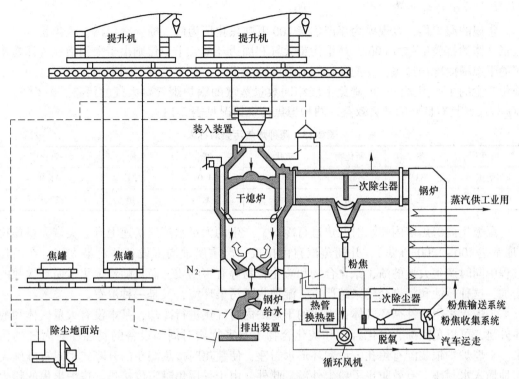

图 2-13　干熄焦装置工艺流程

降低 0.3%~0.8%，反应性指数 CRI 明显降低。冶金焦炭质量的改善，对降低炼铁成本、提高生铁产量与高炉操作顺行极为有利，尤其对采用喷煤技术的大型高炉，其改善效果更加明显。前苏联大高炉冶炼表明，采用干熄焦炭可使焦比降低 2.3%，高炉生产能力提高 1%~1.5%。

　　同时，在保持原焦炭质量不变的条件下，采用干熄焦可扩大弱黏结性煤在炼焦用煤中的用量，降低炼焦成本。两种熄焦方法焦炭质量指标对比见表 2-12。

表 2-12　两种熄焦方法焦炭质量指标对比

焦炭质量指标		湿熄焦	干熄焦	1号高炉(湿)	2号高炉(干)	指标变化
水分/%		2~5	0.1~0.3	2.67	0.23	-2.44
灰分（干燥基)/%		10.5	10.4	12.19	12.41	+0.22
挥发分/%		0.5	0.41	—	—	—
米库姆转鼓指数	M40/%	干熄焦比湿熄焦提高 3%~6%		84.14	88.80	+4.66
	M10/%	干熄焦比湿熄焦改善 0.3%~0.8%		6.10	5.03	-1.07
筛分指数	>80mm/%	11.8	8.5	11.4	8.2	-3.2
	80-60mm/%	86.4	89.2	85.8	89.2	+3.4
	<25mm/%	2.4	2.3	2.8	2.6	-0.2
平均块度/mm		65	55	—	—	
CSR/%		熄焦比湿熄焦提高 4%左右		66.90	72.00	+5.1
真密度/g·cm⁻¹		1.897	1.908			

C 减少环境污染

常规的湿熄焦，以规模为年产焦炭 100 万吨焦化厂为例，酚、氰化物、硫化氢、氨等有毒气体的排放量超过 600t，严重污染大气和周边环境。干熄焦则由于采用惰性气体在密闭的干熄槽内冷却红焦，并配备良好有效的除尘设施，基本上不污染环境；另一方面，干熄焦产生的生产用蒸汽，可避免生产相同数量蒸汽的锅炉烟气对大气的污染，减少 SO_2、CO_2 排放，具有良好的社会效益。两种熄焦污染情况见表 2-13。

表 2-13 两种熄焦污染对标表   （kg/h）

项目	酚	氰化物	硫化物	氨	焦粉	一氧化碳
湿熄焦	33	4.2	7.0	14.0	13.4	21.0
干熄焦	无	无	无	无	7.0	22.3

湿熄焦向熄焦塔内喷水对红焦进行冷却，产生的大量水蒸气快速上升，夹带大量焦粉（通常达 400~1200g/t 焦），并随蒸汽自由排放，严重腐蚀周围设备并污染大气。在熄焦过程中同时产生大量的酚、氰化合物和硫化合物等有害物质，而且随着熄焦水循环次数的增加，这种侵蚀和污染会越来越严重。湿熄焦既污染环境，又是一种浪费。

干熄焦采用惰性循环气体在密闭的干熄炉内对红焦进行冷却，基本没有大量气体和液体外泄，可以免除酚、氰化合物和硫化合物等有害物质对周围设备的腐蚀和对大气的污染。干熄炉炉顶装配有焦孔，设置环形水封座，使装焦时接焦漏斗的升降式密封罩准确无误地插入水封座，有效防止了粉尘外溢。此外，由于采用焦罐定位接焦，焦炉出焦的粉尘污染也更易于控制。另外，除尘地面站通过除尘风机产生的吸力将干熄炉炉顶装焦处、炉顶放散阀、预存段压力调节阀放散口等处产生的高温烟气导入管式冷却器冷却；将干熄炉底部排焦部位、炉前焦库及各皮带转运点等处产生的高浓度的低温粉尘导入百叶式预除尘器进行粗分离处理。两部分烟气在管式冷却器和百叶式预除尘器出口处混合，然后导入布袋式除尘器净化，

最后以粉尘质量浓度低于 $100mg/m^3$ 的高净化烟气经烟囱排入大气。焦粉回收率达 98%，以年产 100 万吨焦炭的焦化厂而言，每年可回收焦粉 600~900t，避免粉尘污染，同时回收的焦粉可直接应用于烧结的生产。

由于干熄焦能够产生蒸汽（产生 5~6t 蒸汽需要 1t 动力煤），并可用于发电，可以避免生产相同数量蒸汽的锅炉燃煤对大气的污染，尤其减少了 SO_2、CO_2 向大气的排放。对规模为年产 100 万吨焦炭的焦化厂而言，采用干熄焦每年可以减少动力煤燃烧向大气排放的各种污染物 8 万~10 万吨。

因此，干熄焦的环保指标明显优于湿熄焦，既消除了湿法熄焦向大气排放有毒有害物质，又回收了大量的焦粉用于生产，发挥了良好的经济、环保效益。

我国的干熄焦装置从 2005 年的 36 套增加到 2012 年末的 200 套，干熄焦炭产能相应地从 3800 万吨/年增加到近 2 亿吨/年。重点钢铁企业的干熄焦装置普及率达到了 90%，居世界第一。而且基本实现干熄焦设备的国产化。目前我国干熄焦技术的发展已经从低压干熄焦技术进入高温高压技术阶段，大大提高了焦炭余热回收效率和发电品质。

2.4.3 炼铁工序

炼铁工序是钢铁生产的主要工序，也是钢铁联合企业的耗能和用水大户，其工序能耗

约占总能耗的41%，用水量占总用量的20%左右。因此，在炼铁工序大力推行清洁生产，对企业的节能、降耗、减污和增效具有十分重要的作用。

2.4.3.1 高炉富氧喷煤技术

随着钢铁工业的发展，炼焦煤变得日益紧张，再加上世界上焦炉正趋于老化，新建焦炉投资巨大，环保要求日益严格等原因，用大煤量喷吹代替部分价格昂贵而紧缺的冶金焦是一发展趋势。

但随着喷煤比的增加，煤粉在高炉内部的燃烧条件恶化，燃烧效率降低，煤焦置换比逐渐下降，高炉稳定顺行遭到破坏。为提高煤粉在高炉中的利用效率，我国开发了高炉富氧喷煤系统技术，在国内得到普遍推广。高炉大量喷煤，如果没有富氧，煤粉会燃烧不完全。风口前燃烧湿度会下降，喷煤量也将会受到限制，如果结合富氧鼓风，可以弥补大量喷煤带来的问题。同时，高炉富氧喷煤后，在节焦的同时又可以大幅度提高产量。富氧与喷煤相结合，二者相辅相成，达到强化高炉冶炼，提高产量、节约焦炭、降低能耗的目的。目前国内外先进高炉的富氧率低的5%~8%(宝钢、沙钢)，高的10%~15%(俄罗斯、荷兰)。

我国有几十年高炉喷煤的实践经验，通过对多种喷煤工艺流程长期运行效果的比较，基本明确了高炉喷煤的发展方向，即高风温、低富氧、大喷煤量。要求在风温超过1200℃、富氧2%~5%的条件下，实现煤比和焦比都达到250kg(煤)/t(铁)。

高炉富氧喷煤技术具有如下特点：

(1) 据工业试验，富氧量提升1%，可增加喷煤量23kg/t铁，综合焦比降低1.28%，焦置换比提高到0.88，增铁3%左右，吨铁成本降低6.91元，实现增产节焦。鼓风含氧量与喷煤量的一般关系为：不富氧，吨铁喷煤量应达到80~100kg；鼓风含氧量23%~25%，吨铁喷煤量可达到150kg左右；鼓风含氧量达到26%~28%，吨铁喷煤量可达到200kg左右。

(2) 喷吹煤种要求其灰分、硫分含量低。根据我国煤炭资源特点，为解决喷吹用煤的供应问题，大多数企业应就近选择烟煤喷吹或烟煤与无烟煤混合喷吹，以减少煤炭运输量。

(3) 高炉采用富氧鼓风和喷煤后，吨铁可比能耗有所降低，高炉煤气热值有所提高。

(4) 当扩大炼铁能力时，采用富氧喷煤技术与传统的新建高炉和焦炉相比，在净增生铁能力相同的情况下，约节约投资25%，生产成本也有所降低，同时，减少了对环境的污染。

我国全部高炉均实现了喷煤，2012年重点钢铁企业喷煤比达到149kg/t，与2005年相比提高了25kg/t，2012年重点钢铁企业热风温度1127℃与2005年相比提高了43℃，有30多座大高炉热风温度年平均超过1200℃，首钢京唐钢铁公司5500m³高炉可以实现1300℃的高风温；宝钢曾在4000m³高炉上保持200kg/t连续长达10年之久。高炉富氧率得到提高，其中沙钢5800m³高炉富氧达10%。喷煤工艺和设备得到优化改进，包括集中喷吹工艺替代分离喷吹工艺，中速磨替代球磨机制粉，负压大布袋收粉，使用热风炉烟气作为主干燥介质，新型并联罐系统替代串联罐系统，输粉采取主管路+分配器的方式、长寿喷枪等。

2.4.3.2　精料技术

原料是高炉冶炼的物质基础，随着高炉炼铁技术的发展，为了应对高炉大型化、高利用系数、低成本冶炼、煤比不断提高以及不断延长高炉寿命的需求，对原燃料的质量要求越来越高。高炉冶炼欲取得良好的技术经济指标，必须使用精料。精料是高炉生产顺行、指标先进、节约能耗的基础和客观要求。我国炼铁工作者对高炉精料的要求，习惯用"高"、"净"、"匀"、"稳"、"少"、"好"六个字来表达。

"高"是指入炉含铁原料的铁品位要高，这是精料方针的核心，是实现高炉低碳、高效冶炼的基础。在当前矿石质量逐步劣化的条件下，大高炉入炉品位不宜低于 58%，中高炉不宜低于 57%，而小高炉不宜低于 56%。

"净"是要求炉料中粉末含量少，严格控制粒度小于 5mm 的原料入炉量，其比例一般不宜超过 3%。降低入炉粉末量可以大大提高高炉料柱的空隙度和透气性，为高炉顺行、低耗、强化冶炼和提高喷煤比提供良好的条件。

"匀"是要求各种炉料的粒度均匀，差异不能太大。炉料粒度的均匀性对增大炉料空隙度和改善炉内透气性具有重要作用。烧结矿的粒度应控制为大于 40mm 粒级的比例不超过 5%~10%，10~25mm 粒级的比例维持在 70% 左右；球团矿中 10~16mm 粒级应在中小高炉中占 85%，在大高炉中占 90%~95%；块矿的粒度应为 8~30mm；焦炭的粒度应为 25~75mm，平均粒度为 40~60mm。

"稳"是要求炉料的化学成分和性能稳定，波动范围小。欲实现入炉原料质量稳定，首先要有长期稳定的矿石来源和煤、焦来源，此外，要建立良好的混匀料场和煤堆场。一般要求：$\Delta w(\text{Fe}) \leq \pm 0.5\%$，$\Delta R \leq \pm 0.03\%$，$\Delta w(\text{FeO}) \leq \pm 1.0\%$。

"少"是要求含铁炉料中的非铁元素少、燃料中的非可燃成分少以及原燃料中的有害杂质含量尽可能少。可以通过选矿、洗煤以及配矿、配煤予以实现。高炉允许的入炉铁矿石中有害元素的含量要求见表 2-14。

表 2-14　高炉允许的入炉铁矿石中有害杂质的含量要求　　　　　　　　（%）

元素	S	Pb	Zn	Cu	Cr	Sn	AS	Ti，TiO$_2$	F	Cl
含量	≤0.3	≤0.1	≤0.15	≤0.2	≤0.25	≤0.08	≤0.07	≤1.5	≤0.05	≤0.06

"好"是指入炉矿石的转鼓强度、热爆裂性、低温还原粉化性、还原性以及荷重软化性等冶金性能要好。同时，要求焦炭强度高、高温性能好，喷吹煤的制粉、输送和燃烧性要好。

精料标准可以归纳为：

（1）渣量在 300~320kg/t 以下；

（2）成分稳定，粒度均匀；

（3）冶金性能优良；

（4）炉料结构合理。

近十几年来，由于高炉喷煤比大幅度提高，导致由于矿焦比增大，使料柱透气性变差，要求含铁炉料有更好的还原性和强度。同时，焦炭在炉内受到溶损反应和热冲击的破坏加大，要求焦炭有更高的冷强度和高温强度，而且灰分要低。因此，高炉提高喷煤比给精料工作提出了更高的要求。

当今，随着资源的逐渐劣质化，原燃料质量逐年下降。在这种背景下，不能一味追求一成不变的精料指标，精料方针的标准、具体要求将会随着资源条件的变化而发生改变。但是，基于生命周期评价（LCA）的观点，考量从矿石到铁水的整个生命周期中对环境产生影响的技术和方法，与炼铁工序的高温处理相比，继续强化低品位矿石的常温选矿工艺具有能源消耗低和污染物排放少的优势。因此，仍需继续坚持精料方针。

2.4.3.3 热风炉余热利用

提高热风温度是降低高炉焦比的有效措施，利用高炉热风炉燃烧烟气余热（250～350℃），将进入高炉热风炉燃烧的煤气和空气进行预热，是提高热风炉拱顶温度和使用风温的有效手段。双预热器是高炉采用的一项节能新技术，其运行与实践对高炉节能和废能再利用有着积极的推广作用，对提高风温、节能增铁及降低煤气消耗有着重要意义。

双预热器热风炉余热利用工艺流程为：利用热风炉排出的高温烟气，使烟气换热管内介质吸收热量汽化，蒸汽汇集后经蒸汽导管输送到空气、煤气换热器管束内。蒸汽冷凝放出的汽化潜热使管道外的空气和煤气得到加热，冷凝后的介质通过回流管导回烟气换热器管束继续蒸发。如此不断循环，达到煤气和空气双预热的目的。

双预热器投入运行前后情况比较见表 2-15。由表可知，双预热器投入运行后，平均风温提高 42.4℃，吨铁煤气消耗减少 0.102GJ，单炉煤气消耗减少 $1.6×10^4 m^3/h$，拱顶温度提高 78℃。

表 2-15　双预热器投入运行前后情况比较

时段	平均风温/℃	吨铁煤消耗/GJ·t⁻¹	单炉煤气消耗/×10⁴m³·h⁻¹	拱顶温度/℃
运行前	1081.6	2.192	7.2	1210
运行后	1124	2.090	5.6	1288

2.4.3.4 炼铁废水零排放技术

炼铁废水主要指设备间接冷却用水、设备及产品的直接冷却用水、生产工艺过程用水及其他杂用水。生铁冶炼是钢铁生产的主要工艺过程之一，其生产用水量和外排废水量在钢铁企业中占有很大比例。据统计，我国钢铁企业中炼铁生产用水约占钢铁企业用水总量的 22.5%。因此，减少炼铁厂用水量，提高炼铁厂废水的重复利用率，做到少排或不排废水，对于节约水资源、保护环境具有重大意义。具体节水和治理措施如下：

A　间接冷却废水循环供水利用

高炉炉体、风口、热风炉的热风阀以及其他不与产品或物料直接接触的冷却水都属于间接冷却废水。因为这种废水不与产品或物料接触，使用后只是水温升高，这种间接冷却水一般多设计成循环供水系统，在系统中设置冷却设施，使废水降温后循环使用。不过水在循环过程中还要解决水质稳定问题。

B　直接冷却废水利用

设备的直接冷却主要指高炉在生产后期的炉皮喷水冷却以及铸铁的喷水冷却。产品的直接冷却主要指铸铁块的喷水冷却，其特点是水与设备或产品直接接触，不仅水温升高，而且其水质被污染。由于设备或产品的直接冷却对水质要求不高，对水温控制不十分严格，一般经沉淀、冷却后即可循环使用。这一类系统的供水原则应该是尽量循环使用，只补充循环过程中损失水量，其"排污"量尽可能控制在最小限度。

C　生产工艺过程废水利用

生产工艺过程废水利用主要指高炉煤气洗涤水和渣粒化用水。高炉炼铁产生大量的高炉煤气，温度较高（通常为 150~400℃），同时含有大量可燃成分和大量灰尘。一般处理方法是将炉顶煤气引入重力除尘器（干式），除去大颗粒的灰尘，然后用管道引入煤气洗涤系统（如两级文丘里洗涤器或比肖夫洗涤塔），清洗冷却后的水就是高炉煤气洗涤水。该废水温度达 60℃以上，悬浮物 600~3000mg/L，水中还含有酚、氰等有毒有害物质。这种水不允许直接排放，因此必须进行处理，一般可采用石灰炭化法和石灰药剂法治理高炉煤气洗涤水，可以做到洗涤水的循环使用。

高炉炼铁产生大量高温熔渣，采用水冲渣处理方法已经成为普遍的做法，粒化的水渣可以作为水泥的原料加以利用。冲制水渣要使用大量的水，一般出 1t 渣需要 7~10t 水进行粒化，粒化后的渣水混合物经过脱水后，即得到成品水渣和冲渣废水，冲渣废水可以循环使用。

2.4.3.5　干式高炉炉顶煤气余压发电技术（TRT）

高炉炉顶煤气余压发电技术（TRT）是利用炉顶煤气压力和热能使煤气在透平内膨胀做功，推动透平转动，带动发电机发电的技术，回收了压力能和部分热能，是一种既不消耗任何燃料，又不污染环境的高效能源回收技术。

现代高炉炉顶压力高达 0.15~0.25MPa，炉顶煤气中存在大量势能。炉顶余压发电技术根据炉顶压力不同，每吨铁可发电约 20~40kW·h。如果高炉煤气采用干法除尘，发电量还可增加 30%左右。

TRT 技术结合干式除尘煤气清洗技术，将高炉副产煤气的压力能、热能转换为电能，既回收了减压阀组释放的能量，又净化了煤气，降低了由高压阀组控制炉顶压力而产生的超高噪声污染，且大大改善了高炉炉顶压力的控制品质，不产生二次污染，发电成本低，一般可回收高炉鼓风机所需能量的 25%~30%。与湿式 TRT 相比，干式 TRT 可提高发电量约 30%，节能效果较为突出。

TRT 技术可回收高炉鼓风机所需能量的 30%左右，实际上回收了原来在减压阀中丧失的能量。这种发电方式既不消耗任何燃料，也不产生环境污染，发电成本又低，是高炉冶炼工序的重大节能项目，经济效益十分显著。此项技术在国外已非常普及，国内也在逐步推广。

TRT 发电不消耗任何燃料就可回收大量电力，据统计，在运行良好的情况下，吨铁回收电力约 20~40kW·h，可满足高炉鼓风耗电的 30%。目前，国内大多采用的是湿式除尘装置与 TRT 相配，未来的发展趋势是干式除尘配 TRT。TRT 装置如果配有干式除尘，则吨铁回收电力将比湿法多 30%~40%，最高可回收电力约 54kW·h/t。2008 年重点大中型企业约有高炉 513 座，其中 1000m³ 以上高炉 154 座都配备 TRT，TRT 普及率达到 100%，其中干式除尘比例达到 30%左右。

TRT 工艺有干、湿之分，使用水来降低煤气温度和除尘，并设置 TRT 装置的工艺称为湿式 TRT；而采用干式除尘（布袋或电除尘）并设置 TRT 装置的工艺为干式 TRT。

干式 TRT 工艺的主要特点：利用干式除尘，生产每吨铁可节水 9t；生产每吨铁，干式电除尘耗电 0.25~0.45kW·h，较湿式的节电 60%~70%；干式除尘器的出口煤气温度高，压力损失小，故电功率比湿式高 30%~50%；干式 TRT 系统排出的煤气温度高、水分低，所含热量多，煤气的理论燃烧温度高，用于烧热风炉，高炉热风温度可提高 40~90℃，相应降低焦比 8~16kg/t。最高吨铁回收电量约 50kW·h。

TRT 发电不消耗任何燃料就可回收大量电力。目前国内大多采用的是湿式除尘装置与 TRT 相配，未来的发展趋势是干式除尘配 TRT。

一般来说，不同容积的高炉使用不同类型的 TRT，其经济效果也不同。高炉越大顶压力越高，回收效果越好。

截至 2012 年，高炉煤气干式除尘 TRT 装置已建成近 700 套，我国大中型钢铁企业的 TRT 普及率已达到 98%，2012 年吨铁发电量约 50kW·h。采用干法除尘的 TRT 的发电量将比湿法除尘的 TRT 增加 25%~30%左右。首钢京唐的两座 5500m³ 高炉均采用干法除尘，并已稳定运行超过 5 年，其 TRT 吨铁发电量达到 60kW·h。

2.4.4 炼钢工序

2.4.4.1 高效连铸技术

连铸工艺是将合格钢水连续不断地浇注到一个或一组实行强制水冷的，并带有"活底"的结晶器内，钢水沿结晶器周边逐渐凝成钢壳，待钢水凝固到一定坯壳厚度，结晶器液面上升至一定高度后，钢水便与"活底"黏结在一起，由拉矫机咬住与"活底"相连的装置，把铸坯拉出。这种使高温钢水直接浇铸成钢坯的新工艺称连续铸钢，目前各产钢大国及地区多采用该技术。

连铸技术是利用洁净钢水，高强度、高均匀的一冷、二冷，高精度的振动、导向、拉桥、切割设备运行，在高质量的基础上，以高拉速为核心，实现高连浇率、高作业率的连铸系统技术与装备。它主要包括接近凝固温度的浇铸、中间包整体优化、二冷水动态控制、铸坯变形的优质化、引锭、电磁等方面的技术和装备。

与传统的模铸—开坯工艺相比，连铸工艺具有以下优点：

（1）简化生产流程。连铸可直接从钢水浇铸成钢坯，省去了脱锭、整模、均热、开坯等一系列中间工序的设备，使钢坯的生产流程大为缩短和简化，由此可节省大量资金。据统计，设备投资和操作费用均可节省 40%，占地面积减少 5%，设备费用减少 70%，耐火材料消耗降低 15%，成本下降 10%~20%。

（2）降低能量消耗。由于连铸省掉了均热炉内再加热工序，可使能量消耗减少 50%~70%。据日本各厂统计，生产 1t 连铸坯比原来模铸—开坯方式节能 0.42~1.26GJ。我国某钢厂省去初轧开坯工序，吨坯节能 1.3GJ；太钢二钢连铸吨坯能耗比初轧开坯吨能耗降低 1.38GJ。

（3）提高金属收率和成材率。连铸从根本上消除了模铸的中注管和汤道的残钢损失，从而使钢水收得率提高；又因连铸钢坯减少了初轧开坯时金属损耗和不需要每根钢锭切去 5%~7%的坯头，成材率可提高 10%~15%。

（4）改善劳动条件。模铸生产是在高温多尘条件下工作的，连铸机使铸锭工作机械化，从根本上改变了模铸工作条件，并为钢铁生产向连续化、自动化发展创造了有利条件。

（5）提高钢坯质量。连铸的最大特点是边浇注边凝固，通过调节冷却条件，实现合理的冷却，使铸坯结晶过程稳定、内部组织致密、化学成分偏析及内部低倍缺陷减少。

我国的连铸近 20 年来发展迅猛，在成熟生产技术的应用、新技术的开发、应用基础研究等方面都有很大的发展。从 2008 年起我国连铸比一直保持在 98% 以上，2010 年铸坯产量达 6.27 亿吨，连铸比 98.12%。

目前我国连铸机的设计作业率 80% 左右，实际作业率一般为 80%~90%，许多连铸机作业率已经超过 90%。板坯连铸机的浇注速度一般 1~1.8m/min，120mm 方坯 3~4.5m/min，150mm 方坯 2.5~3m/min。大型板坯连铸机的设计产量一般为 100 万吨/流，大型板坯铸机实际年产坯 140 多万吨/流。小方坯连铸机的设计产量为 12 万吨/流左右。一批小方坯（120mm×120mm 或 150mm×150mm）连铸机的年产量已超过 18 万吨/流，最高甚至达 26 万吨/年·流。我国连铸生产已与世界同类指标相当，高效连铸技术取得了长足的进步。

2.4.4.2 转炉煤气净化回收技术

氧气转炉吹炼时产生大量含有 CO 和氧化铁粉尘的高温烟气，其中 CO 浓度一般在 60% 以上，最高（吹氧中期）可达 90% 以上；当烟气含 CO 高于 30% 时，即可用做燃料或化工原料（合成氨、合成甲醇等）。转炉煤气是一种优质气体燃料（有害成分含量少），回收转炉煤气热值可达 6273~7527kJ/m^3，通常每吨转炉钢可回收煤气量 60~80m^3。如宝钢平均吨钢煤气回收量已达 100m^3 以上。

随着氧气转炉炼钢工艺的发展，相应的煤气净化回收技术也在不断地发展完善。目前世界上大部分转炉都是采用"未燃法"来净化回收转炉煤气。"未燃法"转炉煤气净化回收技术以日本"OG"法为代表的湿法技术和以德国"LT"法为代表的干法一直占据着氧气转炉炼钢煤气净化回收技术的主导地位。

截至 2012 年底，国内共有氧气顶吹转炉约 1200 座，炼钢产能达到了 9.7 亿吨，其中 90% 以上的转炉采用了"OG"湿法转炉煤气回收系统，采用"LT"干法转炉煤气回收技术的转炉有 40 余座；根据《钢铁产业调整和振兴规划》中节能减排要求，近几年来建设的炉容在 200t 以上的大型转炉均采用了"LT"干法转炉煤气回收系统。

目前，转炉二次烟气基本能够稳定将排放浓度控制在 100mg/m^3 以下，好的可以控制在 50mg/m^3。已颁布的《炼钢工业大气污染物排放标准》CGB 28664—2012），对炼钢工序转炉二烟气颗粒物排放限值在 20~50mg/m^3 之间，致使部分转炉二次烟气难以满足国家的排放规定。转炉煤气净化除尘任重道远。

A　OG 湿法转炉煤气净化回收技术

（1）OG 系统。转炉煤气湿法回收按流程大致分传统 OG 系统和新 OG 系统两种，均采用喷水净化方式。区别主要在于传统 OG 的净化设备主要是两级文氏管，新 OG 采用喷淋塔环缝洗涤器。

OG 法（Oxygen Gas Recovery System）是一种传统的转炉煤气回收方法，于 20 世纪 60 年代由日本新日铁和川崎公司联合开发，目前世界上约有 90% 的转炉采用 OG 法。OG 法系统主要由烟气冷却、净化、煤气回收和污水处理等部分组成，烟气经冷却烟道后进入烟气净化系统，经过不断改进，现已发展到第四代。转炉冶炼产生的大量高温（1450℃）含尘烟气被活动烟罩捕集，经汽化烟道冷却到 1000℃ 左右。初步冷却的烟气通过一次除尘器喷水冷却并除去大颗粒灰尘，再经过二次除尘器除去细小粉尘。净化的烟气经过煤气引风机，合格的煤气（CO 含量大于 35%，O_2 含量小于 2%）通过三通阀切换，经水封逆止阀、V 形阀被输送到煤气柜，不合格的烟气点火燃烧后经烟囱放散，如图 2-14 所示。

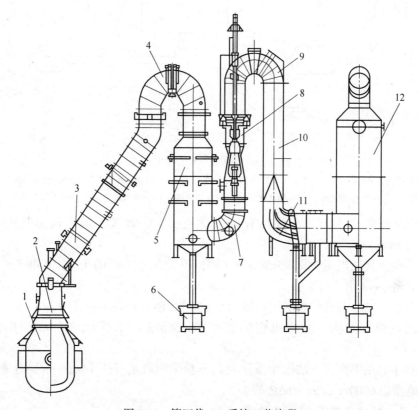

图 2-14 第四代 OG 系统工艺流程

1—转炉；2—动烟罩；3—固定烟罩；4—汽化冷却烟道；5—喷雾冷却塔；6—水封排水器；7—90°弯头管；
8—二级文氏管；9—180°弯头脱水器；10—上升管；11—90°弯头脱水器；12—旋流复挡板脱雾塔

（2）传统 OG 法转炉净化系统存在的缺点：处理后的煤气含尘量较高，达 $100mg/m^3$ 以下，若要利用此煤气，需在后部设置湿法电除尘器进行精除尘，将其含尘量浓度降至 $10mg/m^3$ 以下，系统存在二次污染，其污水需进行处理；系统阻损大，能耗大，占地面积大，环保治理及管理难度较大。

新 OG 法为德国 LB 公司专有技术，具有净化效率高、系统阻力小、风机能耗低、洗涤用水量小、系统简单等特点。

B LT 转炉煤气干法回收技术

LT 法为德国 Lurgi 公司和 Thyssen 钢铁公司于 1969 年研制成功的，主要是由烟气冷却、净化回收和粉尘压块 3 大部分组成。

LT 法除尘系统主要由蒸发冷却器、静电除尘器、煤气冷却器及切换站组成。与 OG 法相比，LT 法的主要优点是：除尘净化效率高，通过电除尘器可直接将粉尘浓度降至 $10mg/m^3$ 以下；该系统全部采用干法处理，不存在二次污染和污水处理；系统阻损小、煤气回收量高，回收粉尘可直接利用，节约能源；系统简化、占地面积小、便于管理和维护。因此，具有更好的经济效益和环保效果。如图 2-15 所示为转炉 LT 干法除尘系统。

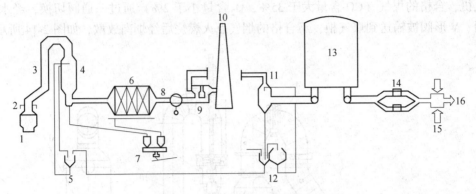

图 2-15　转炉 LT 干法除尘系统

1—LD 转炉；2—裙罩；3—冷却烟道；4—蒸发冷却器；5—冷却水；6—静电除水器；7—热压块；8—风机；9—切换站；
10—放散烟阀；11—气体饱和器；12—循环水系统；13—煤气柜；14—煤气加压站；15—煤气混合站；16—用户

相对于湿法除尘系统，干法具有以下优点：（1）烟气含尘量低，考核值平均在 $6.6mg/m^3$（标态）。

（2）节电。其耗电量为 $3.05kW \cdot h/t$ 钢，不到湿式系统的 1/2，节电 $3.72kW \cdot h/t$ 钢，折合 $1.5kgce/t$ 钢。

（3）节水。120t 的转炉系统用水量约 $0.05m^3/t$ 钢，是湿法系统的 1/5。

（4）回收煤气量大。吨钢可多回收热值 $8360kJ/m^3$，煤气 $21.3m^3$，相当于节能 $6.10kgce/t$ 钢。

（5）粉尘利用率高，干法除尘系统吨钢干粉尘回收量可达 $14kg/t$ 钢，占地少，整个工程总占地面积 $6000m^2$，约为湿法的 1/2。

2.4.4.3　转炉负能炼钢工艺技术

"负能炼钢"是一个工程概念，20 世纪 70 年代由日本钢铁厂提出。其含义是指炼钢过程中回收的能量（转炉煤气和蒸汽）大于炼钢过程中实际消耗的（氧气、氮气、焦炉煤气、电和外厂蒸汽等总和）能量，故称为转炉负能炼钢。

我国转炉煤气回收利用始于 1965 年，直至 2005 年以后国内转炉炼钢厂高度重视推广"负能"炼钢技术，实现"负能"炼钢的钢厂日益增多。2009~2011 年在"国家重点大型耗能钢铁生产设备节能降耗对标竞赛"中，国内参赛的 100 吨以上大、中型转炉中 95% 以上的转炉都实现了转炉工序"负能炼钢"，太钢、武钢和沙钢等钢厂已实现炼钢全工序（从铁水预处理至连铸）"负能炼钢"。重点企业转炉煤气回收量（标态）由 2005 年的平均 $43m^3/t$ 提高到 2010 年的 $80m^3/t$，2012 年达到 $91.4m^3/t$，蒸汽回收量也由平均 2005 年的 $36kg/t$ 提高到了 2009 年的 $67kg/t$ 以上。

目前转炉煤气回收利用水平最高的钢厂可达 $110m^3/t$ 钢，水平差的则低于 $60m^3/t$ 钢。2014 年我国重点钢铁企业转炉煤气平均回收量为 $75m^3/t$ 钢，与日本钢厂普遍高于 $110m^3/t$ 钢的水平相比，还有很大的差距。

根据温度的高低，烟气分为高温烟气（≥600℃）、中温烟气（230~600℃）和低温烟气（<230℃）。高温烟气的热能能级较高易于利用，一般都应最大限度地将其转化成机械能，用于动力。中、低温烟气一般需要通过各种热交换设备将烟气的热能传递给不同介质加以利用。

通常，转炉炼钢消耗的能量在 15~30kgce/t 钢，而回收煤气和蒸汽的能量可折合 25~35kgce/t 钢。因此，转炉工序实现"负能炼钢"，一方面要努力降低炼钢耗能；另一方面要加强能量回收，提高回收效率。

这项技术还能够有效地改善区域环境质量，因此推广此项技术对钢铁行业的清洁生产意义重大。

2.4.5 电炉炼钢工序

2.4.5.1 炉底出钢

现在较为普遍且成熟的出钢方式是偏心炉底出钢技术。偏心炉底出钢电弧炉是炉底出钢，但出钢口不在炉底中心而偏在炉后，无出钢槽，熔池后部有出钢箱，突出呈鼻状；内砌耐材形成一个小熔池，出钢口设在出钢箱的底部，垂直向下，适当靠近炉子外缘，以利于对出钢口的维护。它可以把全部炉渣及少量钢水留在炉内。做到无渣出钢，提高了精炼效果。同时在冶炼工艺方面可以获得以下几个方面的效果：

（1）减少出钢过程温降。偏心底出钢时，钢液垂直流下，较为集中呈柱状，流程缩短，出钢速度快，使得出钢过程钢液温降减少。

（2）提高钢包寿命。采用偏心底出钢，钢包底部加入合金料或新的渣料，可以防止钢液对包底的冲刷。同时，垂直密实的钢流，不会冲刷包壁及钢包周围结瘤，这样可以提高钢包寿命 20%~40%。

（3）提高生产率。偏心底出钢时由于炉子倾角小，钢水不会浸没水冷炉壁，因此可使水冷炉壁面积加大，从而提高炉衬寿命。大面积采用水冷炉壁，允许电弧炉采用最大功率供电，每炉钢熔化时间可缩短 3~5min 左右，与此同时，冶炼电耗也可得到降低。

2.4.5.2 炉底气体搅拌

传统电弧炉内的废钢熔化期，熔池内的自然对流是很弱的。熔池内的温度差为 21~50℃/m。由于熔池内部及钢渣之间的搅拌作用差，致使传热、传质速率低，从而带来熔化速度和氧化速度慢，钢液成分和温度不均匀，脱 S、脱 P 速度低，工人劳动强度大，能耗高，冶炼时间长等不利因素。随着转炉复吹、钢包底吹 Ar 等技术在冶金上的应用，20世纪 80 年代中期世界各国纷纷开发和推广电弧炉底吹炼钢新技术。

目前大多数电弧炉搅拌都采用气体（主要是 Ar 或 N_2，少数也用天然气和 CO_2）作为搅拌介质，气体从埋于炉底的接触式或非接触式多孔塞进入电弧炉内。少数情况下，也采用风口形式。在有出钢槽出钢的交流电弧炉内，多孔塞布置在电极圆对应的电极圆周上，并与电极孔错开布置。偏心底出钢的电弧炉，因在出钢口区域存在熔池搅拌的死区，除按传统电弧炉内的方法布置外，还在电极圆圆心到出钢口的直线上，约在其中心处设置一多孔塞。在一定的熔池深度下，熔池的搅拌能与底吹的气量成正比。通过调节底吹气体流量可以很好地控制熔池搅拌强度。同时，电弧炉底吹气体后可大大改善炉内的搅拌状况。

电弧炉底吹搅拌技术的优越性主要有：可改善冶金反应速度，缩小冶金过程能量和浓度梯度，基本消除外供能量造成炉内热点和未熔废钢和铁合金引起的冷点。氧浓度下降及夹杂物上浮可促使钢中氧化物夹杂减少，脱氧剂烧损下降，金属收得率提高。钢水与渣不断有效搅拌有利于更早地形成均匀的高碱度渣，提高脱硫、脱磷能力。缩短了冶炼时间，降低了电耗和电极消耗。

2.4.5.3　泡沫渣埋弧冶炼

在电弧炉内,若碳氧反应速率达到一定程度,亦即 CO 气泡的生成速率较高时,而炉渣的黏度、表面张力又适合 CO 气泡在渣层内滞留。这样,大量气泡存在于渣层内,使得炉渣表观体积迅速扩大,形成一层厚厚的泡沫渣,将电极端部及电极下面的电弧包裹起来,通过被泡沫渣覆盖的电弧加热钢水,钢水再熔化废钢,并可显著地加速钢水精炼。其冶金效果主要表现在以下几个方面:

(1) 节能。采用埋弧加热,泡沫渣能有效地屏蔽和吸收电弧辐射能并传给熔池,提高了传热效率,钢液升温速度加快,从而降低冶炼电耗,缩短冶炼时间;另外,厚的泡沫渣层有利于电极采用高压长弧操作,功率因数可提高到 0.8~0.86,最大限度地发挥变压器能力。莱钢 50tUHP 电弧炉泡沫渣应用后,氧化期钢液升温速度提高 1.6℃/min,电耗降低了 20kW·h/t,冶炼时间缩短了 8min。

(2) 提高金属收得率,降低耐材、电极的消耗。泡沫渣可使部分处于高温的电极埋于渣中,减少了电极的直接氧化,同时屏蔽了电弧对电弧炉炉壁与炉盖的辐射,降低了炉壁与炉盖的工作温度,提高这两部分耐材的寿命,降低耐材消耗。在喷粉造泡沫渣时,碳还原渣中氧化铁,减少铁损,提高金属收得率。

(3) 脱 S、脱 P、去气效果好。泡沫渣具有较高的反应能力,有利于炉内的物理、化学反应进行,特别有利于脱 S、脱 P。泡沫渣操作要求更大的脱碳量和脱碳速度,因而有较好的去气效果,尤其是可以降低钢中的氮含量。因为泡沫渣埋弧使电弧区分压显著降低,钢水吸氮量大大降低。

(4) 降低电弧噪声。由于泡沫渣对电弧的包裹,也最大限度地屏蔽了电弧噪声,大大改善了车间工人的工作环境与周围居民的生活环境。

2.4.5.4　二次燃烧技术

普通电弧炉炉气中 CO 数量为 15%~20%,其中 60%~80%未经炉内燃烧而直接进入除尘系统。而电弧炉内氧枪吹氧和造泡沫渣却产生了大量的 CO。CO 与 O_2 生成 CO_2 所放出的热量远大于 C 与 O_2 生成 CO 所放出的热量。为了更大限度地利用潜在的能源,发挥炉内氧的优势,使大多数 CO 能在电弧炉内进一步燃烧,利用吹入渣层上方的氧气以燃烧炉膛内的 CO;也可吹入渣内以燃烧尚未进入炉膛而存在于渣中的 CO,这就是二次燃烧技术。

二次燃烧提供了一个稳定、价廉的能量来源;同时有利于减少有害气体的排放量,提高传热效率,缩短冶炼时间。使用结果表明:吹 $1m^3$ 二次燃烧氧相当于节电 3.84kW·h。但如果工艺操作不当也会产生许多副作用。

2.4.5.5　热装铁水

热装铁水是电弧炉内用高炉铁水代替部分废钢的熔炼工艺。高炉铁水的兑入带来了大量的物理热(每吨铁水的物理热相当于 115kW·h 的电能),同时可实现高配碳、强供氧等强化冶炼技术,减少了加热时间。热铁水带入的物理热和其他发热元素产生的热量则可相应地减少电炉变压器的容量。

采用热兑铁水技术,还可以降低由废钢带入的有害元素对钢性能的影响,提高钢种质量。

我国电弧炉铁水兑入量一般在30%左右，随着兑入铁水比例的增加，冶炼电耗和冶炼周期大大降低，成本也随之大幅度下降。当兑入铁水比例达50%时，吨钢电耗下降至180kW·h。我国沙钢90t超高功率竖式电弧炉热装铁水30%，产量增加25%~300%，电耗降低100kW·h/t，冶炼时间缩短了近20min。废钢预热效果明显，残余元素也得到降低。

2.4.5.6 废钢预热

采用冶炼烟气预热废钢可有效利用冶炼烟气热能、降低电炉冶炼电耗。一般废钢预热有以下几种形式：

(1) Consteel工艺：将装炉废钢用密闭的链板输送机连续送料，利用有电炉导出的冶炼烟气在链板上预热废钢。

(2) Fochs工艺（竖式炉）：在电炉上部设置废钢预热炉，烟气由下部送入，预热废钢。

(3) 双壳电炉工艺：一套变压器配置两台炉壳，一台炉壳在冶炼时，将烟气导入另一台装有废钢的炉壳，预热废钢。

不同工艺预热效果不等，一般可降低冶炼电耗30~80kW·h/t钢，还可以收到部分除尘效果。

2.4.5.7 电炉烟气余热回收技术

传统的电炉内排烟处理设施多为水冷却，烟气中热量没有得到丝毫回收，同时水冷设备的循环冷却水消耗了大量电能，且在循环过程中有一定损耗并对环境造成了污染，已逐渐成为炼钢厂节能减排的瓶颈。

近年来国内各大钢厂电炉生产中热装铁水率普遍提高到30%以上，对电炉烟气进行余热回收的经济性与以往相比得到了大幅提高；同时随着汽化冷却余热回收技术在冶金行业的普遍采用，相关余热回收设备制造水平不断提高。此外，炼钢车间回收的蒸汽作为RH、VD等真空精炼装置及全厂低压饱和蒸汽发电用汽源的技术也得到了日益广泛的应用。在这种环境下，电炉烟气余热回收技术发展较快。

电炉因其工艺特性，其一次烟气具有以下主要特点：

(1) 烟气量、烟温波动大，入口瞬间温度高，可达1600℃，这就要求电炉烟气余热回收装置要考虑热负荷的波动，设备应具有较强的抗热疲劳性能。

(2) 烟气中携带粉尘多，且多为金属氧化物，这要求电炉烟气余热回收装置的换热面，尤其是高温区应避免磨损与积灰。

目前的最优方案采用辐射换热型汽化冷却烟道，使烟温先降至约800℃，再进入对流换热器进一步回收烟气热量，将烟气温度降至180~250℃左右。该技术的汽水流程为：从车间供应的软水，进入除氧器，经给水泵供入汽包。汽包下降管的循环水分别进入辐射换热型汽化冷却烟道及对流换热型热管换热器，在受热面中通过与高温烟气换热，产生汽水混合物，再分别经上升管返回汽包。

2.4.6 轧钢工序

目前在我国钢铁企业内部，轧钢工序可采用的节约能源、减少污染物产生的清洁生产技术主要有：连铸坯热送热装技术、低温轧制技术、加热炉/热处理炉的节能减排技术、串级用水技术、浅槽紊流酸洗技术、无铬钝化技术和水基涂镀技术等。

2.4.6.1　连铸坯热送热装技术

连铸坯热送热装技术是指在冶金企业连铸车间与轧钢车间之间，利用连铸坯输送辊道或输送火车（汽车），通过增加保温装置，将原有的冷坯输送改为热连铸坯输送，进行热装轧制的技术。该技术充分利用连铸坯的物理热，不仅达到了节能降耗的目的，而且还减少了钢坯的氧化烧损，提高了轧机产量。钢铁工业今后在此方面应主要探索与不同结构加热炉的衔接、不同钢种最佳的热装温度以及扩大可热送钢种范围等问题。

连铸坯热送热装分为热送装炉轧制和直接装炉轧制两种，现阶段以前者为主。该工艺技术的应用已成为衡量钢铁企业生产技术管理水平的重要标志，推动了转炉（电炉）—炉外精炼—连铸—连轧生产的一体化管理，使钢的生产向连续化、低成本、高质量、高效益的方向发展。

连铸与轧钢两个工序的衔接模式一般有以下五种类型：

（1）连铸坯冷装炉加热轧制工艺。高温铸坯温度降至常温，加热到轧制温度后进行轧制，该工艺为常规长流程加热轧制工艺。

（2）连铸坯热装或热送装炉轧制工艺。高温连铸坯温度有所降低，加热到轧制温度后进行轧制。该工艺有高温热装轧制工艺和低温热装轧制工艺两种类型。

（3）连铸坯直接轧制工艺。高温连铸坯不需进入加热炉加热，只略经补偿加热即可直接进行粗轧机轧制。

（4）薄板坯连铸连轧工艺。高温薄板连铸坯直接进行精轧机轧制，ISP、CSP、PTSR等薄板坯连铸连轧工艺即属这种类型。

（5）带钢连续铸轧工艺。由钢水直接铸轧出成品卷材，使其断面一次达到产品所要求的尺寸，是当今世界最先进、流程最短的轧制工艺。目前法国、韩国、德国、日本已投入大量人力和财力开展此项研究工作，并铸轧出厚度为 0.1~5.0mm、宽度为 200~600mm的带钢热轧卷。

连铸坯热装轧制与直接轧制工艺相比具有如下几个优点：

（1）利用连铸坯冶金热能，节约能源消耗，其节能量与热装或补偿加热入炉温度有关。例如，铸坯在 500℃热装时，可节能 0.25×10^6 kJ/t；800℃热装时，可节能 0.514×10^6 kJ/t，即入炉温度愈高，则节能愈多，而直接轧制节能效果更为显著。据日本相关经验知，运用该工艺可比常规冷装炉加热轧制工艺节能约 80%~85%。

（2）提高成材率，节约金属消耗。由于加热时间缩短，使铸坯烧损减少，高温热装和直接轧制，可使成材率提高 0.5%~1.5%。

（3）简化生产工艺流程，减少占用厂房面积和运输等各项设备，节约基建投资和生产费用。

（4）大大缩短生产周期，从投料炼钢到轧出成品仅需要几个小时；直接轧制时，从钢水浇注到轧出成品只需要十几分钟，从而增加生产调度及资金周转的灵活性。

（5）由于加热时间短，氧化铁皮少，直接轧制工艺生产的钢材表面质量要比常规工艺生产的产品好得多，大大提高了产品质量。直接轧制工艺由于铸坯无加热炉滑道冷却痕（水印），使产品厚度、精度也得到了提高。连铸连轧工艺有利于微合金化技术及控轧控冷技术作用的发挥，使钢材组织性能有更大的提高。

2.4.6.2 低温轧制技术

低温轧制是指在低于常规热轧温度下的轧制，国外也称中温轧制或温轧。其目的是为了大幅度降低坯料加热所消耗的燃料，减少金属烧损，而把开轧温度从 1000~1150℃ 降低至 850~950℃。虽然低温轧制会加大粗、中轧部分的轧制压力，从而需要提高粗、中轧机的强度，增大粗、中轧部分的能耗，但综合考虑加热炉加热温度的降低而节约的燃料，综合平衡后仍可节能 20% 左右。

与常规轧制相比，低温轧制突出的优点在于：

(1) 可减少加热能耗；

(2) 减少氧化烧损、提高成材率；

(3) 提高轧钢加热炉的加热产量、延长加热炉的寿命；

(4) 减少轧辊的热应力疲劳裂纹和断辊以及氧化皮引起的磨损；

(5) 降低脱碳层深度；

(6) 提高产品的表面质量；

(7) 细化晶粒、改善产品性能。

缺点：

(1) 加大了轧材的变形抗力，从而加大了轧制力和轧制功率；

(2) 降低了轧制时轧材的塑性，从而影响轧材的咬入；

(3) 有时需降低道次压下量，增加道次。

2.4.6.3 加热炉/热处理炉节能减排技术

A 蓄热式燃烧技术

蓄热式燃烧技术是一种余热回收技术，它以高风温燃烧技术（亦称无焰燃烧技术）为核心，利用烟气或废气余热对助燃空气进行预热，从而达到节能的目的。

蓄热式燃烧系统通常由成对的蓄热式烧嘴、换向装置、管路、调节阀门和排烟装置等组成。正常工作时，系统中两只燃烧器交替处于燃烧或蓄热两种工作状态。当一只烧嘴处于燃烧工作状态时，此燃烧通路开通，冷空气通过炽热的蓄热体，被加热为热空气用于助燃；另一只烧嘴则处于蓄热状态，燃烧产物在引风机的作用下经燃烧通道到蓄热体，将热量传递给蓄热体后，经烟道由烟囱排出。蓄热式燃烧技术在应用中，当以液体、高热值煤气为燃料时，一般只对空气进行预热；而当以低热值煤气为燃料时，需对空气与煤气同时预热。蓄热式轧钢加热炉技术是对轧钢加热炉采用适用各种气体和液体燃料的蓄热式高风温燃烧器，热回收率达 80% 以上，可节能 30% 以上，提高生产效率 10%~15%，能够减少氧化烧损，减少有害气体排放。轧钢加热炉占轧钢工序能耗的 50% 以上，目前国内已经开始推广使用该项技术。

B 低氮氧化物烧嘴技术

低氮氧化物燃烧器（烧嘴）技术是利用空气分级供应、浓淡燃烧和烟气再循环等方式，降低 NO_x 产生量的一种技术。该技术主要是在设计阶段，通过对加热炉/热处理炉烧嘴的合理设计，达到减少 NO_x 产生与排放的目的。加热炉采用低氮氧化物烧嘴，与普通烧嘴相比，NO_x 产生量可减少约 40%，从根本上减少了污染物的产生，降低了环境污染。此外，此种烧嘴还可提高坯料加热质量，延长炉顶寿命。

C　二次燃烧技术

二次燃烧技术是指在排气时往排气管注入新鲜空气，使未完全燃烧的高温尾气在排气管中再次燃烧，从而减少有毒有害物质排放。

2.4.6.4　其他

（1）串级用水技术。串级用水是指根据用户对水温、水质的不同要求，将上一工序的废水转送到可以接受的生产过程或系统中使用的技术。采用串级用水技术可以减少水处理设施构筑物、减少占地、节约能源、减少或消除污染，是水处理中最简洁、最经济、最科学的一种技术。

（2）浅槽紊流（喷流）酸洗技术。浅槽紊流酸洗技术是指在浅槽酸洗的基础上，应用紊流技术，加强紊流、热导率和物质传动，从而减少反应时间、减少酸雾的排放。与传统的浅槽酸洗相比，紊流酸洗具有酸洗时间短、酸洗效率高、酸循环快、酸雾排放量小、酸耗少、带钢表面质量高、节能等优点。

（3）无铬钝化技术。无铬钝化技术是指利用钛盐、硅酸盐、钼盐等替代铬酸盐进行钝化的一种工艺。该技术在获得良好抗腐蚀性的同时，也减少了六价铬对环境的污染影响。从钝化后膜层的耐蚀性看，目前的无铬钝化技术已接近甚至在某些方面超过了铬酸盐钝化，很有发展前途；只是由于成本高、不适应大规模工业化生产等原因，限制了其进一步的推广与普及。

（4）水基涂镀技术。水基涂镀技术是指在冷轧板带涂镀处理中，以水基涂料替代常规有机溶剂涂料，达到减少有毒有害废气排放的目的。

钢铁厂废水处理技术

水资源是指现在或将来一切可用于生产和生活的地表面水和地下水源。水资源是自然资源的重要组成部分。地球上水的总储量约为 13.6 亿立方千米，其中海水占 97.3%，淡水占 2.7%。淡水资源中冰山、冰冠水占 77.2%，地下水和土壤中水占 22.4%，湖泊、沼泽水占 0.35%，河水占 0.1%，大气中水占 0.04%。水是地球上一切生命赖以生存、人类生活和生产不可缺少的基本物质，又是地球上自然资源中才可代替的重要物质，因此应特别加以保护，并对废水进行处理利用。

在钢铁生产过程中，节约一次水资源的最有效措施就是实现生产用水的循环利用。水的循环利用是指一部分使用过的生产水经处理后又重新进入钢铁生产过程，同补给的新水一起循环使用，为生产过程提供服务。循环水来源于使用过的所谓"废水"，因此，它属于二次资源。循环水在处理过程中，总要有一些水随排污而被带走，在输送和使用过程中，也有一些滴漏损失和蒸发损失，因此，要保证稳定供水，就必须随时将新水补充到水循环系统中。补充的新水是一次资源。

3.1 钢铁企业用水及废水治理现状

冶金工业包括黑色冶金和有色冶金两大类。在钢铁企业中，黑色金属冶炼和有色金属的冶炼过程不同，产生的废水性质有所差异。其生产过程包括采选、烧结、炼铁、炼钢、连铸连轧等生产工艺，都会产生一定量的废水，主要设备由冷却水、湿法除尘器用水、冲洗水、回收及精制产品排出的废水、高炉煤气洗涤水、炉渣冷却用水、酸洗废水以及在生产过程中由于凝固、分离或者溢出产生的废水等。由于水的用途不同，所产生的废水的理化性能存在很大差异，这些水可以经过处理应用到其他工序中。钢铁企业的用水量很大，废水的 70% 来自于冷却用水，生产工艺排除小部分，废水中存在原料、中产产物以及生产过程中的污染物，经过处理可以回收利用。

随着国家对于工业用水政策出台，包括《工业企业取水定额国家标准》、《钢铁企业发展政策》、《钢铁行业生产经营规范条件》等，促使企业必须采用有效的措施进行工业废水的处理。统计大中型钢铁企业吨钢新水耗量，由 2010 年 4.2m^3 降至 2013 年的 3.57m^3，2015 年下降为 3.25m^3/t，降幅 8.96%；但国内企业冶金企业的吨钢耗水量与世界先进水平的钢铁企业存在差异，仍有较大的提升空间，国家已对钢铁企业等高耗水量的企业进行强制用水定额管理，并出台一系列政策，强制性节水技术及其应用已经成为钢铁企业的必然趋势。

3.1.1 国内外重点钢铁企业的用水情况

从"十五"开始，钢铁行业依靠技术进步和科学管理，通过采用节水新工艺、新技术，完善循环水系统、串接利用水资源、回收利用外排水、扩大非常规水源利用等措施，不断降低产品新水消耗，减少污水排放。我国钢铁工业的产量不断增长，企业用水总量也随之增加，但新水用量一直为负增长。从"十一五"开始，各大钢铁企业逐步采用先进的工艺技术，加强对各工序的用水节水的管理，同时开始重视将污水处理回用作循环冷却水系统的补充水使用，提高了水循环利用率，使得我国钢铁企业取新水量趋于平稳。水的重复利用率呈现上升趋势，从 2013 年的 97.57% 上升到 2015 年的 97.71%，提高了 0.14%。这些都说明我国钢铁企业节水工作取得了显著成绩。

从图 3-1~图 3-4 可以看出，"十一五"期间，我国钢铁企业用水量逐年下降，废水处理循环利用率不断提高，钢铁企业的吨钢耗水量降至 $151.80m^3$，吨钢耗水量下降 $80.12m^3$，下降幅度为 35.55%；吨钢新水耗量下降至 $4.5m^3$，下降幅度为 89.22%；废水重复率提高了 15.06%。

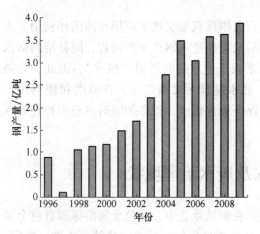

图 3-1   1996~2010 年钢铁企业钢产量

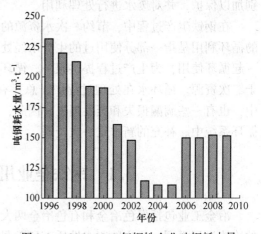

图 3-2   1996~2010 年钢铁企业吨钢耗水量

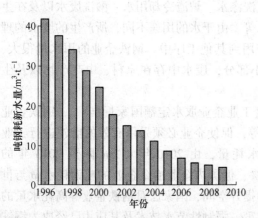

图 3-3   1996~2010 年钢铁企业吨钢耗新水量

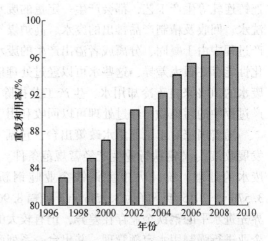

图 3-4   1996~2010 年钢铁企业水重复利用

以 2014 年为例，钢铁工业各项工作的重中之重是按照中央的统一部署化解过剩产能矛盾，努力实现清洁生产和污染治理水平显著提高，资源综合利用水平明显提升的目标。从 2014 年 2 月份统计数据来看，重点统计钢铁企业主要能耗和污染物排放指标延续了近年来持续下降的趋势。

（1）吨钢能耗持续降低。受粗钢产量增长影响，2014年1~2月份，重点统计钢铁企业总能耗同比增长1.10%，但吨钢综合能耗、吨钢电耗以及各工序吨钢能耗均呈下降趋势。其中，吨钢综合能耗同比下降1.61%，吨钢耗电同比下降0.16%，烧结、球团、焦化、炼铁、转炉炼钢、电炉炼钢、钢加工等工序吨钢能耗同比分别下降2.19%、4.31%、4.11%、0.88%、20.32%、7.25%、1.30%。

（2）水重复利用率稳步提高。2014年2月份，重点统计钢铁企业用水总量为58.50亿立方米，同比增加2886.06亿立方米，同比增长0.50%，环比增长2.23%。其中，取新水量为1.37亿立方米，同比减少372.24万立方米，同比下降2.64%，环比增长3.94%；重复用水量为57.13亿立方米，同比增加3258.19亿立方米，同比增长0.57%，环比增长2.19%；水重复利用率为97.65%，同比提高0.08%，环比降低0.04%；吨钢耗新水量为3.27m³/t，同比减少0.17m³/t，同比下降5.08%，环比下降0.91%。

2014年1~2月份，重点统计钢铁企业累计用水总量为121.19亿立方米，同比增加1.58亿立方米，同比增长1.32%。其中，累计取新水量为2.83亿立方米，同比减少742.01万立方米，同比下降2.56%；累计重复用水量为118.36亿立方米，同比增加1.65亿立方米，同比增长1.42%；水重复利用率为97.67%，同比提高0.09%；累计吨钢耗新水量为3.27m³/t，同比减少0.17m³/t，同比下降5.06%。

3.1.2　国内废水治理现状

德国和日本等工业发达国家钢铁工业用水量占工业总用水量的12%左右，我国钢铁工业用水的比例会比这个数高一些。因为我国钢产量已占世界钢产量的50%左右。我国钢铁企业用水指标均高于国外先进水平，且企业之间的差距较大，这就是钢铁企业的节水潜力。因此，无论是与国外先进水平比较，还是从国内各企业的用水水平比较，钢铁行业节水大有潜力。国外专家和学者认为，运用目前的技术和方法，完全可以在不影响经济发展和降低生活水平的前提下，工业用水可节约40%~90%。

国内外钢铁企业由于所采用技术的先进程度不同，因而其工业废水的治理现状也不同。就宝钢而言，2013年吨钢排废水量为0.55m³/t，吨钢用新水量为4.17m³/t，其废水治理技术已经达到了国际先进水平。但是，其他早期建设的钢铁企业由于技术改造不及时，在废水的治理技术上与国外先进水平相比，还有不同程度的差距。

钢铁企业在"十一五"期间，通过建立14个钢铁企业生产试验企业等方式，清洁生产和环境保护理念已经深入人心，并取得了显著的效果。钢铁企业已经着手制定清洁生产、环境保护与循环经济的发展规划，除了原有试验点以外，首钢、京钢、邯钢、太钢、湘钢、安钢、宣钢、宁波建龙、武钢、本钢、唐钢、梅钢、水钢、马钢等在"十一五"期间制定了清洁生产、环境保护与循环经济发展规划。推广实施了大量节水减排重点技术，具体体现在：

（1）提高水的利用效率。我国重点钢铁企业已基本消灭直排水。根据各工序、各设备对水的需求采用不同供水方式；采用了多级、串级供水模式来有效地提高水的利用效率；对污水处理工艺技术进行了优化，有效地提高了水的循环利用率。

（2）积极推广应用节水或不用水的工艺技术装备。近年来钢铁企业大量推广高炉煤气和转炉煤气干法除尘技术、干法熄焦技术等不用水的技术装备；以及轧钢加热炉汽化冷却技术、纯水循环冷却、喷雾型冷却塔等节水技术装备，大大减少了企业的用水量。

（3）应用多元化取水技术。随着天然水源的减少，污染程度的加重以及取水成本的提高，积极开发非常规水源是非常必要的。钢铁企业近年来积极开发利用非常规水资源，如总排口污水处理回用、城市中水、雨水、海水等。尤其总排口污水处理回用已经成为很多钢铁企业减少工业新水用的重要手段。

（4）强化串级用水，进行水的闭路循环利用。串级用水是指废水不回到原来的生产过程中使用，而是转送到可以接受的生产过程或系统中使用。串级用水过程中不需要对废水进行深度处理甚至不处理就能用于其他生产工序，实现了水的串级使用，也就实现了在更大范围内水的间接循环使用，可以减少水处理构筑物、节省占地、节能节水、甚至可以达到废水的"零排放"，是水处理中最简洁、最经济、最科学的一项技术。通过推广水的多级利用模式，可有效地提高水的利用效率。如工业水先应用于净循环冷却系统，净环系统排污水供给浊环水系统，浊环系统的排水经适当处理后供给冲渣、焖渣、料场抑尘等使用。宝钢、济钢等企业已经实现水的 4 级以上利用。

（5）建立企业多水种的循环用水模式。近年来，部分企业改变了大循环的用水模式，根据用户水质水量要求的不同，建立生活水循环、浊水循环、污水循环、工业水循环、纯水循环等多种根据水质建立的小循环，并且科学衔接每个系统之间水的流向，达到最大限度提高水利用率的目的。

（6）加强了蒸汽系统冷凝水回收的工作力度。蒸汽系统的冷凝水实际上是宝贵的纯净水，在钢铁企业生产中应用面广，且处理费用高。目前钢铁企业产生冷凝水的点多面广，有些点产生的量少，难以全面回收。但是不少企业已经着手开始进行冷凝水的回收工作。

（7）钢铁企业总排口综合污水处理技术的提高及推广应用。钢铁企业总排口综合污水深度处理及回用技术已经规范化，中冶建筑研究总院有限公司主编的国标《钢铁企业综合污水处理厂工艺设计规范》CGB 50672—2011）已于 2012 年 5 月 1 日由住房和城乡建设部批准开始施行。以多流向高效澄清–V 型滤池为前处理工艺，辅以超滤-反渗透双膜法深度处理钢铁企业综合污水的技术，在多家钢铁企业得到应用，污水处理全部回用，大大降低了企业的工业新水用量。

（8）逐步提高了循环冷却水系统的浓缩倍数。浓缩倍数是衡量节水的一个重要技术经济指标，浓缩倍数越高，所需补充的水量就越少，外排废水量也会减少，净环水中的药剂流失也会减少，节水效果也越好。钢铁企业在"十五"、"十一五"期间，不断提高循环冷却水系统的浓缩倍数，大部分企业的循环冷却水系统的浓缩倍数都由原先的 2 以下提高到 2 以上。

（9）用水管理机构及制度的建立。大部分钢铁企业逐渐建立了专职的司水机构，建立健全了用水管理规章制度，钢铁企业的用水和节水工作向实行标准化、规范化运行方向转变。

3.1.3 钢铁工业废水的分类和特点

钢铁工业废水通常按下述方法分为 3 类：

（1）按所含的主要污染物性质，可分为含有机污染物为主的有机废水和含无机污染物（主要为悬浮物）为主的无机废水以及仅受热污染的冷却水。

（2）按所含污染物的主要成分，可分为含酚氰污水、含油废水、含铬废水、酸性废水、碱性废水和含氟废水等。

（3）按生产和加工对象，可分为烧结厂废水、焦化厂废水、炼铁厂废水、炼钢厂废水和轧钢厂废水等。

钢铁工业废水的特点：

（1）废水量大，污染面广。钢铁工业生产过程中，从原料准备到钢铁冶炼以至成品轧制的全过程中，几乎所有工序都要用水，都有废水排放。

（2）废水成分复杂、污染物质多。钢铁工业废水的污染特征和主要污染物质，从中可以看出钢铁工业废水污染特征不仅多样，而且往往含有严重污染环境的各种重金属和多种化学毒物。

钢铁工业废水污染特征和主要污染物见表 3-1、表 3-2。

表 3-1 钢铁工业废水的污染特征

排放废水的单元（车间）	污染特征					
	浑浊	臭味	颜色	有机污染物	无机污染物	热污染
烧结	√		√		√	
焦化	√	√	√	√	√	
炼铁	√		√		√	√
炼钢	√		√			
轧钢	√		√		√	√
酸洗	√		√		√	
铁合金	√		√			

表 3-2 钢铁工业废水的主要污染物

排放废水的单元（车间）	主要污染物																
	酚	苯	硫化物	氟化物	氰化物	油	酸	碱	锌	镉	砷	铅	铬	镍	铜	锰	矾
烧结																	
焦化	√	√	√		√	√	√	√				√					
炼铁	√		√			√					√				√		
炼钢				√		√											
轧钢						√											
酸洗				√			√		√			√		√			
铁合金	√		√										√			√	√

（3）废水水质变化大，造成废水处理难度大。钢铁工业废水的水质因生产工艺和生产方式不同而有很大的差异，有的即使采用同一种工艺，水质也有很大变化。如氧气顶吹转炉除尘污水，在同一炉钢的不同吹炼期，废水的 pH 值可在 4～13 之间，悬浮物可在

250~25000mg/L 之间变化。间接冷却水在使用过程中仅受热污染，经冷却后即可回用。直接冷却水因与物料等直接接触，含有同原料、燃料、产品等成分有关的各种物质。由于钢铁工业废水水质的差异大、变化大，加大了废水处理工艺的难度。

我国钢铁企业的环境保护，经历近 40 年的钢铁企业的发展，已经发生了巨大变化，废水中污染排放物正在不断减少，保证了钢铁工业的持续发展。

根据 2015 年度会员钢铁企业节能减排统计简析，2015 年 12 月，统计的钢协会员生产企业外排废水同比下降 13.37%，环比下降 3.52%。外排废水中化学需氧量排放量同比下降 25.44%，环比下降 2.89%；氨氮排放量同比下降 31.27%，环比增长 1.85%；挥发酚排放量同比下降 15.06%，环比增长 6.79%；总氰化物排放量同比下降 30.49%，环比下降 28.16%；悬浮物排放量同比下降 24.35%，环比下降 4.02%；石油类排放量同比下降 25.82%，环比下降 4.39%。

2015 年，统计的钢协会员生产企业外排废水比 2014 年下降 10.87%。外排废水中化学需氧量排放量比 2014 年下降 25.7%，氨氮排放量比 2014 年下降 25.32%，挥发酚排放量比 2014 年下降 24.68%，总氰化物排放量比 2014 年下降 0.79%，悬浮物排放量比 2014 年下降 33.11%，石油类排放量比 2014 年下降 31.39%。

2016 年工业用水、外排废水及废水中主要污染物排放量继续降低。重点统计钢铁企业不断加大节水工作力度，从 2 月份统计数据来看，取新水总量、吨钢耗新水量、吨钢外排废水量等指标继续降低。外排废水中化学需氧量、氨氮、挥发酚、总氰化物、悬浮物、石油类等主要污染物排放量均较去年同期有较大幅度的下降，如挥发酚、总氰化物排放量同比下降幅度达到 20%以上，悬浮物排放量、石油类排放量同比下降幅度达到 10%以上。

3.2 烧结废水处理技术

钢铁工业对水的需求量十分庞大，废水的种类繁多且性质不同。在我国水资源十分匮乏的情况下，如何提高水资源的利用率，减少对水环境的污染，节约资源成为现代环境对企业提出的要求。因此，必须对废水采用新技术进行开发，必须对污水采取措施进行治理。钢铁企业生产过程中烧结厂的污水处理一直是一个技术性难题。在环境污染问题越来越被世界重视时期，我们应广泛研究并开发新技术。分析钢铁企业生产工艺对各类水的需求，研究烧结厂的废水处理方法以及废水处理技术的发展趋势。

3.2.1 烧结生产工艺和废水来源

烧结矿是高炉冶炼的主要原料，按照烧结过程的内在规律，合理确定生产工艺流程，充分利用现代的科学技术成果，采用新工艺新技术强化烧结生产过程，提高技术经济指标，实现高产、优质、低耗、长寿。烧结生产的流程由原料接收、储存与中和、熔剂、燃料的破碎、筛分、配料及混合料制备、烧结和产品处理等环节组成，如图 3-5 所示，通过原料的中和混匀，将多品种的粉矿和精矿经配料及混匀作业，将化学成分稳定、粒度组成均匀的混合矿送往烧结机点火烧结，烧结产品经过整粒筛分。目前，烧结车间基本设计三段混合：一段混合目的是加水润湿混匀；二段混合主要是制粒；三段混合主要完成混合料外配煤，即燃烧分加。

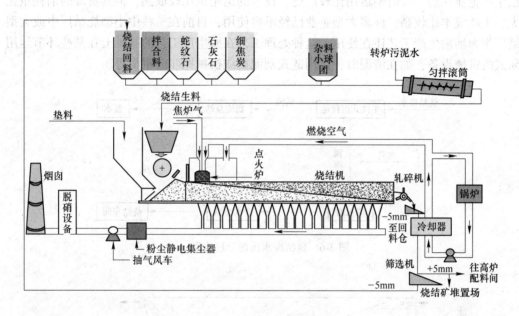

图 3-5　烧结矿生产流程图

烧结厂废水主要来自湿式除尘设备排水、洗地坪排水、设备冷却排水、胶带机冲洗水、煤气水封阀排水。此外还有少量的生活污水以及雨水排水。其中湿式除排水含有大量的悬浮物，需经处理后方可串级使用或循环使用，如果排放，必须处理到满足排放标准；冲洗地坪排水为间断性排水，悬浮物含量高，且含大颗粒物料，经净化后可以循环使用；设备冷却水，水质并未受到污物的污染，仅为水温升高（称热污染），经冷却处理后，一般都能回收重复利用。但是有时因受水量平衡限制，无法重复利用而外排；胶带机冲洗水，是在输送和配料过程中产生的废水；煤气水封阀排水，水中含有酚类等污染物，需要定期进行处理。

烧结厂的废水污染，主要是指含高悬浮物的废水，如不经处理直接外排则会有较大危害，且浪费水资源和大量可回收的有用物质。烧结厂废水经沉淀浓缩后污泥含铁量较高，有较好的回收价值。

烧结工序的生产废水含有大量粉尘，粉尘中含铁量一般占 40% ~ 50%，并含有 14% ~ 40% 焦粉、石灰料等有用成分。因此，烧结工序节水减排原则是一水多用，串级使用，循环使用，对废水进行有效的处理和回收利用，不仅能够实现废水的"零"排放，而且作为烧结球团配料，实现渣的"零"排放。

3.2.2　我国烧结厂废水处理方法

烧结厂处理废水既要达到处理后的水可循环使用，又要达到回收废水中固体物质的（简称矿泥）的目的，因此根据废水来源以用水要求选择适当的处理废水的工艺（见图 3-6）。目前，国内烧结厂治理污水通常应用以下几种工艺。

3.2.2.1　平流式沉淀池分散处理工艺

平流式沉淀池分散处理工艺（见图 3-7）是一种简单的、相对古老的处理工艺，我国钢铁生产企业在前一段时期运用比较广泛，技术的运用也比较成熟，但其资源的消耗量比较大，生产成本比较高。许多大型企业已经不再使用，目前在一些中小型烧结厂中或大型烧结厂作为辅助生产工艺还在使用。这种处理工艺在原生产工艺的基础上在某些环节运用了新式的机械设备，如在清泥时，运用链式刮泥机或机械抓斗起重机等。

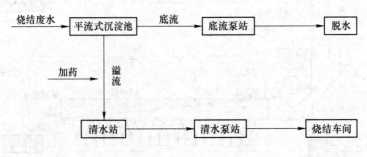

图 3-6　烧结废水沉淀处理流程

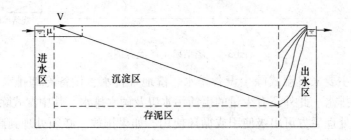

图 3-7　平流式沉淀池工作原理示意图

利用悬浮颗粒的重力作用来分离固体颗粒的设备称为沉淀池。平流沉淀池是一个底面为长方形的钢筋混凝土或是砖砌的、用以进行混凝反应和沉淀处理的水池。其特点是构造简单、造价较低、操作方便和净水效果稳定。

3.2.2.2　集中浓缩浓泥斗处理工艺

目前集中浓缩浓泥斗处理工艺（见图3-8）在实际运用中技术已经比较成熟，特别是在中小型烧结厂中的运用比较广泛。集中浓缩浓泥斗处理技术是将烧结厂排出的废水先引入到浓缩池，废水经过在浓缩池沉淀沉淀出沉泥，然后用砂泵将沉泥扬送到浓泥斗里，浓泥斗主要是架设在返矿皮带口的应用装置。一般情况下将污泥放在浓泥斗里静置 3~6 天的时间为最佳。主要是因为如果静置的时间较长，污泥会沉淀压实，在后面的排污环节造成污泥的排置困难；如果静置时间较短，会使污泥中含水铝过高，容易造成环境的污染。在现代的技术水平下，集中浓缩浓泥斗处理工艺是处理烧结厂废水比较高效的处理方式。

由图3-8可知，浓泥斗是架设在返矿皮带机上的一种污水处理装置（见图3-9），经浓泥斗浓缩后的泥垢，一般以静止存留 3~6 天，时间越长能够使污泥经重力作用压实，容易造成排泥困难。时间的长短决定浓泥斗的沉淀效果，生产实践可以证明，浓泥斗的沉淀效率能够达到80%以上，一般为 60%~70%，排泥浓度达到80%，澄清水中颗粒悬浮物含量一般在 500mg/L 左右。

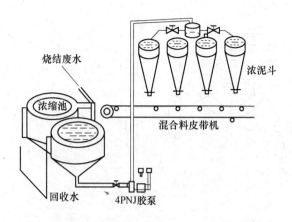

图 3-8 集中浓缩浓泥斗处理工艺

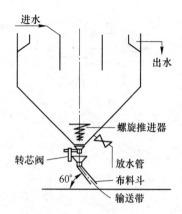

图 3-9 污泥斗构造原理图

3.2.2.3 浓缩池-水封拉链机处理与回用工艺

烧结厂各车间分别将污水扬送到浓缩池，浓缩池的溢流水供循环使用，浓缩后的底部污泥排往拉链机中，沉淀的污泥由拉链机送到返矿皮带上，送往混合配料室，拉链机中溢流水将会返回浓泥池中，处理后的污泥含水量能够达到 20%～30%。

浓缩池-水封拉链机处理系统简单（见图 3-10），易于操作，运行费用低，由于从浓缩池-水封拉链拉出的矿泥浓度比较低，含水量比较低，易于返矿皮带上产生溢流水，影响回收效率。当烧结厂对水质排放或者循环利用有更高的要求。

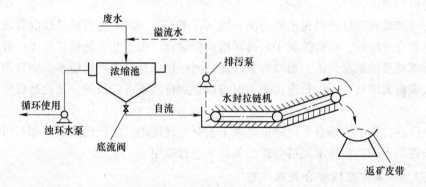

图 3-10 浓缩池-水封拉链机处理工艺

考虑到烧结厂的污水不平衡性，冲洗地坪时污水量增加很多。因此，当采用集中浓缩池方案时，其砂泵矿浆仓容积适当增大，以保证冲洗时不会产生大量溢流现象。浓缩池可以采用地面或高架式，但对于设备维修采用高架式具有明显的优势，但对基础建设投资较高。

3.2.2.4 集中浓缩真空过滤（或压滤）工艺

集中浓缩真空过滤工艺（见图 3-11）与集中浓缩处理一部分处理工艺相同，主要是在前半部分的处理方式相同，而后半部分污泥处理则主要采用真空压滤机。通过近几年工业运用的实际操作来看，带式压滤机在烧结厂的污泥处理工艺运用方面运用具有较好的效果，这也为以后的设计和研发提供了新的选择方式。

浓缩池的底流污泥用胶泵扬送到真空过滤机进行脱水，一般都采用外滤式真空过滤

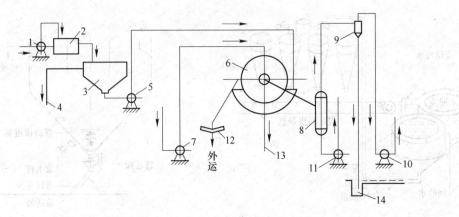

图 3-11　集中浓缩真空过滤（或压滤）工艺

1—污水泵；2—矿浆分配箱；3—浓缩池；4—循环水；5—泥浆泵；6—真空过滤机；7—空压机；
8—滤液罐；9—汽水分离器；10—真空泵；11—滤液泵；12—皮带机；13—回浓缩池；14—水

机。近年来的设计生产中，有的烧结厂采用压滤机或算条式过滤机进行污泥脱水，也都收到较好的效果。

　　但是实践证明，由于烧结厂的污泥颗粒细而黏，渗透性差，致使真空过滤机的过滤速度小，脱水效率低。一般经真空过滤机脱水后的污泥，其含水率仍高达 30%~40%，影响了污泥的运输和利用。因此，凡采用外滤式真空过滤机脱水时，应注意适当提高功率，使其真空度得到增加。

　　采用外滤式真空过滤机脱水的污泥，因其含水率高，故不宜直接送往混合或配料，但可送往精矿仓库堆放，经自然脱水后再同精矿粉混合。由于北方的精矿仓库一般都设有厂房，内部都有渗流排水设施，所以有条件使污泥在精矿仓库内堆放脱水。而在南方的精矿仓库，大多露天堆放，所以每逢雨季不但难以达到自然脱水的目的，还会造成环境的二次污染。

　　综上所述，集中浓缩真空过滤机处理工艺对处理烧结厂生产的废水，都是可行的，应该根据条件的不同，在技术经济合理的条件下进行选用。

3.2.2.5　集中浓缩综合处理工艺

　　集中浓缩综合处理是烧结厂废水处理的较先进的工艺。特点主要是按着水质不同，采用不同的措施，以达到有效的重复利用，减少废水的排放。

　　集中浓缩真空过滤脱水，转筒干燥处理流程不仅仅可以达到烧结厂废水的大部分或全部回收利用，而且废水中的污泥也可以得到综合利用，实现烧结生产过程中废水的"零"排放，我国部分烧结厂已经安装此设备，如鞍钢第二、三烧结厂都采用此处理方式，详情如图 3-12 所示。

　　从图 3-13 可知，首先，烧结厂的设备低温冷却水用过之后，水质上变化不大，仅有一定程度上的水温升高，经过冷却后可以循环使用，而对于循环冷却水损耗，则可以补充些新水或者生活水；其次，对于水温升高较大并部分被污染的设备冷却水，例如，点火系统、隔热板、箱式水幕等，则可以不用冷却直接供给一、二次混合室，配料室以及除尘设备或者冲洗地坪用水。

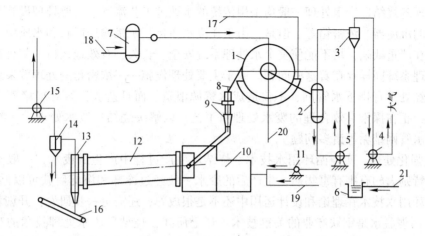

图 3-12　集中浓缩真空过滤脱水，转筒干燥处理流程

1—真空过滤器；2—滤液罐；3—汽水分离器；4—真空泵；5—滤液泵；6—水封槽；7—空气罐；
8—溜槽；9—漏斗及翻板阀；10—燃烧室；11—鼓风机；12—转筒干燥机；13—集灰斗；14—旋风分离器；
15—抽风机；16—皮带机；17—浓缩池泥浆；18—压缩空气管；19—回浓缩池；20—排水；21—补充水

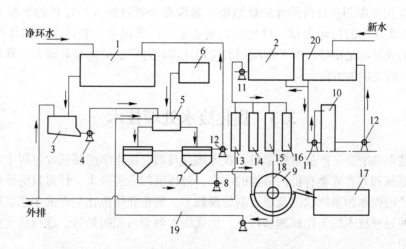

图 3-13　集中浓缩综合处理工艺流程

1—除尘及冲洗水；2—设备冷却水；3—矿浆仓；4—污水泵；5—矿浆分配箱；6—絮凝剂投药设施；
7—浓缩池；8—泥浆泵；9—真空过滤机；10—冷却设施；11—水泵；12—循环水泵；13—除尘用水；
14——次混合用水；15—二次混合用水；16—配料室用水；17—污泥综合利用；
18—压缩空气管；19—回浓缩池；20—空气淋浴冷却用水

总之，集中浓缩综合处理工艺是处理烧结厂生产废水比较全面而且有效的污水处理方式。由于根据烧结厂生产的废水的不同特点进行分类处理，在很大限度上增加循环水的使用率，实现烧结厂废水的"零"排放。一般条件下，经过集中浓缩综合处理后都可以满足生产用水的供应要求和外排水的排放标准指标。

3.2.3　烧结厂废水处理技术及发展趋势

烧结工业废水处理在国内还没有取得令人满意的效果，主要存在着处理工艺和设施上的不足。现各烧结厂废水处理一般均采用传统的水处理工艺流程,主要处理设施有机械或人工清泥的沉淀器、浓密箱等。但是,由于在废水净化、矿浆输送回收和水质稳定等主要环节上存在严重缺陷,均不能使整个水处理系统安全、长久、有效地运行。某企业烧结厂原废水处理系统同样存在着这些问题。由于主要处理设施——浓密箱的处理效果差和大部分废水未经处理直排下水管网,不仅造成水资源浪费,而且造成厂区管渠堵塞,污染环境。对此,正在探索有效合理的废水处理新工艺,以解决烧结厂废水处理后泥浆输送困难、循环水管网结垢等诸多问题。

(1)强化处理,实施循环用水技术。烧结厂生产过程中产生的废水,一般不含有对环境污染特别大的有害有毒物质,生产后的废水一般经过冷却和沉淀后就可以循环利用。现代的循环用水技术在理论和设计运用中还不是很成熟,还需进一步研发,开创新技术。

(2)污泥脱水是钢铁产业的关键技术。如上所述,烧结厂废水处理技术的难点是泥浆的脱水。按照国际污水处理的基本水平,烧结厂烧结生产工艺要求加入混合配料到污泥含水率不大于12%,在当前的生产工艺水平下污泥脱水是很难达到的。如果采用其他加热措施予以推广,不具有经济上的可行性,所以在过滤和压滤的生产工艺中,必须加强效果。通过引进先进技术和先进药物处理措施等,提高污泥脱水的生产工艺和经济价值。

(3)应用絮凝剂。目前国外的烧结废水处理都是通过加入一定量的絮凝剂,通过化学反应降低废水中的污泥含量,以便提高出水水质。我国也在尝试引入国外的先进絮凝剂,但应用效果不是很好。对于絮凝剂的应用还需经过广泛的实验和研究,开发研制新的絮凝剂是以后发展的方向。

3.3　焦化废水处理技术

焦炭是钢铁冶金生产的重要原料,在炼焦及其副产物化学产品回收过程中产生大量的高浓度含氨氮和芳香族类有机污染物的污水,对环境的危害极大。针对目前炼焦及化学产品回收生产的废水污染物状况及现行的处理技术,侧重介绍焦化生产的工艺流程,讲述焦化废水各种处理技术的工作原理和特点,焦化废水剩余污泥的处置,进行焦化废水的综合治理与回用。

焦炭主要用于高炉炼铁和用于铜、铅、锌、钛、锑、汞等有色金属的鼓风炉冶炼,起还原剂、发热剂和料柱骨架作用。炼铁高炉采用焦炭代替木炭,为现代高炉的大型化奠定了基础,是冶金史上的一个重大里程碑。为使高炉操作达到较好的技术经济指标,冶炼用焦炭(冶金焦)必须具有适当的化学性质和物理性质,包括冶炼过程中的热态性质。焦炭除大量用于炼铁和有色金属冶炼(冶金焦)外,还用于铸造、化工、电石和铁合金,其质量要求有所不同。

炼焦化学工业是煤炭的综合利用工业。煤在炼焦过程中除了75%左右变成焦炭外,还有剩余的25%生成各种化学产品及煤气。将各种经过洗选的炼焦煤按一定比例配合后,在炼焦炉内进行高温干馏,可以等到焦炭和粗煤气。将粗煤气进行加工处理,可以得到多种化工产品和焦炉煤气。焦炭是炼铁的燃料和还原剂,它能将氧化铁还原成生铁。焦炉煤气热值高,是钢铁厂生产及民用的优质原料,又因其含氢量多,也是生产合成氨的原料。

3.3.1 炼焦生产工艺

烟煤在隔绝空气的条件下，加热到950～1050℃，经过干燥、热解、熔融、黏结、固化、收缩等阶段最终制成焦炭，这一过程称高温炼焦（高温干馏）。由高温炼焦得到的焦炭用于高炉冶炼、铸造和气化。炼焦过程中产生的经回收、净化后的焦炉煤气既是高热值的燃料，又是重要的有机合成工业原料。因此，高温冶炼是煤综合利用的重要方法之一。

焦炭主要应用于高炉炼铁。煤气可以用来合成氨，生产化学肥料或者做加热燃料。炼焦所得到的化学产品种类很多，特别是含有多种芳香族化合物，主要有硫铵、吡啶胺、笨、甲苯、二甲苯、酚和沥青等。炼焦化学工业提供农业需要的化学肥料和农药，生产合成纤维的原料苯、塑料和制备炸药的原料酚以及医药的原料吡啶碱等。

焦化生产的主要任务是生产优质的冶金焦供高炉冶炼使用，同时，回收焦炉煤气及焦炉煤气中的化工产品。焦化生产工艺流程有多种，一般由备煤车间、炼焦车间、回收车间、焦油加工车间、苯加工车间、脱硫车间和废水处理车间组成。其主要生产流程如图3-14所示。

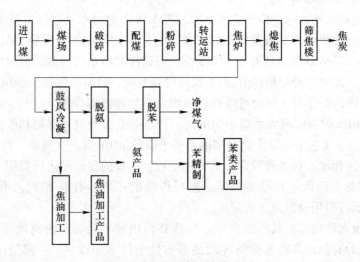

图 3-14 焦化生产工艺流程图

根据焦炉本体和鼓冷系统流程图，从焦炉出来的荒煤气进入鼓冷系统之前已被大量冷凝成液体；同时，煤气中夹带的煤尘、焦粉也被捕集下来，煤气中的水溶性成分也融入氨水中。焦油、氨水以及粉尘和焦油渣一起流入机械化焦油氨水分离池，分离后氨水循环使用，焦油送去集中加工，焦油渣可回配到煤料中，炼焦煤气进入初冷器被直接冷却或间接冷却至常温，此时，残留在煤气中的水分和焦油被进一步除去。出初冷器后的煤气经机械捕焦油使悬浮在煤气中的焦油雾通过机械的方法除去，然后进入鼓风机被升压至19600Pa（2000mmH$_2$O）左右。为了不影响以后的煤气精制操作，使煤气通过电捕焦油器除去残余的焦油雾；为了防止萘在低温时从煤气中结晶析出，煤气进入脱硫塔前设洗萘塔用洗油吸收萘，在脱硫塔内用脱硫剂吸收煤气中的硫化氢。与此同时，煤气中的氰化氢也被吸收；煤气中的氨则在吸氨塔内被水或水溶液吸收产生液氨或硫铵。煤气经过吸氨塔时，由于硫酸吸收氨的反应是放热反应，煤气的温度升高，为了不影响粗苯回收的操作，煤气经终冷塔降温后进入洗苯塔内，用洗油吸收煤气中的苯、甲苯、二甲苯以及环戊二烯等低沸点的碳氢化合物和苯乙烯、萘、古马隆等高沸点的物质，与此同时有机硫化物也被除去。

3.3.2 焦化废水处理技术

3.3.2.1 两端生物法

两端生物法即 AB 法，是吸附生物降解工艺的简称，是联邦德国亚琛工业大学 B. Bohnke 教授在 20 世纪 70 年代中期所发明的，80 年代开始应用于工程实践。该法属超高负荷活性污泥法，该工艺不设初沉淀池，由 A、B 两端组成。A 段为吸附段，该段曝气池具有很高的有机负荷，F/M>2kgBOD$_5$/（kgMLSS·D）（一般为 2~6），在缺氧（兼性）条件下工作，BOD$_5$ 去除率为 40%~70%，SS 去除率可达 60%~80%；B 段曝气池在低负荷率下工作，F/M<0.15 kgBOD$_5$/（kgMLSS·D），二段活性污泥各自回流。A、B 两段的 BOD$_5$ 去除率约为 90%~95%，COD 去除率约为 80%~90%，TP 去除率可达 50%~70%，TN 的去除率约为 30%~40%，较普通活性污泥法脱氮除磷效率高，但不能达到防止水体富营养化的氮、磷排放标准。因此，可以将 B 段改造设计为强化的脱氮、除磷工艺，使之成为 A+AO 的脱氮除磷工艺。

AB 法不设初沉池，这是由于进入 AB 工艺 A 段中的污水是直接由排水管网输送过来的，含有大量活性很强的细菌及微生物群落，它们与污水中的悬浮物和胶体组成悬浮物-微生物共存体，其絮凝性和黏附力大大增强。当这样的污水与回流污泥混合后，相互间发生絮凝和吸附，此时，难降解的悬浮物-胶体得到絮凝、吸附、黏结，经沉降后与水分离。同时，A 段活性污泥还对一部分可溶性有机物具有生物降解作用。这样，在 AB 工艺的 A 段中，SS 及 BOD$_5$ 的去除率大大高于初沉池。正是由于 A 段对悬浮物和胶体有机物较彻底去除，使整个 AB 工艺中以非生物降解的途径去除的 BOD$_5$ 量大大提高，所以，AB 法与普通的生物处理法相比，在处理效率、运行稳定性、工程的投资和运行费用方面均具有明显的优势。据推算，两段生化法的 AB 工艺与传统的一段生化法相比，可节约基建费用 15%~25%，运行费用也得以大大降低。

AB 法出水水质稳定，其原因在于：一是 B 段内原生动物对游离微生物的吞噬作用；二是污水极高的有机污染物负荷经 A 段的兼容性条件下处理后，一部分结构复杂、难生物降解的有机物经酸化水解转变为结构简单、可生物降解的物质；三是 A 段和 B 段的污泥具有良好的沉降性能，A 段 SVI<60，B 段 SVI<100。因此，AB 法的中沉池和终沉池的 HRT 比传统一段生化法的初沉池和二沉池的 HRT 要短，降低了基建的费用。AB 的工艺流程如图 3-15 所示。

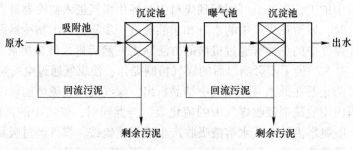

图 3-15 AB 法基本流程

3.3.2.2 延时曝气法

延时曝气法（Extended Aeration）是波杰斯等人提出来的，延时曝气法又称完全氧化活性污泥法，是普通活性污泥法一种改型，为长时间曝气的活性污泥法。它是通过延长曝气时间，使微生物处于内源呼吸阶段，污水中有机污染物最大限度地被微生物所利用。由于将微生物控制在内源呼吸阶段，使得该工艺系统大大地减少了剩余污泥量，同时，在这一过程中产生的污泥通常是稳定的。

该方法的特点是曝气时间很长，一般达 24h 甚至更长时间；曝气池中 MLSS 较高，可达到 3000~6000mg/L；有机负荷低；系统中的活性污泥不但能去除污水中的有机污染物，而且在时间和空间上，活性污泥部分处于内源呼吸阶段，能氧化分解转移到污泥中的有机质和合成的细胞物质，因此，剩余污泥量很少。同时，由于微生物量大、浓度高，可适应污水一定范围内的水质、水量变化。其缺点是占地面积大，曝气动力消耗高，运行时曝气池内的活性污泥易产生部分老化现象而导致二沉池出水有污泥流失。

延时曝气法设计原理简单，微生物可充分地将污水中较复杂的大分子有机物分解，适合应用于有机物含量高的工业污水处理。20 世纪 80~90 年代，延时曝气工艺在我国焦化行业的污水处理领域得到了广泛应用，如由鞍山焦化耐火材料设计研究总院改造设计的鞍钢化工总厂炼焦与化产回收生产废水处理站，就是采用延时曝气工艺代替普通的活性污泥法，解决了该厂污水处理酚、氰长期不达标的难题，出水酚、氰化物浓度在 0.1~0.2mg/L 左右。

3.3.2.3 传统生物脱氮工艺

在焦化行业废水处理中采用的普通活性污泥法、AB 法和延时曝气法等仅是对含碳污染物具有大幅度去除的功能，而对于焦化废水所含的高浓度含氮污染物去除率很低，不能满足国家规定的污染物综合排放标准。因此，需要对焦化废水中的含氮污染物进行强化处理。

一般地，污水中的氮以有机氮、氨氮、亚硝酸盐和硝酸盐四种形式存在。在焦化废水中，氮主要以氨氮、有机氮、氰化物和硫氰化物的形式存在，氨氮占总氮的 60%~70%，氰化物、硫氰化物及绝大部分有机氮也能在微生物的作用下转化为氨氮。因此，焦化废水中氮的去除都是由氨氮经一系列微生物作用，发生生化反应转化为 N_2 等气体形式，从水中散逸出去而被去除。

焦化废水传统的生物脱氮工艺，即全程硝化-反硝化生物脱氮技术是在 20 世纪 70 年代于加拿大开始实验室的实验研究的。20 世纪 80 年代，英国 BSC 公司将该技术投入生产应用。我国的焦化废水生物脱氮技术研究始于 20 世纪 80 年代末 90 年代初，90 年代中期取得了传统生物脱氮技术，即全程硝化-反硝化生物脱氮技术的研究成功，开发了焦化废水生物脱氮的 A/O、A^2/O 等工艺。同时，采用上述工艺，在上海宝钢、山东薛城等焦化厂污水处理站投入生产实际应用，取得了良好的运行效果。传统的生物脱氮工艺对氮的去除主要是靠微生物细胞的同化作用将氨转化为硝态氮形式，再经过微生物的异化反硝化作用，将硝态氮转化成氮气从水中逸出。生物脱氮过程如图 3-16 所示。

A 传统生物脱氮机理

传统生物脱氮理论认为生物脱氮主要包括硝化过程和反硝化过程两个生化过程，并由

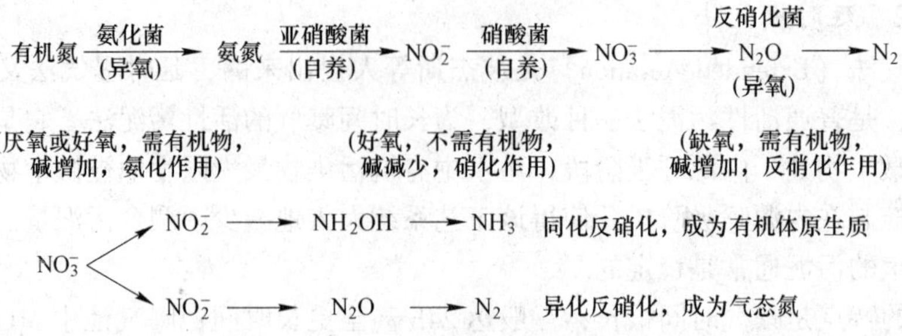

$$有机氮 \xrightarrow[\text{（异氧）}]{\text{氨化菌}} 氨氮 \xrightarrow[\text{（自养）}]{\text{亚硝酸菌}} NO_2^- \xrightarrow[\text{（自养）}]{\text{硝酸菌}} NO_3^- \xrightarrow[\text{（异氧）}]{\text{反硝化菌}} N_2O \longrightarrow N_2$$

（厌氧或好氧，需有机物，　　　（好氧，不需有机物，　　　（缺氧，需有机物，
碱增加，氨化作用）　　　　　碱减少，硝化作用）　　　　碱增加，反硝化作用）

$$NO_3^- \Bigg\langle \begin{array}{l} NO_2^- \longrightarrow NH_2OH \longrightarrow NH_3 \quad 同化反硝化，成为有机体原生质 \\ NO_2^- \longrightarrow N_2O \longrightarrow N_2 \quad 异化反硝化，成为气态氮 \end{array}$$

图 3-16　生物脱氮过程

有机氮氨化、硝化、反硝化及微生物的同化作用来完成。氨化作用是将有机氮在生物处理稳定化过程中氧化为氨氮，污水中的有机氮主要以蛋白质和氨基酸的形式存在。蛋白质可以作为微生物的基质，它在蛋白质水解酶的催化作用下水解为氨基酸，氨基酸在脱氨基酶作用下产生脱氨基作用，使有机氮转化为氨氮。硝化作用是由两组自养型好氧微生物通过两个过程来完成：第一步是亚硝酸菌（包括亚硝酸单胞菌属、亚硝酸螺杆菌属和亚硝酸球菌属）将氨氮氧化成亚硝酸盐氮；第二步是硝酸菌（包括硝酸杆菌属、螺旋菌属和球菌属）将亚硝酸盐转化为硝酸盐，这两组菌统称为硝化菌。

反硝化作用是由异养兼性微生物完成的。在有分子氧存在时，反硝化菌氧化分解有机物，利用氧分子作为最终电子受体；无氧分子存在时，反硝化菌是以硝酸亚硝酸根为电子受体，O_2^- 为受氢体生成 H_2O 和 OH^-，有机物作为碳源和电子供体提供能量并得到氧化稳定。反硝化过程中，硝酸根和亚硝酸根的转化是通过反硝化菌的同化作用和异化作用共同完成的：同化作用是硝酸根和亚硝酸根被还原为 NH_4^+，用以新细胞的合成；异化作用是硝酸根、亚硝酸根被还原为 N_2 或 N_2O、NO 等气态物，主要为 N_2。

传统硝化-反硝化脱氨过程中的微生物，硝化过程中由两种细菌参与：一是氨氧化菌（Ammonia-oxidizing bacteria），即其生化过程是将 NH_4^+ 转化为 NO_3^-，主要包括亚硝酸盐单孢菌属和亚硝酸盐球菌属；二是亚硝酸盐氧化菌（Nitrite-oxidizing bacteria），即其生化反应是将 NO_2^- 转化为 NO_3^-，主要包括硝酸杆菌属、螺旋菌属和球菌属。硝化菌的主要特点是自养型，生长率低，好氧性，对环境因素十分敏感，其具体见表 3-3。

表 3-3　亚硝酸菌和硝化菌的特征

项目	亚硝化菌	硝化菌	项目	亚硝化菌	硝化菌
细胞形状	椭球或棒球	椭球或棒球	时代周期/h	8~36	12~59
细胞尺寸/μm	1.0×1.5	0.5×1.0	自养型	专性	专性
革兰氏染色	阴性	阴性	需氧型	严格好氧	严格好氧

B　传统生物脱氮工艺

在传统生物脱氮机理上构建一系列的生物脱氮技术，如 A/O 生物脱氮工艺、A²/O 生物脱氮工艺等。

A/O（缺氧-好氧）工艺，A/O（Anoxic/Oxic）工艺开创于 20 世纪 80 年代，它将缺氧反硝化反应池置于该工艺之首，所以又称为前置反硝化生物脱氮工艺，A/O 工艺有内循环和外循环两种形式，如图 3-17 和图 3-18 所示。

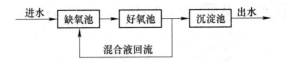

图 3-17 A/O（外循环）生物脱氮工艺流程

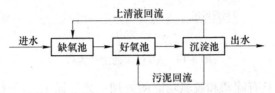

图 3-18 A/O（内循环）生物脱氮工艺流程

A/O 工艺的特点是原废水先经缺氧池，再进好氧池，并将经好氧池硝化后的混合液回流到缺氧池（外循环）；或将经好氧池硝化后的污水回流到缺氧池，而将二沉池沉淀的硝化污泥回流到好氧硝化池（内循环）。

在 A/O 生物脱氮系统中，缺氧池和好氧池可以是两个独立的构筑物，也可以合建在同一个构筑物内，用隔板将两池隔开。在 O 段好氧池中，由于硝化作用，NH_4^+-N 的浓度快速下降，而 NO_3^--N 的浓度不断上升，COD 和 BOD 也不断下降。在 A 段缺氧池中，NH_4^+-N 浓度有所下降，主要由于反硝化菌的微生物细胞合成；由于反硝化过程中利用了原污水的有机物为碳源，故 COD 和 BOD 均有所下降；在反硝化菌的作用下，NO_3^--N 的含量明显下降，氮得以脱除。在 A/O 脱氮工艺中，混合液回流比的控制是较为重要的，若控制过低，则将导致缺氧池中 BOD/NO_3^--N 过高，从而使反硝化菌无足够的 NO_3^- 作电子受体而影响反硝化速率；若控制过高，则将导致 BOD/NO_3^--N 过低，从而使反硝化菌无足够的碳源作为电子供体而抑制反硝化菌的脱氮作用。

A/O 外循环工艺。A/O 外循环工艺是将缺氧段（A）置于好氧段（O）前，A、O 段均采用悬浮污泥法。O 段的泥水混合液由回流泵送至 A 段，并完成反硝化。该工艺的优点是不必向 A 段投加甲醇等有机物，构筑物也有所减少，但存在的最大问题是系统中的活性污泥处于缺氧、好氧的交替状态，恢复活性所需的时间会影响其处理效果。

A/O 内循环工艺。A/O 内循环工艺是 A/O 工艺的改进型。缺氧段（A）采用半软性填料式生物膜反应器，硝化段为悬浮污泥系统，回流采用内循环，即污泥回流到 O 段，而回流废水进入 A 段。这样，克服了 A/O 外循环工艺活性污泥交替处于缺氧、好氧状念，致使污泥活性受抑制的缺点，但也存在二沉池增大、占地和投资增加的问题。宝钢化工公司采用 A/O 内循环工艺已运行多年，处理效果良好。为克服二沉池容积大、占地面积大的缺点，可在 O 段采用膜法工艺，即在 O 段加设软性填料，曝气采用穿孔管，提高氧的供给效率。经改进后，该工艺在某煤气厂污水处理站投入使用，效果良好。

A^2/O 生物脱氮法。A^2/O（Anaerobic-Anoxic-Oxic）工艺是在 20 世纪 70 年代，由美国的一些专家在厌氧-好氧法脱氮工艺的基础上开发的污水处理工艺，旨在能同步去除污水中的氮和磷，尤其是对愈加严重的富营养化污染的水体。因它特有的技术经济优势和环境效益，越来越受到人们的高度重视，现已为具有脱氮除磷要求的城市污水处理厂所广泛

采用的 A^2/O 工艺处理城市污水有其特有的优势，但同样存在着缺陷和不足。因此，许多研究者提出了诸多改进措施，从而完善了 A^2/O 工艺（工艺流程见图 3-19）。

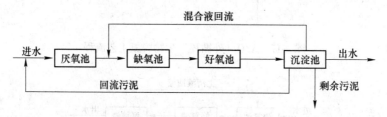

图 3-19　A^2/O 工艺生产流程

A^2/O 是一种同时具有除磷和脱氮功能的处理工艺。该工艺的优点是厌氧、缺氧、好氧三种不同的环境条件和不同种类微生物菌群的有机配合，能同时具有去除有机物、脱氮除磷的功能；在厌氧—缺氧—好氧交替运行下，丝状菌不会大量繁殖，SVI 一般小于 100 不会发生污泥膨胀；污泥中磷含量比较高，一般为 2.5% 以上；厌氧—缺氧池只需轻缓搅拌，使之混合，而以不增加溶解氧为限；沉淀池要防止出现厌氧、缺氧状态，以避免聚磷菌释放磷而降低出水水质，以及反硝化产生 N_2 而干扰沉淀；脱氮效果受混合液回流比大小的影响，除磷效果则受回流污泥中，夹带 DO 和硝酸态氧的影响，因而脱氮除磷效率不可能很高。其突出缺点是很难同时取得比较好的脱氮除磷效果，原因是该流程回流污泥全部进入厌氧段，为了使系统维持在较低的污泥负荷下运行，以确保硝化过程的完成，则要求采取较大的回流比（一般为 60% ~ 100%，最低也应在 40% 以上），这样系统硝化作用良好；由于回流污泥也将大量硝酸盐带回厌氧池，而磷又必须在混合液中存在快速生物降解溶解性有机物及在厌氧状态下才能被聚磷菌释放出来。但当厌氧段存在大量硝酸盐时，反硝化菌会以有机物作为碳源进行反硝化，等脱氮完全后才开始磷的厌氧释放，这就使得厌氧段进行磷的厌氧释放有效容积大大减小。从而使得除磷效果较差，而脱氮效果较好，焦化废水中没有磷元素污染的存在。因此，采用 A^2/O 对焦化废水进行处理，取得较好的处理效果。杨晓奕等人采用混凝+A^2/O 工艺处理腈纶废水，进水氨氮浓度 60mg/L，出水氨氮浓度未能检出。张敏等人通过实验发现，A^2/O 生物膜系统中每段的生物固体浓度都远高于悬浮系统，氨氮和 COD 的去除率分别高达 98.8% 和 92.4%。

3.3.2.4　SBR 生物脱氮工艺

SBR（Sequencing batch reactor）是序批式活性污泥法的简称，是早期充排式反超器（fill-draw）的一种改进，比连续活性污泥法出现的更早，是早在 1914 年英国学者 Ardern 和 Lockett 发明活性污泥法时首先采用的水处理工艺，但由于当时运行管理条件限制而被连续流系统所取代。随着自动控制水平的提高，SBR 法又引起人们的重新重视，并对它进行了更加深入的研究与改进。20 世纪 70 年代初，美国 Natre Dame 大学的 R. Irvine 教授采用实验室规模对 SBR 工艺进行了系统深入的研究，逐渐在世界各国受到了普遍的重视。到了 80 年代，随着各种新型不堵塞曝气器、新型浮动式出水堰和监测控制的硬件设备和软件技术的出现和发展，特别是在计算机和生物量化技术的支持下，才真正显示出优势并陆续得到开发和应用。并于 1980 年在美国环保局（EPA）的资助下，在印地安纳州的 Culver 城改建并投产了世界上第一个 SBR 法污水处理厂。

澳大利亚的污水处理以采用 SBR 工艺所著称。近十几年来，建成 SBR 工艺污水处理厂 600 余座，其中，中型和大型污水处理厂应用已经日益增多，并且开始兴建日处理量 $21×10^4t$ 的大型 SBR 工艺污水处理厂。

我国也于 20 世纪 80 年代中期开始了对 SBR 工艺进行研究，迄今应用已比较广泛。目前，多座城市污水处理厂采用 SBR 工艺处理城市生活污水和工业生产废水的混合污水，处理效果较好。如昆明市日处理污水量最高可达 $30×10^4t$ 的第三污水处理厂，采用 ICEAS 技术（SBR 法的发展工艺），自投产以来，运行正常，出水水质稳定，达到了设计标准。天津经济技术开发区污水处理厂所采用的 DAT-IAT 工艺是一种 SBR 法的变形工艺，该污水处理厂是我国目前最大的城市 SBR 法污水处理厂。正在兴建的广州市猎德污水处理厂二期工程采用 SBR 的新式变形工艺 UNITANK 工艺；广州兴丰垃圾卫生填埋厂渗滤液处理回用系统采用经典的 SBR 工艺，并应用了自动化控制技术。

传统活性污泥法的曝气池，在流态上属推流，在有机物降解方面也是沿着空间而逐渐降解的，而 SBR 工艺的曝气池，在流态上属完全混合，在有机物降解方面却是时间上的推流，有机物是随着时间的推移而被降解的。SBR 本质上仍属于活性污泥法的一种，它是由 5 个阶段组成，即流入（fill）、反应（react）、沉淀（settle）、排水（decant）、闲置（idle），从污水流入开始到待机时间结束算一个周期。一切过程都在一个设有曝气或搅拌装置的反应池内进行，这种周期周而复始反复进行（见图 3-20）。SBR 工艺在运行过程中，各阶段的运行时间、反应器内混合液体积的变化以及运行状态，都可以根据具体污水的性质、出水水质、出水质量与运行功能要求等灵活变化，对于 SBR 反应器来说，只是时序控制，无空间障碍，所以可以灵活操作。

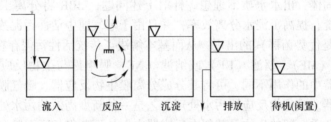

流入　　反应　　沉淀　　排放　　待机(闲置)

图 3-20　SBR 的基本运行模式

SBR 工艺处理污水中有机物的机理与普通活性污泥法工艺相同，不同之处是 SBR 工艺处理污水是在一个反应池中周期进行，即将原普通活性污泥法工艺中的调节池、初沉池、曝气池和二沉池并为一个池作为反应池进行周期处理，省去了污泥回流系统等，操作简单。

SBR 工艺与连续流活性污泥工艺相比具有如下特点：

（1）工艺系统组成简单，不设二沉池，曝气池兼具二沉池的功能，无污泥回流设备。

（2）耐冲击负荷，在一般情况下（包括工业污水处理）无须设置调节池。

（3）反应推动力大，易于得到优于连续流系统的出水水质。

（4）运行操作灵活，通过适当调节各单元操作的状态可达到脱氮除磷的效果。

（5）污泥沉淀性能好，SVI 值较低，能有效防止丝状菌膨胀。

（6）各操作阶段及各项运行指标可通过计算机加以控制，易于维护管理。

3.3.2.5　MBR 生物脱氨工艺

膜生物反应器（Mernbrane bioreactor，MBR）是由膜分离技术和生物反应器相结合形成的生物化学反应系统，该系统在水处理中的应用及其研究正备受人们关注。膜生物反应器技术的研究自 20 世纪 60 年代开始，到 80 年代中后期发展很快，多种类型的膜生物反应器相继出现。国外对膜生物反应器的研究已经进入到工业化生产应用研究阶段。国内近年来在膜生物反应器方面的研究也成果显著，随着研究的深入、认识的加深，膜生物反应器将会在水处理中得到越来越广泛的应用。

膜生物反应器技术是将膜分离技术与传统的废水生物反应器有机组合形成的一种新型、高效的污水处理系统。膜分离技术是指用天然的或人工合成的膜材料，以外界能量或化学位差等为推动力，对溶质和溶剂进行分离、分级、提纯和富集的方法。膜分离的特性与膜材料的性质（如分离孔径的大小、亲水性等）、水溶液中溶质分子的大小、性质以及推动力的类型、大小有关。根据膜的功能进行分类，膜可分为微滤（MF）、超滤（UF）、纳滤（RO）、电渗析（ED）、液膜（LM）和渗透蒸发（PV）等。

膜生物反应器技术通过超滤膜或微滤膜组件，几乎以一种强制的机械性拦截作用将来自生物反应器混合液中的固液进行分离，其分离效果优于传统活性污泥法中二沉池的自由重力沉降的作用，由此强化了生化反应，提高了污水的处理效果和出水水质。

膜生物反应器由膜过滤取代传统生化处理技术中二次沉淀池和滤沙池。在传统的生化水处理技术中（如活性污泥法）泥水分离是在二沉池中靠重力作用完成的，其分离效率依赖于活性污泥的沉降性能，沉降性越好，泥水分离效率越高。系统在运行过程中产生大量的剩余污泥，其处置费用占污水处理厂运行费用的 25%～40%，而且易出现污泥膨胀，出水中含有悬浮固体，出水水质不理想。针对上述问题，MBR 将分离工程中的膜技术应用于废水处理系统，提高了泥水分离效率，并且由于曝气池中活性污泥浓度的增大和污泥中特效菌（特别是优势菌群）的出现，从而基本解决了传统活性污泥存在的突出问题。

MBR 由微滤（MF）、超滤（UF）或纳滤（NF）膜组件与生物反应器组成，根据膜组件在生物反应器中的作用不同，可将其分成分离膜生物反应器、曝气膜生物反应器以及萃取膜生物反应器。膜生物反应器污水处理工艺是一种新型高效的污水处理工艺。该工艺中，由于膜能将几乎全部的生物量截留在反应器内，从而获得长污泥龄和提高悬浮固体浓度，且能维持较低的 F/M，与传统活性污泥工艺相比，它主要有以下优势：

（1）处理效率高，出水可直接回用。由于超滤膜（或微滤膜）对生化反应器的混合液具有高效的分离作用，可彻底将污泥与水进行分离，故可使出水 SS 及浊度接近于零。由于活性污泥的损失几乎为零，使得生化反应器中的活性污泥浓度 MLSS 可比传统工艺高出 2～6 倍左右，这就大大提高了脱氨能力和对有机污染物的去除能力。故采用膜生物反应器工艺处理污水，出水 COD 可在 30mg/L 以下，TP 可在 0.15mg/L 以下，TN 可在 2.2mg/L 以下；重金属的去除明显；耐热大肠杆菌可被完全去除，吞噬体数量为传统工艺低 1/1000～1/100，可实现污水资源化。

（2）系统运行稳定、流程简单、设备少、占地面积小。由于膜生化反应器技术的活性污泥浓度高，因此装置的容积负荷大；对进水波动的抗击性能更好，运行稳定。所以，此工艺除了可大大地缩小生化反应器—曝气池的体积，使设备和构筑物小型化以外，甚至可以省去初沉池。另外，此工艺不需要二沉池，使得系统占地面积减少，由此大大降低了工艺的建设成本。

（3）污泥龄长，剩余污泥量少。当污泥浓度高、进水污染物负荷低的情况下，系统中 F/M（营养和微生物比率）低，污泥龄变长。当 F/M 维持在某个低值时，活性污泥的增长几乎为零，这就降低了对剩余污泥的处理费用。污泥龄长虽有利于硝化菌的生长，但泥龄过长会导致有毒物质的积累、污染膜的形成和影响出水水质。

（4）操作管理方便，易于实现自动控制。由于膜分离可使活性污泥完全截留在生物反应器内，实现了反应器水力停留时间和污泥龄的完全分离，故可以灵活、稳定地加以控制。

（5）传质效率高。因为 MBR 工艺的污泥平均粒径较传统活性污泥小，使得该工艺氧转移效率高，可达 26%~60% 左右。

但膜生物反应器工艺存在膜的制造成本较高、寿命短、易受污染、整个工艺能耗较高等不足。

3.3.2.6　物化脱氮工艺

物化脱氮工艺是采用物理化学的方法进行脱氮处理。在焦化废水处理时主要采用的有吹脱法（Air Stripping）、折点加氯（Breakpoint Chlorination）、离子交换（Ion Exchange）等方法。物化脱氮工艺可以直接脱除水中的氨氮；物理化学工艺与生物处理工艺相比基建投资昂贵，运行维护复杂并且会带来环境的二次污染，如在吹脱工艺中会向大气中排放氨氮，造成大气污染。因此，对于城市污水处理，物理化学工艺仅作为污水处理厂的备用应急措施。在焦化废水处理过程中，物化处理工艺不能直接作为单独方法来达到焦化废水处理的目的，有的工艺可以作为焦化废水的预处理，有的工艺可以作为焦化废水的后续处理，是焦化废水氨氮达标处理的重要保障，从而减轻焦化废水对水体的污染。

（1）吹脱法。吹脱法用于脱出水中氨氮，即将气体通入水中，是气液相互充分接触，使水中溶解的游离氨穿过气液界面向气相转移，从而达到脱除氨氮的目的。常用空气作为载体（若用水蒸气作为载体则称汽提）。

（2）转点氯化法。采用折点氯化法去除氨氮，是将足够量的氯气（生产上用加氯机将氯气制成氯水）或次氯酸钠投入到废水中，当投入量达到某一点时，废水中所含的氯含量较低，而氨氮含量趋向于零；当氯气通入量超过此点时水中的游离氯含量上升，此点常称为折点，在此状态下的氯化称为折点氯化，废水中的氨氮常被氧化成氮气而被脱去。应用该法脱除氨氮，通常可使出水中氨氮浓度小于 0.1mg/L。

（3）选择性离子交换法。离子交换作用主要发生在矿物表面、孔道内与层间域，例如，碳酸盐和磷灰石等离子晶格矿物表面和沸石、锰钾矿等矿物孔道内及大多数黏土矿物层间域等。

对于采用离子交换树脂的离子交换脱氮工艺，是在离子交换柱内借助于离子交换剂上的离子和污水中的铵离子（NH_4^+）进行交换反应，从而达到除去其中的有害离子的目的。离子交换剂有天然的和合成的两种，通常在工业上仍采用廉价的天然离子交换物质—沸石进行脱氮处理。天然沸石对一些阳离子有较高的离子交换选择性，水合离子半径小的离子容易进入沸石格架进行离子交换，交换能力强。

离子交换法的优点是 NH_4^+ 的去除率高，所用设备简单，操作易于控制。通常此法对含 10~50mg/L 的 NH_3 废水其去除率可达 93%~97%，出水 NH_3-N 浓度在 1~3mg/L。

离子交换法的缺点是离子交换剂用量较大，交换剂需要频繁再生。交换剂的再生液需再次脱除氨氮。为了不使交换剂堵塞而影响交换剂的交换容量，离子交换法要求对废水做预处理以除去悬浮物，使 SS<35mg/L。通常废水预处理工艺可采用常规废水二级处理流程，如化学混凝过滤和活性炭吸附等。因此，离子交换法的成本高。

3.3.3　焦化废水处理新技术

近几年，我国焦化行业取得了飞速发展，其技术装备和环保治理水平得到显著提高，我国焦炭生产和出口大国的同时，也把污染留在了国内，焦化行业是造成环境污染的主要行业之一。坚持经济效益、社会效益和环境效益三者的和谐统一，加大对焦化废水的治理力度，推进清洁生产的步伐，已经成为我国焦化行业当前面临的极为紧迫的任务之一。焦化行业环境污染治理的重点在焦化废水治理上。目前，我国大多数焦化企业的废水治理采用的工艺和方法很难达到国家规定的排放标准，所以，开发研究高效适用的焦化废水处理新技术，加快焦化废水治理的步伐显得尤为重要。

3.3.3.1　生物强化技术

生物强化技术（Bioaugmentation）是一项新型的生物处理技术，该方法产生于 20 世纪 70 年代中期，80 年代以来得到广泛的研究和应用。国内外研究者已把这项技术应用于工业废水、地表水及地下水中难降解有毒有害物质的治理或用于改善废水处理效果，将其与常规的生物治理技术相结合，使得该技术在废水处理中显示出独特的作用。

生物强化技术是指在生物处理体系中投加具有特定功能的微生物来改善原有处理体系的处理效果。投加的微生物可以来源于原有的处理体系，经过驯化、富集、筛选、培养达到一定数量后投加，也可以是原来不存在的外源微生物。实际应用中这两种方法都有采用，主要取决于原有处理体系中微生物组成及所处的环境。这一技术可以充分发挥微生物的潜力，改善难降解有机物的处理效果。Selvaratnam 等人通过投加苯酚降解菌 Psendomos Pvotida ATCC11172，提高了苯酚的去除率，系统在 40d 内一直保持在 95%～100%的苯酚去除率；而没有进行生物强化的对照组中，苯酚的去除率开始很高，但很快降到 40%左右。

生物强化处理技术是现代微生物培养技术在废水处理领域的良好应用和扩展，该技术的核心是废水处理的优势微生物来源于废水处理系统自身，优势微生物的数量及活性大小决定废水处理系统的处理效果。所以，生物强化处理技术的主要工作是选择原废水处理系统中的优势微生物并使其迅速增殖，增强活性，进而返回系统中，提高系统的处理效果。生物强化处理技术主要用于提高城市污水处理厂的生物处理效率，它借助于生物强化器和特制生物培养基，在污、废水处理厂现场提取曝气池内的微生物，使优势微生物在培养器内快速增殖后再重新返回曝气池中，通过系统自身的优势微生物的增殖，提高系统处理效率。

3.3.3.2　生物强化技术应用于焦化废水处理

针对焦化废水而言，主要通过以下几种生物强化技术提高现有生物设施的处理效率。

　A　投加高效的菌种

应用生物强化技术的前提是获得高效作用于目标降解物的菌种。对于那些自然界中固有的化合物，一般都能够找到相应的降解菌，但对于人类在工业生产中合成的一些外生化合物，它们的结构一般不易被自然界中的固有微生物的降解酶系统识别，需要用目标降解物来驯化、诱导产生相应的降解酶系统。筛选得到高效菌种一般需要一个月甚至几个月的时间。另外，生物强化技术的成功应用要综合考虑水质、水量、投菌类、营养物质、生物反应器的结构、水力停留时间等诸多因素。投加方式是设计时考虑的一个重要方面。直接投加方式，简单易行，但菌体易于流失或被其他菌类侵蚀。采用固定化技术，有效地避免原生动物的捕食。不同的反应器，投加高效菌种的效果也不尽相同。最初把这技术较多地用于悬浮活性污泥法，如间歇式活性污泥法、生物曝气塘、氧化沟等，而现代人们尝试将其用于生物膜法，如生物流化床、填充床和升流式厌氧污泥床等，使生物增强类附着在载体上，减少菌体的流失。生物增强技术在不同反应器的强化效果有待于人们进一步研究和探索。

B 添加剂法

要提高现有生化设施处理焦化废水的效率，其中一条主要途径是减小污泥负荷，通常减小污泥负荷通常采用两种方式：一是提高曝气污泥浓度；二是加大曝气池的容积。对于后者，再加大曝气池的容积将影响其他处理环节，破坏工艺的完整性，污染指标去除率的提高一般很难实现；而通过刺激曝气池中微生物的活性，改善微生物的新陈代谢能力，从而来提高曝气池中的污泥浓度，这种方法应用于现有处理污水的设施一般较容易达到。以下的投加生物铁和投加生长素法都是通过提高污泥浓度来强化生化效果的。

投加生物铁法是在曝气池中投加铁盐，以提高曝气池中活性污泥浓度为主，充分发挥生物氧化和生物絮凝作用的强化生物处理方法。由于铁离子不仅是微生物生长所必需的微量元素，而且对生物的黏液分泌也有刺激作用。铁盐在水中生成氢氧化物，与活性污泥形成絮凝物共同作用，使吸附和絮凝作用更有效地进行，从而有利于有机物富集在菌胶团的周围，加速生物降解作用。

投加生长素法是基于现有的焦化厂生化处理曝气池容积偏小、酚、氰化物和COD_{Cr}降解效率较差情况下，采用投加生长素来提高活性污泥的活性和污泥浓度（MLSS），进而强化现有装置的处理能力。鞍山焦化耐火材料设计研究总院率先在焦化厂污水处理曝气池中采用投加生长素（如葡萄糖、氧化铁粉），强化污水处理系统对污染物的降解效率，从应用于高浓度或低浓度的焦化厂污水生化处理的效果来看都很有效，尤其是对酚、氰化物的去除率较高，对COD_{Cr}的去除效果也比普通活性污泥法好。该法不仅能提高系统的容积负荷，而且由于增加了污泥浓度，使得微生物所承担的污染物污泥负荷降低，提高了处理效率，降低了处理成本，使得该技术在国内许多中小型焦化厂污水处理中得到了一定的推广使用。

C 粉末活性炭工艺

应用生物增强技术时要综合考虑水质、水量、投菌量、营养物质、消耗氧量、反应器类型、水力停留时间等诸多因素。菌量、营养物和基质类似物的投加量是生物强化系统设计的重要参数。随着投菌量的增加，一般强化效果会提高，但投菌量过大，废水处理成本则会升高。因此，投菌量要根据废水中目标降解物的含量和达到的处理水平来决定，一般在系统启动时采用重投菌，投菌量比较大，系统稳定后，投菌量可为启动时的$1/10 \sim 1/8$，见表3-4。

表 3-4　高效菌种的各种投加方式

投加方式	技术要点	特点
间歇式投加	将高效菌种直接投入活性污泥系统进行生物强化	操作简便易行,但处理系统中菌种数量与活性浓度发生变化
连续投加	采用一个或多个 SBR 反应器富集足够的驯化培养物,连续投加至主体工艺中	能解决高效菌种连续投加问题,工程应用方便,但需选择合适的富集培养物和操作方式
固定化细胞投加	采用载体结合法、交换法、包埋法等固定化方法,将高效菌种固定在载体上投加	该技术具有菌种稳定性高、催化效率高、抗毒性能力强等特点,但载体价格高
生物自固定化投加	将载体投加到生物处理反应器中,利用微生物的自固定作用,使高效菌种固定在载体上生长	能够提高反应器中生物量,提高处理系统的处理能力和运行稳定性,较好地克服活性污泥的不足,工程上比较可行、适用

3.3.3.3　深度氧化技术

高级氧化技术又称深度氧化技术(Advanced Oxidation Process,AOP 或者 Advanced Oxidation Technology,AOT),是指利用羟基自由基(HO—)有效降解水中污染物的化学反应。其原理在于运用电、光辐照、催化剂,有时还与氧化剂结合,在反应中产生活性极强的自由基(如 HO—),再通过自由基与有机化合物之间的加和、取代、电子转移、断键等,使水体中的大分子难降解有机物氧化降解成低毒或无毒的小分子物质,甚至直接降解成为 CO_2 和 H_2O,接近完全矿化。深度氧化技术是近年来发展起来的水处理新技术,其特征是充分利用自由基对水中的微量有机污染物进行快速而彻底地氧化,而且反应后一般不会留下类似氯气消毒所产生的消毒副产物。AOP 技术代表了水处理的一个发展方向。从机理上看,深度氧化技术可以分为化学氧化和光化学氧化两大类。

深度氧化技术是相对于常规氧化技术(氯气、二氧化氯、高锰酸钾、臭氧、过氧化氢)而言的。所谓深度氧化技术是指在水处理过程中充分和用自由基(如 HO—)的活性,快速彻底氧化有机污染物的水处理技术。其特征就是有大量自由基的生成和参与,反应速度快而且彻底,并且不会产生类似 THMs 和 HAAs 那样的消毒副产品(DBPs)。

A　化学氧化

化学氧化法技术常用于生物处理的前处理。一般在催化剂作用下,用化学氧化剂去处理有机废水以提高其可生化性,或直接氧化降解废水中有机物使之稳定化。常见的化学氧化法由于氧化剂的不同可分为 O_3、H_2O_2、ClO_2 和 $KMnO_4$ 氧化等。

化学氧化包括湿式氧化、电化学氧化、超临界水氧化 3 种。

(1)湿式氧化。随着现代化工业的迅猛发展,各种废水的排放量逐年增加,且大都具有有机物浓度高、生物降解性差甚至有生物毒性等特点,国内外对此类高浓度降解有机废水的综合治理都予以高度重视,并制定了更为严格的标准。目前,部分成分简单、生物降解性略好、浓度较低的废水都可通过组合传统的工艺得到处理。而浓度高、难以生物降解的废水却很难得到彻底处理,且在经济上也存在很大困难,因此,发展新型实用的环保技术是非常必要的。湿式氧化法(见图 3-21)即为针对这一问题而开发的一项有效的新型水处理技术。湿式氧化法是在高温、高压下,利用氧化剂将废水中的有机物氧化成二氧化碳和水,从而达到去除污染物的目的。与常规方法相比,WAO 工艺具有适用范围广、处理效率高、氧化速率快、极少有二次污染、可回收能量及有用物料等特点，因而受到了世界各国科研人员的广泛重视，它是一项很有发展前途的水处理方法。

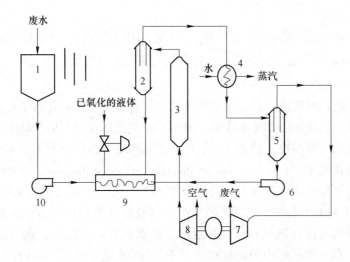

图 3-21　湿式氧化系统工艺流程

1—储存罐；2—分离器；3—反应器；4—再滤器；6—循环泵；

7—透平机；8—空压泵；9—热交换器；10—高压泵

（2）电化学氧化。在强烈电场的作用下，水中有机物发生直接氧化或通过电化学中间产物（如 HClO）间接氧化，从而达到除去有机物的目的。电化学氧化的优点在于，整个过程仅需要电流作用，不需向水中加入任何化学试剂，而且反应在室温条件下即可进行。缺点是当水中溶解物质浓度太低时反应较慢。此外，电极材料较昂贵。在欧洲，电化学氧化法在水的消毒和有害废弃物的处理等方面有越来越多的应用。电化学氧化技术借助于具有电催化活性的阳极材料能有效形成氧化能力极强的羟基自由基（—OH），使具有芳环的有机污染物发生分解，并转化为无毒性的可生化降解物质，同时又可将之完全矿化为二氧化碳或碳酸盐等物质。该项技术应用于难生物降解的有机污染物废水处理，不仅可弥补其他常规处理工艺的不足，还可与多种处理工艺有机结合，提高水处理效果和经济性。

（3）超临界水氧化技术。这 20 世纪 80 年代中期由美国学者 Modell 提出的一种能够彻底破坏有机物结构的新型氧化技术。其原理是在超临界水的状态下，将废水中所含的有机物用氧化剂迅速分解成水、二氧化碳等简单无害的小分子化合物。作为目前正在蓬勃发展的超临界流体技术的一种，SCWO 技术同超临界色谱技术和超临界提取技术一样，因具有很大的发展潜力而备受关注。美国能源都会同国防部和财政部于 1995 年召开了第一次超临界水氧化研讨会，讨论用超临界水氧化技术处理政府控制污染物。美国国家关键技术所列的六大领域之一"能源与环境"中还着重指出，最有前途的处理技术是超临界水氧化技术。如今，在欧、美、日等发达国家和地区，超临界水氧化技术取得了很大进展，出现了不少中试工厂以及商业性的 SCWO 装置。1985 年，美国的 Modar 公司建成了第一个超临界水氧化中试装置。总体看来，发达国家对于 SCWO 技术非常重视，工业规模的装置不断兴建。在我国，超临界水氧技术尚处于起步阶段，尚未有工程应用报道，但从长远的角度看，超临界水氧化作为新型的环境污染防治技术，必将具有反应速度快、分解效率高等突出优势，在不久的将来将会广泛应用。

B 光学氧化技术

光学氧化技术包括 UV 氧化、UV/H_2O_2 氧化、O_3/UV 氧化、$O_3/UV/H_2O_2$ 氧化、TiO_2 催化氧化、光-Fenton 氧化、超声氧化、高能电子氧化和电弧氧化等九种。

3.3.3.4 脱氨工艺

根据传统生物脱氮理论，废水中的氨氮必须通过硝化和反硝化两个独立过程来实现转化成氮气的目的。硝化和反硝化不能同时发生，硝化反应在有氧的条件下进行，而反硝化反应需要在严格的厌氧或缺氧的条件下进行。近几年来，国内外有不少实验和报道证明有同步硝化和反硝化现象（Simultaneous nitrification and denitrifi-cation，SND），尤其在有氧条件下，同步硝化与反硝化存在于不同的生物处理系统中，如流化床反应器、生物转盘、SBR、氧化沟、CAST 工艺等。该工艺与传统生物脱氮理论相比具有很大的优势，它可以在同一反应器内同时进行硝化和反硝化反应，从而具有以下优点：曝气量减少，降低能耗；反硝化产生 OH^- 可就地中和硝化产生的 H^+，有效地维持反应器内的 pH 值；因不需缺氧反应池，可以节省基建费；能够缩短反应时间，节约碳源；简化了系统的设计和操作等。因此，SND 系统提供了今后降低投资并简化生物除氮技术的可能性。

短程硝化（简捷硝化或亚硝酸型硝化）-反硝化是指氨氮经过 $NO_2^- $-N 再被还原成 N_2，从水体中脱离的一种硝化反硝化反应。由于短程硝化反硝化具有耗能低、碳源需量少、污泥产量低、碱量投加少和反应时间短等优点，引起了国内外学者的广泛关注。长期以来，无论在废水生物脱氮理论上还是在工程实践中都认为，要使水中的氨态氮得以从水中去除必须经过典型的硝化反硝化过程，即要经由 NH_4^+-N→NO_2^--N→NO_3^--N→NO_2^--N→N_2 的过程。从化学反应消耗的能量角度来看，在稳态条件下也会有 N 积累。而实际上，从氮的微生物转化过程来看，氨氮转化成硝酸盐是由两类独立的细菌完成的，两个不同反应完全可以分开。对于反硝化菌，无论是 NO_2^--N 还是 NO_3^--N 都可作为最终受氢体，因此整个生物脱氮过程也可以通过 NH_4^+-N→NO_2^--N→N_2 这样的途径来完成，即短程硝化反硝化。

短程硝化厌氧氨氧化是目前最为简捷的脱氮途径，脱氮率高，处理成本较低。荷兰鹿特丹的 Dokhaven 污水处理厂用该技术处理其泥区的废水。该装置于 2002 年 6 月建成，是世界上第一座 SHARON-ANAM-MOX 生物脱氮组合技术工业化生产装置。但是该技术在其他地区尚未见到有工业化应用的报道。

我国开展短程硝化厌氧氨氧化工艺的研究起步较晚，最早出现的报道是 2001 年 10 月，清华大学左剑恶和蒙爱红发表的"一种新型生物脱氮工艺——SHARON-ANAMMOX 组合工艺"一文，文章对短程硝化-厌氧氨氧化生物脱氮技术进行了综述，介绍了工艺的原理与特征，展望了该技术在我国的应用前景。

2004 年，辽宁科技大学环境技术研发中心采用生物膜法和悬浮污泥法，对鞍钢化工总厂炼焦和化产回收过程产生的废水进行实验室短程硝化厌氧氨氧化脱氮处理的研究，并设计出单点进水部分亚硝化厌氧氨氧化工艺和两点进水的亚硝化厌氧氨氧化工艺。

2006 年，单明军等人采用单点进水部分亚硝化厌氧氨氧化工艺对丹东万通焦化有限公司的焦化废水处理站进行了改造，并取得了工业试验的成功，脱氮率可达 80% 以上，运行成本比改造前的 A/O 工艺节省约 30%~40%。

辽宁科技大学单明军、闵玉国等人在焦化废水短程硝化研究的基础上结合铁炭微电解进行了脱氮研究。该方法首先通过生物短程硝化，将废水中凯氏氮的氧化尽可能地控制到亚硝酸盐氮阶段，然后利用金属腐蚀原理，在铁炭微电解反应器中，通过形成原电池代替传统的反硝化、厌氧氨氧化等生物处理手段，对废水中亚硝酸盐氮和 COD 发生电化学反应加以去除。

铁碳微电解反应器可以利用废铁屑及废刚玉粉末作为电极原料，不需消耗电力资源，以废治废，降低了废水的处理成本，具有处理工艺简单、操作方便、占地面积小、设备投资低等优点，大大地降低了废水处理的基建投资和运行成本，NO_2^--N、TN 的去除率最高可分别达到 95% 和 65% 以上。

3.3.3.5　焦化废水处理的展望

焦化工业与其他许多行业一样，在发展过程中大体经历了三个阶段：第一个阶段是传统阶段，不考虑环境因素，而强调对环境的征服；是一种"资源—产品—污染排放"的单向线性开放式经济过程；第二个阶段是"过程末端治理"阶段，在这个阶段已开始注意环境问题，但办法是"先污染，后治理"，在生产过程的末端治理污染，结果治理的技术难度大，成本高，环境日益恶化；第三个阶段是循环经济模式发展阶段，即倡导一种与环境和谐的经济发展模式，是一个"资源—产品—再生资源"的闭环反馈式循环过程，通过减少进入生产流程的物质量和多次反复使用某种物品，最终达到最佳生产、最适消费、最少废弃的目的。目前，我国焦化工业基本仍处于第二个发展阶段，但在市场引导及国家宏观调控政策的指导下，开始逐步向第三阶段过渡，即从一个大量耗费资源、并对环境造成严重污染的产业，通过转变发展模式，逐步从粗放到集约，优化结构，大力节约资源，综合利用废弃资源，实现经济效益、社会效益、环境效益协调统一发展的目标，从而最终过渡到第三阶段。

目前焦化行业正在通过各种形式进行联合重组，以解决企业过分分散、企业平均规模过小的现状。通过联合兼并，实现强强联合，强弱联合，优势互补，逐步形成一些大规模的及大中型的联合企业。因此鉴于焦化行业发展趋势，综合利用率的提高和达标排放是我国焦化废水处理行业的发展方向和趋势。

3.3.4　焦化废水综合治理及回用技术

炼焦生产过程产生的焦化废水因其固有的水质特征，使得该废水不能通过单一的处理方法达到综合治理、达标排放和回用的目的。焦化废水脱氮处理工艺的核心是生物脱氮技术，若使经处理后的焦化废水能够达标排放或回用，还必须结合物化、生物强化等技术环节。

3.3.4.1　结合物化法的生物脱氮技术

炼焦及焦化产品回收后产生的含高浓度氨氮的焦化废水（如剩余氨水）先经过溶剂萃取脱酚和蒸氨处理，再与其他废水混合进入焦化废水处理系统。因此，通常说的焦化废水多指经蒸氨处理后的废水。

（1）物化处理方法。由于焦化生产工艺和化工产品不同，产生的焦化废水水质也有差别。焦化废水在生化处理前一般要进行预处理，预处理通常采用气浮法或隔油处理，以去除焦油等污染物，避免这类污染物对生化系统中微生物的抑制和毒害。

1）气浮法。气浮净水技术起源于矿物浮选法。早在 1920 年，Peck 曾考虑过用气浮法处理污水。1945 年，有关报道也提到了采用气浮法进行给水处理的研究。但截至 20 世纪 50 年代，气浮净水技术的发展相当缓慢。其原因主要是微气泡产生技术不过关，净水效果较差。20 世纪 60 年代出现了部分回流式加压溶气气浮（DAF），该方式不仅净水效果好，而且经济性也有很大提高，从而扩大了其应用范围。

气浮法净水是目前国际上应用较多的高效水处理方法之一。该法是在水中通入或产生大量的微细气泡，使其黏附在杂质絮粒上，造成杂质絮粒整体密度小于水的密度，并依靠浮力使其上浮至水面，从而实现固液分离的一种净水方法；或是在压力状况下，通过释放器骤然减压快速释放，产生大量微细气泡，将大量空气溶于水中，形成溶气水。作为工作介质，微细气泡与混凝反应废水中的凝聚物黏附在一起，使絮体相对密度小于 1 而浮于水面，从而使污染物从水中分离出去，达到净水的目的。

2）隔油法。隔油分离油水的原理为：油水经斜板向上流的过程中，由于油水密度有差异，油浮在水面上，沿斜板底面向上浮，水在下面沿斜板向下流；再通过一系列的集水设备，使下面的水流出设备外，油浮于设备上方；油通过集油管，流入浓缩池中，经浓缩后排出，从而达到油水分离的效果。

隔油法在污水处理中的应用设施主要有两种：平流式隔油池和斜板式隔油池。平流式隔油池的优点是构造简单，便于运行管理；缺点是池体大，占地面积大。根据斜板除油器的工作原理，研究制造出了横向流含油污水除油设备，该设备是由含油污水的聚结区和分离区两部分组成，在进行油水、固体物质分离的同时，还可以进行气体的分离。采用该方法处理含油污水不会产生二次污染等问题。

（2）生物处理。焦化废水综合治理中结合物化法的生物处理技术核心环节是生物处理。目前应用较为广泛的是在传统全程硝化反硝化理论基础上构建的 A/O、A^2/O 工艺等。随着焦化废水生物脱氮工艺的发展和新技术的出现，高效节能的生物脱氮技术是未来焦化废水处理的发展趋势。

（3）焦化废水的后续处理。经过生物处理后，焦化废水已去除了大部分污染物，氨氮、酚、氰等污染指标可以达到国家和地方的有关污水排放标准，但是 COD 和色度很少能达标。为了使焦化废水全面稳定地达标处理及达到综合利用的目的，一般在生物处理后均进行物化深度后处理。深度处理宜采用混凝沉淀、过滤、臭氧氧化、活性炭过滤及超滤等工艺。

3.3.4.2 结合生物强化法的生物脱氮技术

生物强化技术是指在生物处理体系中，投加具有特定功能的微生物来改善原有处理体系的处理效果的一种技术。投加的微生物可以来源于原有的处理体系，经过驯化、富集、筛选、培养达到一定数量后投加，也可以投加原来不存在的外源微生物。废水的实际处理中对这两种方式的采用主要取决于原有处理体系中的微生物组成及所处的环境。这一技术可以充分发挥微生物的潜力，改善难降解污染物生物处理效果。

生物强化技术是将微生物经过特殊的培养、筛选、驯化、富集等过程，达到一般微生物系统无法达到的降解污染物的能力和效果，常用来处理难降解污染物的各类工业生产废水。

生物铁法是利用铁的物理化学特性和活性污泥生物效应设计的一种生化处理工艺。活性污泥在曝气过程中，对有机物的降解分为吸附和再生两个阶段。在吸附阶段，利用活性污泥具有的巨大比表面积及表面上含有的多糖类黏性物质，将污水中的悬浮物和胶体物质通过絮凝、吸附、沉淀除去。再生阶段是利用微生物的代谢作用，使污水中有机物通过微生物的生命活动，一部分被合成新的细胞物质，而另一部分则被分解代谢掉，同时提供合成新细胞需要的能量，并形成 CO_2 和 H_2O 等稳定物质。

3.3.4.3 焦化废水回用

多年来，焦化废水处理及排放问题一直是焦化厂生产与发展的一大难题。焦化废水的合理处置已成为焦化行业的发展和保护环境的关键。对于焦化废水处理，达标排放是最基本的要求。废水回用，减少外排，实现资源的再利用才是最终目的。处理后焦化废水的回用受到企业性质、焦化生产工艺等客观因素的限制。对于湿法熄焦的焦化厂，可以用作熄焦补充水；对于钢铁联合企业，处理后焦化废水可用于钢铁转炉除尘水系统补充水和高炉冲渣、泡渣水；对于有洗煤的焦化厂，可以用于洗煤循环水补充水等。

A 湿法熄焦补充水

在炼焦生产过程中，由炭化室推出的赤热焦炭是采用湿式熄焦的方法，即在熄焦塔内用熄焦循环水将其熄灭。湿法熄焦装置由熄焦塔、泵房粉焦沉淀池及粉焦抓斗等组成。熄焦水由水泵直接送至熄焦塔喷洒水管，熄焦用水量一般约为 $2m^3/t$（焦），熄焦时间 $90 \sim 120s$。熄焦后的水经沉淀池和清水池将粉焦沉淀后，继续使用，熄焦过程中约 20% 的水被蒸发。

因此，在用湿法熄焦时，由于熄焦过程要损失约 20% 的水分，必须进行熄焦补水。处理后的焦化废水经适当处理后回用熄焦是焦化废水较好的一种处置方法。采用湿法熄焦的焦化企业基本上也是采用该方式进行焦化废水处置的，减少了焦化废水的外排。但焦化废水中的氨氮对熄焦车、泵、管道的腐蚀等问题，一直使焦化废水的熄焦回用受到限制。随着焦化废水脱氮处理技术的发展，焦化废水对熄焦设备、管道等腐蚀的问题将逐渐被解决，采用湿法熄焦的焦化企业将焦化废水作为熄焦回用水的比例将越来越大，从很大程度上促进钢铁联合企业的循环经济建设。

干法熄焦技术的开发与应用，体现出了干法熄焦比湿法熄焦具有更多的优越性。因此，目前许多焦化企业对熄焦过程进行了改造，采用了干熄焦工艺。

干法熄焦是一种发展趋势，更能体现环保的要求。随着环保要求越来越严格，各大型、中型焦化厂逐渐开始采用干法熄焦，这样利用处理后的焦化废水用作熄焦补充水的出路已行不通，要达到废水的零排放，必须寻求焦化废水新的高效、实用处理技术。

B 钢铁转炉除尘水系统补充水

转炉除尘水是用来对转炉烟气降温和除尘的。转炉除尘，一般采用两级文丘里洗涤器。绝大部分烟尘通过第一级文丘里洗涤器去除，所余烟气再进入第二级文丘里洗涤器（图3-22）。钢铁转炉除尘水系统具有给水水质要求较低、水质容量大的特点，是焦化废水生化处理后较为合理的回用去向。

钢铁企业转炉除尘给水经过一、二级文丘里洗涤器对烟气降温和除尘后，虽经过处理后可进行循环利用，但必然有一部分损失。目前许多企业直接采用新水进行补充，增加了生产新水用量。焦化废水经处理后可达到工业循环冷却回用水指标，采用处理后的焦化废水作为钢铁转炉除尘循环系统补充水，可以节约新水用量，使焦化废水得到合理处置，实现水资源的再利用。

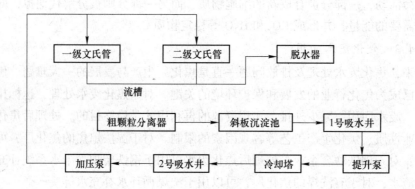

图 3-22 转炉除尘灰处理

C 高炉冲渣、泡渣

从出渣口出来的矿渣熔融体密度为 $2.3 \sim 2.8 \mathrm{g/cm^3}$，比铁水小，可以浮在铁水上面，定期从排渣口排出，经水或空气急冷处理成为粒化高炉矿渣。处理熔融渣的常用方法主要是水淬冲渣处理，分为泡渣和冲渣两种。

冲渣，在炉前用喷嘴喷射水流冲击熔渣，将高炉渣水淬。这种方法虽然比泡渣使用的水电较多，但可不用渣罐车，高炉生产不受渣调运的影响，减轻了厂内铁路运输荷载，有利于生产。因此，高炉熔渣广泛地采用冲渣法水淬。

在高炉冲渣过程中，由于高温蒸发及捞渣外运将损失大量的水分，如采用新水进行高炉冲渣，将使企业的新水用量大幅度增加，浪费水资源，增加产品的生产成本。焦化废水经深度处理后，水质可满足高炉冲渣的要求，将处理后的焦化废水回用于水量损失较大的高炉冲渣循环水系统中，是钢铁联合企业节约新水用量、实现水资源循环利用、减少污水外排、保护环境的重要途径之一。

D 洗煤循环水补充水

洗煤的过程就是根据煤的原始成分含量洗出不同标号的煤的过程。原煤经过浮选成为精煤，供工业生产利用。一般企业的洗煤主要采用重介（或跳汰）、浮选洗煤工艺。洗煤过程中需要大量的水，同时，原煤经过洗选后还将排放出悬浮物极高的大量污水。因此，企业应对洗煤废水进行处理，使其满足使用的要求，循环利用。洗煤工艺流程如图 3-23 所示。

由图 3-23 可知，洗煤废水经过简单处理后再进行循环利用。但目前我国大部分洗煤水损失率较大，循环利用率不高，必须补充大量新水用于洗煤。根据焦化废水处理后的水质情况，可以采用处理后的焦化废水来补充洗煤损失的那部分水。采用焦化废水作为邻近洗煤厂的洗煤循环补充水，可以减少焦化企业废水排放量，节约洗煤厂补充新水用量，从而达到资源最合理有效的利用。

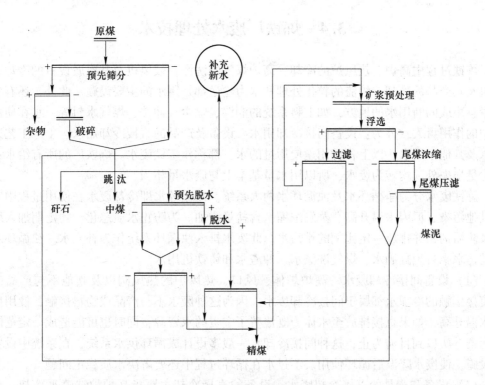

图 3-23　洗煤工艺流程

E　曝气池的消泡水

目前，绝大多数焦化企业均采用生物法进行焦化废水的处理。在生化处理过程中，经常遇到曝气池气泡过多的现象，有时气泡会溢出曝气池，造成曝气池中活性污泥的流失和工作条件的恶化。为了避免这种现象的发生，常常需要进行消泡处理。曝气池消泡的方法主要有两种：一是向曝气池中加入一定量的油脂类物质，改变气泡的表面张力，使其破裂，达到消泡的目的；另外一种方法是向曝气池中喷加细水流，压破气泡来进行消泡。在曝气池中加油脂类物质进行消泡，不但增加了处理成本，而且使污水中的 COD 指标增加，增加了污水的处理难度，因此一般不提倡采用该方法进行曝气池消泡。在焦化废水处理过程中，如果利用处理后的焦化废水进行消泡，不但避免了用油脂类物质消泡所带来的问题，还可以增强活性污泥抗冲击负荷的能力，使外排废水中的 COD 得到更彻底的降解，以保证生化出水的水质。因此，可采用焦化废水处理后清水池中的水回用于消泡。

F　煤场喷洒

煤进入炼焦系统之前堆放于煤场，在大气环流——风的作用下能够引起扬尘，对周边的大气环境产生一定的粉尘污染。水喷洒抑尘是一种有效的处理方法。若采用新水进行抑尘处理，不但浪费了水资源，也不符合国家循环经济的产业政策；若将处理后的焦化废水用于抑尘，则避免了污水向周围水体中的排放，保护了大气环境和水环境。因此，煤场喷洒可以认为是焦化废水的一种较好的综合利用处置方法。

3.4　炼铁厂废水处理技术

炼铁过程中高炉、热风炉的冷却，高炉煤气的洗涤、鼓风机及其附属设备的冷却，铸铁机及其产品的冷却，炉渣的粒化处理和水力输送都是用水的主要设施。此外，还有一些用量较小或间断用水的地方，如上料系统的润湿、除尘、冲洗、煤气水封等。水在使用过程中的作用可大致分为：设备间接冷却用水、设备及产品的直接冷却用水、生产工艺过程用水及其他杂用水。以上各种用途使用过的水，都称作炼铁废水。炼铁厂的所有给水，除极少量损失外，均转为废水，所以用水量基本上与废水量相当。

炼铁废水分为净循环水及浊循环水两大系统。净循环水即冷却废水在使用过程中未受到其他污染，但因水温升高、蒸发浓缩，含盐量增加。为防止水质恶化，需定期加入缓蚀剂及防垢剂，并排放一定比例的排污水。此废水排入浊循环系统作为补充水。浊循环水系统的污水来自炉缸洒水、煤气洗涤水、冲渣水和铸铁机用水。

（1）设备间接冷却废水。高炉炉体、风口、热风炉的热风阀以及其他不与产品或物料直接接触的冷却水都属于间接冷却废水。因为这种废水不与产品或物料接触，使用后只是水温升高，如果直接排放至水体，既浪费了宝贵的水资源，同时也可能造成一定范围的热污染。所以到目前为止，这种间接冷却水一般多设计成循环供水系统，在系统中设置冷却设施，使废水降温后循环使用。不过水在循环过程中还要解决水质稳定问题。

（2）设备和产品的直接冷却废水。设备的直接冷却主要指高炉炉缸喷水冷却、高炉在生产后期的炉皮喷水冷却以及铸铁的喷水冷却；产品的直接冷却主要指铸铁块的喷水冷却。其特点是水与设备或产品直接接触，不但水温升高，而且水质被污染。由于设备或产品的直接冷却对水质要求不高，对水温控制不十分严格，一般经沉淀、冷却后即可循环使用。这一类系统的供水原则应该是尽量循环使用，只补充循环过程中损失水量，其排污量尽可能控制在最小限度。

（3）生产工艺过程废水包括：

1）高炉煤气洗涤水。高炉炼铁使用大量的焦炭和铁矿石（一般为烧结矿），每炼 1t 铁大约需要 400~600kg 焦炭，每消耗 1t 焦炭可生产 3500~4000m³（标态）的高炉煤气。煤气中含有大量可燃成分，也夹杂大量灰尘，而且温度也较高，通常为 150~400℃。一般处理方法是将炉顶荒煤气管道引入重力除尘器（干式），除去大颗粒的灰尘，然后用管道引入煤气洗涤系统，如两级文丘里洗涤器进行清洗冷却，清洗冷却后的水就是高炉煤气洗涤水。这种废水温度达 60℃以上，悬浮物高达 6~30mg/L，水中还含有酚、氰等有毒有害物质，危害大，是炼铁厂具有代表性的废水。这种水不允许直接排放，因此必须进行处理。

2）炉渣粒化用水。高炉炼铁生产中产生大量的炉渣，处理方法通常是利用水将炽热的炉渣急冷水淬，粒化成水渣，以便作为水泥的原料加以利用。

冲制水渣要使用大量的水，一般出 1t 渣需要 7~10t 水进行粒化，粒化后的渣水混合物经过脱水后，即得到成品水渣和冲渣废水，冲渣废水可以循环使用。

3.4.1　炼铁废水零排放技术

生铁冶炼是钢铁生产的主要工艺过程之一，其生产用水量和排废水量在钢铁企业中占有很大比重。据统计，我国钢铁企业中炼铁生产用水约占钢铁企业用水总量的 22.5%。现代大型炼铁厂，要使企业吨铁用水量少，节水节能效果好，必须做到用水的高质量和处理严格化；执行严格的用水标准与排放标准；严格实行按质用水、串级用水、循环用水、废水回用等分级用水管理；严格实施高的循环用水以及十分注意各工序间废水水量、水温、悬浮物和水质溶解盐类平衡，充分利用各工序水质差异，实现多级串接与循环利用，最大限度地将废水分配或消失于各生产环节中，实现炼铁系统废水"零"排放。

实现零排放可以从以下几个方面着手：

（1）高水质用水。现代大型炼铁系统，对水质的要求越来越严，其原因：一是要有高质量的产品，就需要有很少杂质的水来处理产品；二是为了提高水的循环利用率，减少结垢等也需要高质量的水。现代化大型炼铁系统有 4 个供水系统，即工业用水系统、过滤水系统、软水系统和纯水系统。其中工业水用量约占 70%，其余三种水约占 30%。这 4 个系统的主要用途可依次作为软水、过滤水、工业水循环系统的补充水。这是实现按质供水、串级供水最有效办法，其结果是水量减少了，吨铁用水降低了，用水循环率提高了，高炉寿命延长了，经济效益增加了。

（2）提高用水循环利用率。提高用水循环利用率，减少废水排放量，不只是保护环境的需要，也是节省水资源最重要措施，同时也是经济措施。所以，世界各国都十分重视废水的循环利用。要实现这一目标，首先应从用水布局上考虑。例如，按单元采用分流净化技术，使供排水设施最大限度地靠近用户，从而缩短管网，节省能耗，减少水损失；根据各生产单元需要控制水的质量、温度与压力来设计用水循环系统；根据各生产单位、各循环系统对水质的不同要求，搞好水量平衡，使废水排放量控制在最低限度，排污水串级使用，把排污水尽可能消耗在生产过程中。水质稳定措施是提高循环用水率的关键技术之一，应予以充分重视。

为了更好地解决和完善水质稳定，国外有些企业采用分片循环、串接再用的方法。例如，日本君津厂的 4930m³ 高炉的废水处理，每小时抽出 120t 煤气洗涤水（另补充新水）用于钢渣热泼；俄罗斯有部分高炉煤气洗涤水和部分转炉除尘废水混合一起使用，以保持两者水质稳定。宝钢炼铁厂高炉煤气洗涤系统也是采用了合理的串接的方法。这种串级使用、一水多用等，既能解决单个水循环系统的水质稳定问题，又减少了系统的排污量，从而减轻对环境的污染负荷，无疑是经济合理的。

另外，由于钢铁联合企业将部分浓盐水排至外环境，导致海水、河水盐浓度越来越高，对水生生态环境造成严重影响，无法真正实现"零排放"。因此"零排放"解决方案：浓盐水处理的技术难点在于其有机污染物的降解、高含盐水减量处理技术以及经济、适用的蒸发结晶技术的开发上。该领域技术的研发重点：一是开发高含盐水浓缩减量处理装置的预处理技术和新型耐高盐膜材料处理高含盐废水工艺装置；二是开发浓含盐干燥结晶处理工艺技术。如焙烧技术：开发适合高含盐无机物焙烧干燥结晶炉型；开发专用焙烧炉，选择适合钢厂工况下较为经济的燃烧介质。再如，余热回收利用技术：开发出多级多效蒸发器，并通过生产性试验，研究各级余热回收配比、完善设备结构，实现余热回收最大化；三是进行浓含盐废水回用及最终消纳目标的选择研究。例如，太钢废水零排放处理方案采用预处理单元+膜处理单元+浓缩结晶单元工艺等。

3.4.2　高炉煤气洗涤水的处理

高炉煤气洗涤废水的成分很不稳定。即便是同一座高炉，在不同工况下产生的煤气洗涤废水成分也有很大变化。废水成分主要取决于原料和燃料的成分以及冶炼操作条件。当高炉100%使用烧结矿时，可减少煤气中的含尘量，并相应地减少由灰尘带进洗涤废水中的碱性物质。溶解在洗涤废水中的CO_2含量与炉顶煤气压力以及洗涤水的温度有关，炉顶压力小，洗涤水温度高，则废水中CO_2含量就少，反之亦然。另外，当炉顶煤气压力高时，煤气中含尘量减少，洗涤废水中的悬浮物含量也相应减少，而且粒度较细。

在煤气洗涤过程中，由于气体和CaO尘粒易溶于水，废水暂时硬度会升高。每洗涤煤气一次，废水中钙、镁硬度约增加1~3dH。

高炉煤气洗涤水处理工艺主要包括沉淀、水质稳定、降温（有炉顶发电设施的可不降温）、污泥处理四部分，对于个别生产处差异已存在氰化物处理。

3.4.2.1　沉淀，去除悬浮物

炼铁系统的废水污染，以悬浮物污染为主要特征，高炉煤气洗涤水悬浮物的质量浓度达1000~3000mg/L，经沉淀后出水悬浮物的质量浓度应小于150mg/L，方能满足循环利用的要求。

高炉煤气洗涤水中的悬浮物粒径在50~600μm左右，主要利用沉淀法去除悬浮物，根据水质情况，采用自然沉淀或投加凝聚剂进行混凝沉淀。澄清水经冷却后可循环使用。鉴于混凝药剂近年来得到广泛应用，高炉煤气洗涤水大多采聚丙烯酰胺絮凝剂或聚丙烯酰胺与铁盐并用，都取得良好效果。实践证明，投加聚丙烯酰胺大于0.3mg/L进行混凝沉淀，可以使沉降效率达到90%以上。炼铁厂多采用辐射式沉淀池，有利于排泥。少数厂采用平流沉淀池和斜板沉淀池。对于特难处理煤气洗涤废水，目前已做混凝—电化学处理的尝试，效果良好。此外，也有研究人员用磁场进行处理，研究结果表明，磁场虽不利于溶液的抑泡，但强化了出水的净化效果，有利于废水的回用。

3.4.2.2　冷却，控制温度

经洗涤后水温升高，通称热污染，高炉煤气洗涤水的冷却，应视具体情况而定。

采用双文氏管串联供水再加余压发电的煤气净化工艺，高炉煤气的最终冷却不是靠冷却水，而是在经过两级文氏管洗涤之后，进入余压发电装置。在此过程中，煤气骤然膨胀降压，煤气自身的温度可以下降20℃左右，达到了使用和输送、储存的温度要求。所以清洗工艺对洗涤水温无严格要求，可以不设冷却塔。但无高炉煤气余压发电装置的两级文氏管串联系统仍要设置冷却塔。

降温构筑物常采用机械通风冷却塔，玻璃钢结构与硬塑料薄型花纹板填料，其淋水密度可以达到$30m^3/(m^2 \cdot h)$以上。污泥脱水设备可针对颗粒级配情况进行选择，宜采用压滤或真空过滤，泥饼含水率最好控制在15%左右，否则瓦斯泥回用会有一定困难。

3.4.2.3　水质稳定

冷却水在冷却过程中，既不在管道或设备内结垢，也不产生腐蚀，即为稳定的水。所谓不结垢不腐蚀是相对而言，对管道和设备都有结垢和腐蚀问题，可控制在允许范围之内，即称水质是稳定的，水质是否稳定，直接影响设备使用和循环系统的运行。

水质稳定问题主要是解决重碳酸钙、碳酸钙之间的平衡问题。如下列化学方程式：

$$CaCO_3+CO_2+H_2O \rightleftharpoons Ca(HCO_3)_2$$

当反应达到平衡时，水中溶解的 $CaCO_3$、CO_2 和 $Ca(HCO_3)_2$ 量保持不变，水处于稳定状态。当水中超过平衡的需求量时，反应向左边进行，水中出现 $CaCO_3$ 沉积、产生结垢。一般常用极限碳酸盐硬度来控制 $CaCO_3$ 的结垢，极限碳酸盐硬度是指循环冷却水所允许的最大碳酸盐硬度值，超过这个数值，就产生结垢。控制碳酸盐结垢的方法如下：

（1）酸化法。酸化法是采用在水中投加硫酸或者盐酸，利用 $CaSO_4$、$CaCl_2$ 的溶解度远远大于 $CaCO_3$ 的原理，防止结垢。

$$Ca(HCO_3)_2+H_2SO_4 \rightleftharpoons CaSO_4+2CO_2+2H_2O$$
$$Ca(HCO_3)_2+2HCl \rightleftharpoons CaCl_2+2CO_2+2H_2O$$

此法对不含锌的废水有些作用，也不能完全解决问题。通常还有结垢发生，有时相当严重，为维持生产正常运行，只好排出部分废水，补充一些新水，以保持循环系统水质平衡。因此酸化法只能缓解由于 $CaCO_3$ 引起结垢，而不能缓解其他成垢因素引起结垢问题，且常发生严重设备腐蚀。

（2）石灰软化法。在水中投入石灰乳，利用石灰的脱硬作用，去除暂时硬度，使水软化。

$$CaO+H_2O \rightleftharpoons Ca(OH)_2$$
$$Ca(HCO_3)_2+Ca(OH)_2 \rightleftharpoons 2CaCO_3\downarrow+2H_2O$$

石灰的投加量可以采用理论计算求出，而实际工作中多用试验方法确定。要特别提出注意的是，在用石灰软化时，为使细小的 $CaCO_3$ 颗粒长大，同时要加絮凝剂（如 $FeCl_3$）。

（3）CO_2 吹脱法。CO_2 吹脱法就是在洗涤废水进入沉淀池之前进行曝气处理。曝气的目的是吹脱溶解于废水中的 CO_2，破坏成垢物质的溶解平衡，促其结晶析出，并直接在沉淀池中随同悬浮物一起被去除，从而避免系统中的结垢发生。不过，曝气只有随着时间的延长才逐渐发生作用。试验表明，曝气 30min 以上，水中 CO_2 的吹出效果方能明显，pH 值可以上升到 8 左右。但在此过程中，洗涤废水中的悬浮物比较容易沉淀，进而曝气池的清泥又成为一个难题。并且曝气的强度、空气的分配不好掌握，安装维护也不方便，加之曝气所需的鼓风机耗电较多，使得此方法的运用受到限制。

（4）碳化法。有的炼铁厂将烟道废气（含有部分 CO_2）通入洗涤废水中，以增加洗涤水中 CO_2，使 CO_2 与循环水中易结垢的 $CaCO_3$ 反应，生成溶解度大的 $Ca(HCO_3)_2$，该物质是不稳定物质，为抑制 $Ca(HCO_3)_2$ 分解，防止 $CaCO_3$ 结晶析出，需保持水中有少许过量 CO_2，使水中游离 CO_2 的质量浓度维持在 $1\sim3mg/L$，从而使 $Ca(HCO_3)_2$ 不分解，保证供水管道不结垢，这就是碳化稳定水质的基本原理。其化学平衡式为：

$$CaCO_3+CO_2+H_2O \rightleftharpoons Ca(HCO_3)_2$$

（5）渣滤法。20 世纪 20 年代初期，我国在一些小型炼铁厂试验成功的高炉煤气洗涤废水与高炉冲渣水联合处理的方法是一种比较切实可行的方法。它是用粒化后的高炉渣作为滤料，使高炉煤气洗涤水通过水渣滤料过滤，过滤后的水相当清澈，而且暂时硬度亦有显著下降，这在一定程度上缓解了系统的结垢发生。但是这种渣滤法处理能力有限，而且在渣滤过程中，洗涤废水中的瓦斯泥往往要堵塞滤料，减慢滤速，增加清理和维修的次数和时间。

（6）不完全软化法。有的炼铁厂将沉淀池处理后的洗涤废水一部分送到加速澄清池，向池中加入石灰乳和絮凝剂，利用石灰的脱硬作用去除洗涤水部分暂时硬度，然后再往循环水中通入 CO_2，使之形成溶解度较大的 $Ca(HCO_3)_2$，以达到消除水垢的目的。

（7）药剂缓垢法。加药稳定水质的机理是在水中投加有机磷类、聚羧酸型阻垢剂，利用它们的分散作用，晶格畸变效应等优异性能，控制晶体的成长，使水质得到稳定。最常用的水质稳定剂有聚磷酸钠、NTMP（氮基膦酸盐）、EDP（乙醇二膦酸盐）和聚马来酸酐等。随着研究和应用的不断深入，复合配方有针对性的应用，药剂之间可有增效作用，大大减小投药量。随着化学工业的发展，各种高效水质稳定剂被开发出来，所以在循环水系统中，药剂法控制水质稳定将更有广阔前景。

目前，首都钢铁公司、攀枝花钢铁公司、湘潭钢铁公司、上海第一钢铁厂等的高炉煤气洗涤废水均采用自然沉淀为主的处理方法。莱芜钢铁厂高炉煤气洗涤废水过去靠两个 $D=12m$ 的浓缩池处理，未达到工业用水及排放标准，后来改用平流式沉淀池进行自然沉淀，沉淀效率达 90% 左右，出水悬浮物含量小于 100mg/L，冷却以后水温约 40℃，水的循环率达 90%，除个别指标（如 Pb、酚）有时超标外，处理后的废水基本可达标排放。国外高炉煤气洗涤废水的处理大多数采用自然沉淀方法，特点是废水靠重力排入沉淀池或浓缩池，处理后经冷却塔冷却后循环使用，出水悬浮物 SS<85mg/L，循环率达 96%。整个系统设计成闭路循环，运行期间没有排污。自然沉淀法的优点是节省药剂费用，节约能源；缺点是水力停留时间长，占地面积大，对用地紧张的企业不宜采用。另外，当瓦斯泥颗粒过细时，自然沉淀后的水中悬浮物含量偏高，输水管道、水泵吸水井积泥较多，冷却塔和煤气洗涤设备污泥堵塞现象较严重。

混凝沉淀也是一种广为采用的处理方法，如武汉钢铁厂、宝山钢铁总厂、首都钢铁公司等的高炉煤气洗涤废水多采用混凝沉淀法。武钢高炉煤气洗涤废水处理指标：投加聚丙烯酰胺 0.5mg/L，沉淀池出水悬浮物小于 50mg/L；本钢投加无机和有机高分子絮凝剂，沉淀效率达 98%；宝山钢铁总厂采用混凝沉淀法净化后可使水中悬浮物由 2000mg/L 降到 100mg/L 以下，总循环率达 97%，废水处理系统运行正常，处理效果良好，但所使用的进口水处理药剂价格昂贵；首钢高炉煤气洗涤废水采用聚丙烯酰胺（投量为 0.3mg/L）进行混凝沉淀，沉降效率可达 90% 以上，当循环时间较长和循环率较高时，聚丙烯酰胺和少量的 $FeCl_3$ 复合使用，可去除富集的细小颗粒，取得满意的处理效果。

3.4.2.4　氰化物处理

当洗涤水中含有氰质量浓度较高时，应当考虑对氰化物进行处理，求其是当废水去除悬浮物后欲外排时。大型高炉的煤气洗涤水水量大，含氰化物质量浓度低，可以不考虑对氰化物进行处理，小型高炉，求其是冶炼锰铁的高炉洗涤水，含氰质量浓度低，应进行处理。处理方法主要有以下几种：

（1）碱式氯化法。在碱性条件下，投加氯、次氯酸钠等氯系氧化物，使氰化物氧化成无害的氰酸盐、二氧化碳和氮。此法效果明显，但处理费用高。

（2）回收法。个别冶炼锰铁的高炉，含氰化物浓度很高，可用回收利用。先调整废水的 pH 值，使其成酸性，然后进行空气吹脱处理，使氰化物逸出，收集后用碱性溶液处理，收集氰化钠。

（3）亚铁盐络合法。向废水中投加硫酸亚铁，使其与水中的氰化物反应生成亚铁氰化物的络合物。

（4）生成氰化物。利用微生物讲解水中的氰化物，如塔式生物滤池，以焦炭和塑料为滤料，在水力负荷为 $5 \sim 10 \mathrm{m}^3 / (\mathrm{m}^2 \cdot \mathrm{d})$ 时，氰化物去除率可达到85%以上。

3.4.2.5 污泥处理系统

高炉煤气洗涤水在沉淀处理时，沉淀池的下部积聚了大量的污泥，污泥中主要含有铁、焦炭粉末等有用物质。将这些污泥加以处理，可以回收含铁分很高的、相当于精矿粉品位的有用物质。通常做法是煤气洗涤水经浓缩、脱水后，将泥饼送烧结综合利用。污泥处理工流程如图3-24所示。从沉淀池排出的含泥为10%~20%的泥浆，用泥浆泵送至二次浓缩池进一步浓缩，经浓缩将含泥量为30%~40%的泥浆直接送到过滤机，经过滤脱水后得到含水率为20%~30%的泥饼被卸到料仓。泥饼根据污泥成分加以利用。

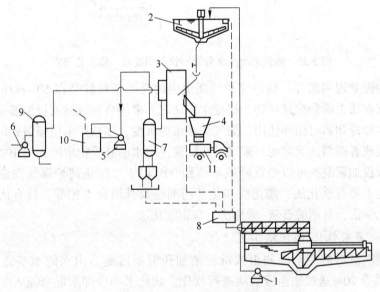

图3-24 污泥处理工艺流程图

1—泥浆泵；2—浓缩机；3—真空过滤机；4—料仓；5—真空泵；6—空压机；
7—自动排滤液罐；8—集水槽；9—空气罐；10—气水分离器；11—汽车

3.4.2.6 重复用水与串级使用

悬浮物去除、温度的控制、水质稳定和沉渣脱水与利用是保证循环用水必不可少的关键技术，环环紧扣，相互影响。所以要坚持全面处理，形成良好的循环，炼铁厂的用水量大，用水水质要求存在明显差别，十分有利于串级使用用水，保证各类水循环中浓缩倍数不必太高，由定量排除污水到下一道水系统中，全厂实现无废水排放水平，如图3-25所示。

3.4.3 高炉煤气洗涤废水的回收利用

高炉煤气洗涤水处理原则应是经济运行、节约用水和保护水资源三方面考虑，对废水进行适当处理，最大限度地循环使用。高炉煤气洗涤水处理工艺主要包括沉淀、水质稳

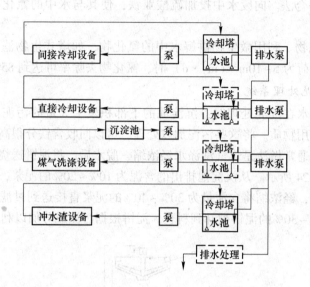

图 3-25　炼铁系统废水资源回收利用处理一般工艺流程

定、降温和污泥处理四部分。高炉煤粉洗涤水中的悬浮颗粒粒径在 $50 \sim 600 \mu m$ 之间，因此主要利用沉淀法去除颗粒悬浮物，根据水质情况，采用自然沉淀或投加絮凝剂进行絮凝沉淀。成清水经冷却后可循环使用。煤气洗涤水的沉淀，多数厂采用辐射式沉淀池，少数厂采用平流式或者倾斜式沉淀池，采用自然沉淀，出水的悬浮物浓度大约 $100mg/L$，采用混絮凝池一般投加絮凝剂可以是沉降效率达到 90% 以上。防止高炉煤气洗涤系统结垢的废水处理方法主要有软化法、酸化法和化学药剂法及其组合工艺等。具有代表性的有宝钢、武钢的化学法，首钢的石灰-碳化法，鞍钢酸化法。

3.4.3.1　石灰软化-碳化法工艺流程

高炉煤气洗涤后的废水经辐射式沉淀池加药混凝沉淀后出水的 80% 送往降温设备（冷却塔），其余 20% 送往加速澄清池进行软化，软化水和冷却水混合流入加烟井，进行碳化处理，然后泵送回烟气洗涤设备循环使用。从沉淀池底部排除泥浆，送入浓缩池进行二次浓缩，然后送往真空过滤机进行脱水。浓缩池溢流水回沉淀池，或直接去吸水井供循环使用。瓦斯泥送入储泥仓，供烧结作为原料。其工艺流程如图 3-26 所示。

3.4.3.2　酸化法工艺流程

从煤气洗涤塔排出的废水，经过辐射沉淀池进行自然沉淀，上层的清水送至冷却塔降温，然后由塔下集水池输送到循环系统，在输送管道上设置加酸口，废酸池内的废硫酸通过胶管适量均匀加入水中。沉淀池经脱水后，送烧结利用。其工艺流程如图 3-27 所示。

3.4.3.3　石灰软化-药剂法工艺流程

石灰软化-药剂法工艺采用石灰软化 20%～30% 的清水河加药阻垢联合处理。由于选用不同水质稳定剂进行组合配方，达到协同效果，增强水质稳定效果，其流程如图 3-28 所示。

3.4.3.4　药剂法工艺流程

高炉煤气洗涤后的废水经沉淀池进行混凝沉淀，在沉淀出口的管道上投入阻垢剂，阻

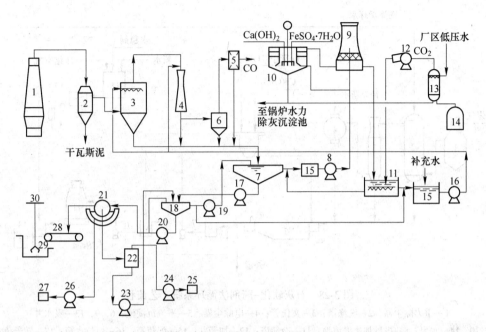

图 3-26　石灰软化法-碳化法循环系统工艺流程

1—高炉；2—干式除尘器；3—洗涤塔；4—文氏管；5—蝶阀组；6—脱水器；7—φ30m 辐射沉淀池；8—上塔泵；
9—冷却塔；10—机械加速澄清池；11—加烟井；12—抽烟机；13—泡沫井；14—烟道；15—吸水井；16—供水泵；
17—泥浆泵；18—φ12 浓缩池；19—提升泵；20，23—砂泵；21—真空过滤机；22—滤液缸；24—真空泵；
25，27—循环水箱；26—压缩机；28—皮带机；29—储泥仓；30—天车抓斗

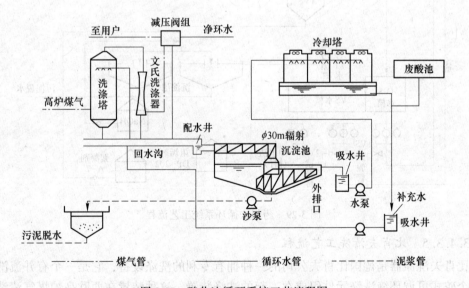

图 3-27　酸化法循环系统工艺流程图

止碳酸钙结垢。同时防止氧化铁、二氧化硅、氢氧化锌等结合生成水垢，在使用药剂时应
该调节 pH 值。为了保证水质在一定的浓缩倍数下循环，定期向系统外排污垢，不断补充
新水，使水质保持稳定。其工艺流程如 3-29 所示。

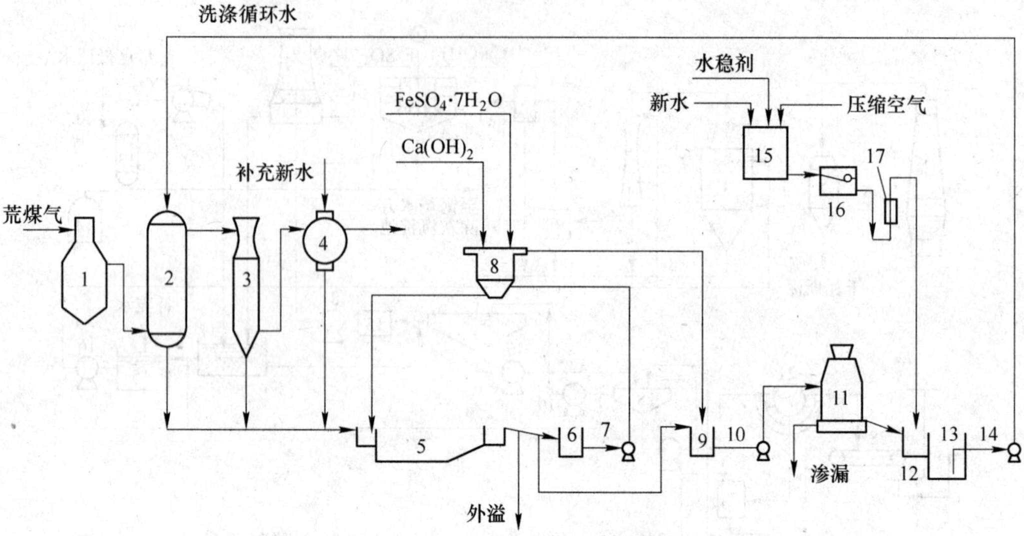

图 3-28　石灰软化-药剂法循环系统工艺流程

1—重力除尘器；2—洗涤塔；3—文氏管；4—电除尘器；5—平流沉淀池；6，9，13—吸水井；7，10，14—水泵；8—机械加速澄清池；11—冷却塔；12—加药井；15—配药箱；16—恒位水箱；17—转子流量计

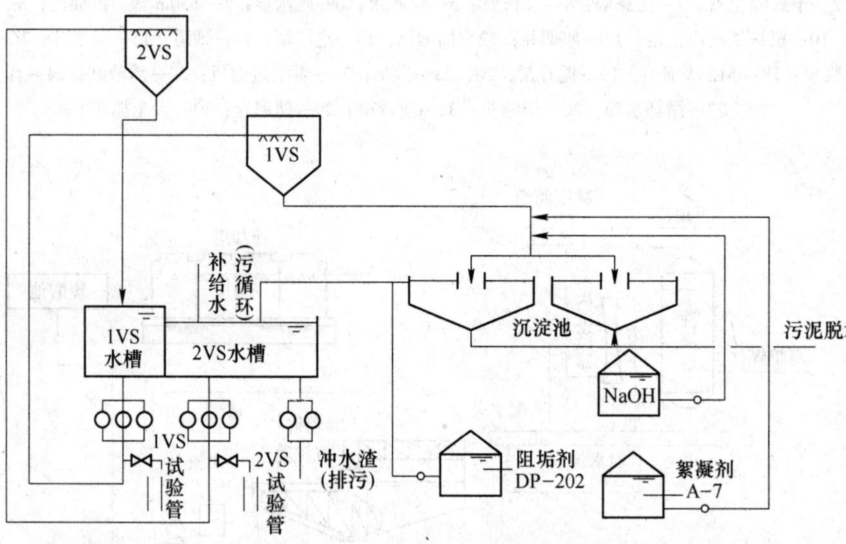

图 3-29　药剂法循环系统工艺流程

3.4.3.5　比肖夫清洗工艺流程

比肖夫洗涤器是德国比肖夫公司的一种拥有专利的洗涤设备，它是一个有并流洗涤塔和几个砣式可调环缝洗涤元件组成在一起的洗涤装置，这种装置在西欧高炉煤气清洗上用的很多，目前在国内已有使用。

目前 $3000m^3$ 以上的高炉，所用比肖夫洗涤器都属二组并联，其占地少，但设备质量不减。国内某 $2000m^3$ 高炉采用比肖夫煤气清洗系统工艺流程如图 3-30 所示。

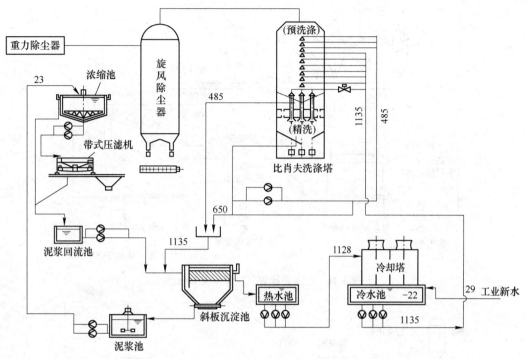

图 3-30　比肖夫清洗系统工艺流程

3.4.3.6　塔文系统清洗工艺流程

某厂 1200m³ 高炉煤气净化工艺采用湿法除尘传统工艺流程，即重力除尘器→洗涤塔→文氏管→减压阀组→净煤气管→用户。这种流程可使煤气含尘量处理到小于 10mg/m³，用水量为 1040m³/h，要求水压 0.8MPa。

高炉采用高压炉顶操作，利用高压煤气可进行余压发电，所以预留了余压发电装置，当进行余压发电后，冷却塔可以不用，直接经沉淀后将水送到煤气洗涤系统。因煤气经净化后的温度一般控制在 35~40℃，经洗涤塔和文氏管后的温度一般控制在 55~60℃，在经余压发电装置后煤气温度可降低 20℃ 左右。所以在这种情况下，可以不用冷却塔就能满足用户对煤气的使用要求，不上冷却塔的供水温度一般允许在 55~60℃ 以内。

煤气洗涤水处理流程如图 3-31 所示。煤气洗涤污水经高架排水槽，流入沉淀池，经沉淀后的水，由泵加压送冷却塔冷却后，再用泵送车间洗涤设备循环使用。沉淀池下部泥浆用泥浆泵送污泥处理间脱水处理。在系统中设有加药间，向水系统中投加混凝剂和水质稳定药剂。

3.4.3.7　双文系统清洗工艺流程

某厂 4060m³ 大型高炉煤气净化工艺采用两级可调文氏管串联系统，从高炉发生的煤气先进入重力式除尘系统，然后进入煤气清洗设备以及一级文氏管与二级文氏管，再经调压阀组、消音器，最后送至净煤气总管，送给厂内各个设备使用。

高炉煤气洗涤循环水系统是为在一文、二文设备中清洗煤气所设置的有关设施。水处理工艺流程如图 3-32 所示，二文排水由高架水槽流入一文供水泵吸水井，由一文供水泵送水供一文使用，一文回水由高架水槽流入沉淀池，沉淀后上清水流入二文泵吸水井，由

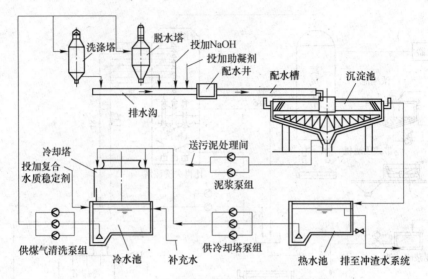

图 3-31　塔文系统煤气洗涤水处理流程

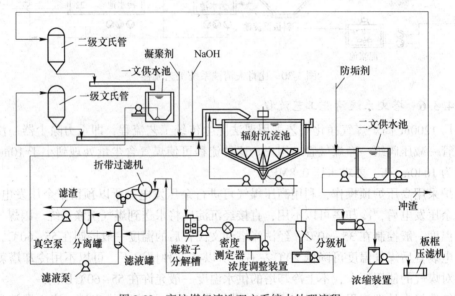

图 3-32　高炉煤气清洗双文系统水处理流程

二文供水泵提供二文循环使用。沉淀池下泥浆由泥浆泵送泥浆脱水间脱水。

采用双文串联供水系统，可减少煤气洗涤用水量，相应水处理构筑少，二文出来的煤气还要余压发电，所以省去冷却塔装置。

3.4.4　高炉冲渣废水的处理技术

高炉渣水淬方式分为渣池水淬和炉前水淬两种，高炉冲渣废水一般指炉前水淬所产生的废水。大量的水急剧熄灭熔渣时，首先使废水的温度急剧上升，甚至可以达到将近 100℃。其次是受到渣的严重污染，使水的组成发生很大变化。

废水组成随炼铁原料、燃料成分以及供水中的化学成分不同而异。

冲渣废水是不能任意排放的。其治理原则仍然是适当处理、循环使用。因为循环使用对水质的要求低于排放对水质的要求，所以经渣水分离后即可循环，因而处理费用很低。尤其是冲渣水较之炼铁厂其他系统废水的最大不同是：冲渣时温度很高，大量的用水被汽化蒸发，只要安排得当，在循环系统中是没有污水外排的。因而，在冲渣水系统中，可以设计成只有补充水和循环水，而无"排污水"。因此，凡是具有水冲渣工艺的炼铁厂，精心设计、认真管理，就可以实现"零"排放。循环给水系统中，水的损耗可按吨渣 1.2~1.5m³ 水考虑。

循环给水系统一般应考虑设置沉淀过滤、冷却、加压设施。之所以要冷却，是因为冲渣水水温高会导致：（1）冲渣时产生大量的泡沫渣、渣棉和大量的蒸汽，对水渣运输、渣沉淀和渣滤池的工作不利；（2）工作环境差；（3）水泵出现气蚀现象，降低泵的出力，影响泵的使用寿命；（4）易产生人身事故；（5）设备易损坏；（6）维修困难。冲渣水压大，冲渣时易产生渣棉，渣棉不易沉淀去除，进入渣滤池后易堵塞滤层，影响滤池的能力。根据生产经验，一般使用压力为 0.12~0.15MPa 较合适。

渣水分离的方法有以下几种。

3.4.4.1 渣滤法

渣滤法就是将冲渣后的渣水混合物，引至一组滤池内，由水渣本身作为滤料，使渣和水通过滤池，将水渣截流在池内，并使水得到过滤。渣滤法的优点是：过滤后的水悬浮物的质量浓度很低，且在渣滤过程中，可以降低水的暂时硬度。加之，滤料就是水渣本身，不必再生，可省去反冲洗的工序。因此，渣滤法处理后的水，可以不必另行处理悬浮物。但是，渣滤法需要的滤池占地面积较大，上述所谓一组滤池，就是指的这种渣滤操作不可能在一两个池内完成，必须是一组（数个）方能完成，而且各滤池之间的操作转换比较复杂，难以实现自动化控制，因此只适用于小型高炉炉渣粒化的渣水分离。

3.4.4.2 槽式脱水法

槽式脱水法就是将渣和水的混合物用泵打在一个槽内进行脱水。它与滤池脱水的不同在于，脱水槽的槽壁和槽底，均安装有不锈钢丝编织的网格，使脱水面积远远超过了滤池的过滤面积，因其脱水能力远大于渣滤池的能力，故相应地节省了占地面积。

槽式脱水法的典型代表如宝钢 1 号高炉水渣系统采用的"拉萨法"（RASA）。该法是将渣水混合物一起由渣泵压送至高位脱水槽，脱水后的水渣由槽下部的阀门控制排出，装车外运；脱水槽脱出的水与夹带的浮渣一并进入沉淀池，沉淀池下部的渣返送脱水槽，沉淀池的溢流水，经冷却后循环使用。

"拉萨法"的优点是可以实现自动控制，并且其占地面积较小。但是"拉萨法"耗电较多，渣水混合物用泵输送，而且为防止沉积，几乎在每一个环节上，都得用水进行搅拌、冲洗，并保持水位。以宝钢 1 号高炉水渣为例，整个系统设有 29 台各种类型的泵，装机容量达 3000kW。"拉萨法"生产的水渣虽然质量较好，但成本较高。再者，渣水混合物在压送过程中，对设备和管道的磨损比较严重。此外，"拉萨法"也不能避免浮渣的产生，处理起来比较复杂。

由于诸多缺点的限制，目前已不采用"拉萨法"进行炉渣处理。

3.4.4.3 转鼓脱水法

鉴于"拉萨法"耗电多，设备和管道磨损严重，存在浮渣难于处理的缺点，卢森堡

PW 公司发明了用不锈钢丝网转鼓脱水的方法，称为 INBA（印巴）法（图 3-33）。"INBA" 法是将冲渣后的渣水混合物引至一个转动着的圆筒形设备内，通过均匀的分配器，使渣水混合物进入转鼓，由于转鼓的外筒是由不锈钢丝编织的网格结构，进入转鼓内的渣和水很快得到分离。水通过渣和网，从转鼓的下部流出，水渣则随转鼓一道做圆周运动。当渣被带到圆周的上部时，依靠自身的重力落至装在转鼓中心的输出皮带机上，皮带机运转时，将水渣送出，实现了渣水分离。这种转鼓脱水法，克服了 "拉萨法" 存在的缺点。首先，用泵转扬的仅仅是渣水分离后的水，而不是渣水混合物，比 "拉萨法" 省掉一级输送渣水混合物的过程，并且不需设置搅拌水，因而动力消耗少；其次，由于转扬的水中悬浮物的质量浓度较低，即使还残留有水渣，也是极细小、微量的渣，所以对设备和管道的磨损也少；再次，由于所有的渣均在转鼓内被分离，即使被带入水中的微量的渣，也是通过了转鼓过滤网的，所以没有浮渣产生。"INBA" 法的出现，极大地提高了工作效率。

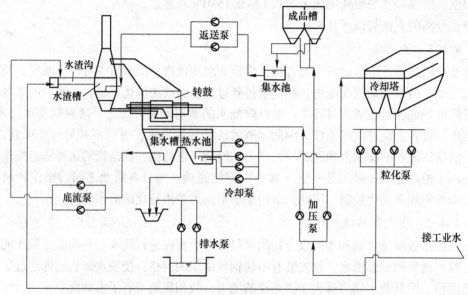

图 3-33　高炉渣水淬转鼓脱水法工艺流程

目前国际上大型高炉的水渣设施，多采用此法。我国马鞍山钢铁公司 5 号高炉与武钢 1 号高炉均采用；此外，沙钢高炉采用环保型 INBA 冲渣水处理技术；上海宝钢 3 号高炉采用热 INBA 水处理工艺等。这种工艺的检测方法也较先进，从而实现了完全的自动化。"拉萨法" 的脱水是自动的，但其冲渣却必须由操作人员目测高炉出渣量，并据此指挥供水泵的开启，"INBA" 法则由自动测定转鼓的负荷以及水温等参数，自动开启冲渣供水泵。因此，"INBA" 法是比 "拉萨法" 先进的一种渣水分离的方法。

3.4.4.4　图拉法

图拉法处理水冲渣废水是近年来由国外引进的一种新型炉渣粒化装置。该装置布置紧凑、占地省、用水量小。图拉法水冲渣工艺流程如图 3-34 所示。高炉渣经粒化器冲制后经转鼓脱水器进行渣水分离，滤出的水渣用皮带机运至成品槽，过滤后的水流入转鼓脱水器下部上水槽中，上水槽水由溢流槽流入下水槽，再用渣浆泵将冲渣水送至粒化器循环使用。消耗的水量由工业新水补充到下水槽中。

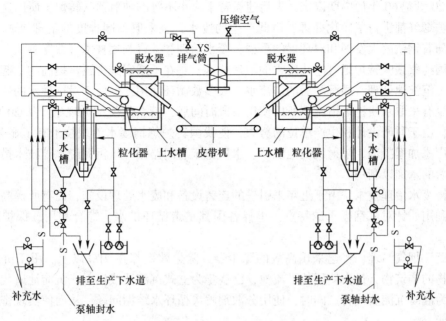

图 3-34　图拉法水冲渣工艺流程

3.5　转炉炼钢废水处理技术

3.5.1　炼钢厂废水的来源

炼钢方法，目前主要是转炉和电炉两大类。转炉又分为侧吹转炉、纯氧顶吹转炉、顶底复合吹转炉。我国钢产的构成大体上电炉钢占 20%，转炉钢占 80%。

炼钢系统的污水主要分为生产工艺过程污水、设备和产品直接冷却水和间接设备冷却水。

生产工艺过程污水主要是指烟气除尘净化污水，是炼钢厂的主要污水。这种污水含有大量的氧化铁和其他杂质，必须经过处理后才能回用和外排，否则将会给周边地区的水环境带来严重危害。

炼钢系统的水量，因其车间组成、炼钢工艺、给水条件不同而有差异。目前我国转炉除尘有干法与湿法，但多数仍以湿法为主。采用湿法除尘的转炉，每炼 1t 钢约需水 70m^{3}左右，其中炉体冷却用水 20~25m^3，烟气净化用水为 5~6m^3，连铸用水为 6~7m^3，其他用水约 35m^3。

当前炼钢系统以纯氧顶吹转炉烟气净化废水量大面广；由于连铸比已达 98%，因此连铸废水已成为炼钢系统的主要废水。

3.5.2　炼钢厂废水利用技术

我国在 20 世纪 50 年代初期建设的平炉、电炉和侧吹转炉，大都没有烟气净化除尘设施，水质稳定以排水为主，很少采取专门治理设施。

自 20 世纪 60 年代中期以来，先后建设若干大小不等的纯氧顶吹转炉，所以这些纯氧顶吹转炉烟气都进行了净化处理，由此产生的废水，也采取不同程度的治理措施。到 21 世纪，随着钢铁的大发展和对环保的重视，废水治理和综合利用技术日益完善。

我国纯氧顶吹转炉烟气净化废水的治理技术，是在不断实践中逐步提高的。起初，一般都经过沉淀池处理，经沉淀后的溢流水，大多数循环使用，但由于对这种水的性质认识不足，没有采取水质稳定措施，所以使用一段时间后，就会发生结垢现象。从 20 世纪 70 年代起，由于科研设计和生产单位的努力，使我国转炉炼钢废水治理技术有了显著提高。一般采用添加絮凝剂、辐射沉淀池沉淀、水质稳定、闭路循环、污泥脱水等技术措施，并把处理后的水加以利用。

连铸废水治理技术，由于近年来引进的连铸设备和废水处理设施，而有所提高，实现了循环利用。针对炼钢废水的特点，世界各国都是走循环供水、综合利用、保护环境的路径。

炼钢厂烟气治理，普遍采用高效的除尘器，除尘效率都在 91% 以上。用于沉淀废水中悬浮物的构筑物，过去使用的平流池，已逐步为立式沉淀池或辐射式沉淀池所代替，自然沉淀为混凝沉淀所代替。同时，使用分散剂解决循环水结垢问题，从而使实现密闭循环成为可能。

治理氧气顶吹转炉除尘废水如采用絮凝技术和磁处理方法，效果也颇为显著。

由于炼钢废水中，含有大量的具有磁性的氧化铁，有的企业采用高梯度磁分离技术，取得一定的进展。转炉烟气净化废水循环使用，可以不设置冷却塔，完全可以维持正常生产，不受水温的制约，这一点对节省基建投资，少占地和降低废水处理费用是十分有益的。

在水质稳定方面，除使用缓蚀阻垢剂的方法解决结垢问题外，还有投加 Na_2CO_3 也是很有效的。

3.5.3　转炉烟气除尘污水处理

3.5.3.1　转炉烟气洗涤除尘废水特征

纯氧顶吹转炉在冶炼过程中，由于吹氧的缘故，含有浓重烟尘的大量高温气体，经过炉口冒出来，通过烟罩进入烟道，经余热锅炉，回收了烟气的部分热量，然后进入设有两级文氏管的除尘系统。烟气依次通过一文和二文进行清洗，将烟气里的灰尘除掉，同时降低烟气温度，这就完成了除尘的任务。

纯氧顶吹转炉的除尘，一般均采用两级文丘里洗涤器。第一级文丘里洗涤器称为"一文"，第二级文丘里洗涤器称为"二文"。一文一般做成喉口处带溢流堰并设喷嘴的结构，因而也称作溢流文氏管。溢流的水，沿文氏管壁流下，可以保护洗涤设备不致被高温气流和烟气中的尘粒损伤。二文喉口处设有一个可以调节喉口大小的装置，因而亦称作可调文氏管。调节喉口的大小，即可控制气流通过喉口的速度，以提高除尘和降温效果。先进的文氏管系统，一文采用手动可调喉口，二文由炉口微差压装置自动调节喉口开度，进行精除尘。

转炉烟气的成分随炉气处理工艺不同而异。众所周知，炼钢过程是一个铁水中碳和其他元素氧化的过程。铁水中的碳与吹炼的氧发生反应，生成 CO，随炉气一道从炉口冒出。

严密封闭炉口，使 CO 经余热锅炉和除尘降温后，仍以 CO 的形式存在。回收这部分炉气，作为工厂能源的一个组成部分，这种炉气称为转炉煤气。这种炉气处理过程，称为回收法，或者称为未燃法。未燃法湿法烟气净化系统流程如图 3-35 所示。如果炉口没有密封，从而使大量空气通过烟道口随炉气一道进入烟道。在烟道内，空气中的氧气与炽热炉气中的 CO 发生燃烧反应，使 CO 大部分变成 CO_2，同时放出热量，使烟道气的温度更高。这种高温烟气，被余热锅炉回收一部分热量，再经文氏管除尘降温后，因为没有回收价值，只好排放。这种方法称之为燃烧法，现已很少使用。这两种不同的炉气处理方法，给除尘废水带来不同的影响。

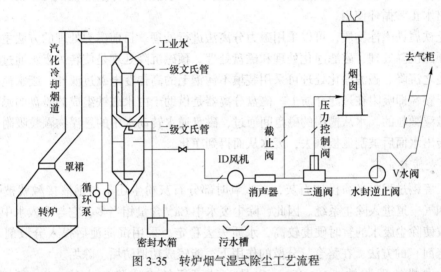

图 3-35 转炉烟气湿式除尘工艺流程

由上述转炉除尘工艺可以看出，供两级文氏管进行除尘和降温的水，使用过后，通过脱水器排出，即为转炉废水。显然，转炉除尘废水的性质与除尘设备、除尘工艺是紧密联系的。

除尘废水的性质为：

（1）废水排放量。转炉除尘废水每吨钢排放量，一般为 $5\sim6m^3$。但对于不同炼钢厂，由于除尘方式不同，水处理流程不同，水质状况有差异，其废水排放量亦有较大差别。原则上除尘废水量相当于供水量。但如采用串接（联）供水，则比并联供水，其水量接近减少一半。如宝钢炼钢厂 300t 纯氧顶吹转炉，采用二文一文串联供水，其废水量设计值仅约 $2m^3/t$ 钢。仅就废水而言，废水量小，污染也小，废水处理也就容易，占地、设施、管理和处理费用都获得显著效果。

（2）废水特征。纯氧顶吹炼钢是间歇生产过程，它是由装铁水—吹氧—加造渣料—吹氧—出钢等几个过程组成。这几个过程完成后，一炉钢冶炼完毕，然后再按上述顺序进行下一炉钢的冶炼。现代的纯氧顶吹转炉一炉钢约需 40min，其中吹氧约 18min。由于这些冶炼工艺的特点，使得炉气量、温度、成分都在不断变化，因此转炉除尘废水性质的随时变化是其最重要的特征。

3.5.3.2 转炉烟气除尘污水处理要点

转炉除尘污水的治理，以实现稳定的循环使用为目的，最终达到闭路循环。转炉除尘污水经沉淀处理后循环使用，其沉淀污泥由于含铁量高，具有较高的应用价值。应采取适当的方法加以回收利用。具体方法如下：

A　悬浮物的去除

转炉除尘废水中的悬浮物，若采用自然沉淀，虽可将悬浮物降低到 $150 \sim 200 mg/L$ 的水平，但循环使用效果较差，故需使用强化沉降。目前一般在辐射式沉淀池或立式沉淀池前投加混凝剂，或先使用磁力凝聚器磁化后进入沉淀池。较理想的方法应使除尘废水进入水力旋流器，利用重力分离的原理，将大颗粒的悬浮颗粒（大于 60）除去，以减轻沉淀池的负荷。废水中投加聚丙烯酰胺，即可使出水中的悬浮物含量降低到 $100 mg/L$ 以下，可以使出水正常循环使用。

氧化铁属铁磁性物质，可以采用磁力分离法进行处理。目前磁力处理的方法主要有三种，即预磁沉降处理、磁滤净化处理和磁盘处理。预磁沉降处理是使转炉废水通过磁场磁化后再使之沉降。磁滤净化处理可采用装填不锈钢毛的高梯度电磁过滤器。废水流过过滤器，悬浮颗粒即吸附在过滤介质上。磁盘分离器是借助于由永磁铁组成的磁盘的磁力来分离水中悬浮颗粒的。水从槽中的磁盘间通过，磁盘逆水转动水中的悬浮物颗粒吸附在磁盘上，待转出水面后被刮泥板刮去，废水从而得到净化。

B　水质稳定问题

由于炼钢过程中必须投加石灰，在吹氧时部分石灰粉尘还未与钢液接触就被吹出炉外，随烟气一道进入除尘系统。因此，除尘废水中 Ca^{2+} 含量相当多，它与溶入水中的 CO_2 反应，致使除尘废水的暂时硬度较高，水质失去稳定。采用沉淀池后投入分散剂（或称水质稳定剂）的方法，在螯合、分散的作用下，能较成功地防垢、除垢。

在水中投加碳酸钠（Na_2CO_3）也是一种可行的水质稳定方法。Na_2CO_3 和石灰 $[Ca(OH)_2]$ 反应，形成 $CaCO_3$ 沉淀：

$$CaO + H_2O \longrightarrow Ca(OH)_2$$
$$Na_2CO_3 + Ca(OH)_2 \longrightarrow CaCO_3 \downarrow + 2NaOH$$

而生成的 NaOH 与水中 CO_2 作用又生成 Na_2CO_3，从而在循环反应的过程中，使 Na_2CO_3 得到再生。在运行中由于排污和渗漏，需补充少量的 Na_2CO_3 保持平衡。该法在国内一些厂中的应用效果较好。

利用高炉煤气洗涤水与转炉除尘废水混合处理，也是保持水质稳定的一种有效方法。由于高炉煤气洗涤水含有大量的 HCO_3^-，而转炉除尘废水含有较多的 OH^-，使两者结合，发生如下反应：

$$Ca(OH)_2 + Ca(HCO_3)_2 \longrightarrow 2CaCO_3 \downarrow + 2H_2$$

生成的碳酸钙正好在沉淀池中除去，这是以废治废、综合利用的典型实例。在运转过程中量不平衡，适当在沉淀池后加些阻垢剂做保证。总之，水质稳定的方法是根据生产工艺和水质条件，因地制宜地处理，选取最有效、最经济的方法。

C　污泥的脱水与回用

经沉淀的污泥必须进行处理与回用，否则转炉废水密闭循环利用的目标就无法实现。转炉除尘废水污泥含铁达 70%，具有很高应用价值。处理这种污泥与处理高炉煤气洗涤水的瓦斯泥一样，国内一般采用真空过滤脱水的方法，但因转炉烟气净化污泥颗粒较细，含碱量大，透气性差，该法脱水效果较差，目前已渐少用。而采用压滤机脱水，通常脱水效果较好，滤饼含水率较低，但设备费用较高。脱水的污泥通常制作球团用于炼钢。

3.5.3.3 转炉除尘污水处理工艺流程

目前，转炉除尘废水处理流程一般有以下几种流程。

A 混凝沉淀—水稳定剂流程

从一级文氏管排出的含尘量较高的除尘废水经明渠流入粗粒分离槽，在粗粒分离槽中将含量约为15%的、粒径大于60的粗颗粒杂质通过分离机予以分离，被分离的沉渣送烧结厂回收利用；剩下含细颗粒的废水流入沉淀池，加入絮凝剂进行混凝沉淀处理，沉淀池出水由循环水泵送二级文氏管使用。二级文氏管的排水经水泵加压，再送一级文氏管串联使用，在循环水泵的出水管内注入防垢剂（水质稳定剂），以防止设备、管道结垢。沉淀池下部沉泥经脱水后送往烧结厂小球团车间造球回收利用。如图3-36所示。

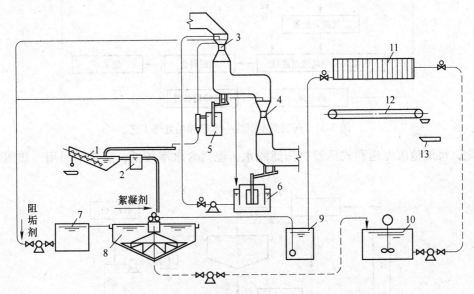

图 3-36 转炉除尘废水混凝沉淀—水稳定剂处理流程

1—粗颗粒分离槽及分离机；2—分配槽；3—一级文氏管；4—二级文氏管；5—一级文氏管排水水封槽及排水斗；
6—二级文氏管排水水封槽；7—澄清水吸水池；8—浓缩池；9—滤液槽；10—原液槽；11—压力式过滤脱水机；
12—皮带运输机；13—料罐

该工艺的要点是用粗颗粒分离槽去除粗颗粒，以防止管道堵塞。

B 药剂混凝沉淀—永磁除垢流程

转炉除尘废水经明渠进入水力旋流器进行粗细颗粒分离，粗铁泥经二次浓缩后，送烧结厂利用；旋流器上部溢流水经永磁场处理后进入污水分配池与聚丙烯酰胺溶液混合，然后进入斜管沉淀池沉降，其出水经冷却塔降温后进入集水池，清水通过磁除垢装置后加压循环使用。沉淀池泥浆用泥浆泵提升至浓缩池，污泥浓缩后进真空过滤机脱水，污泥含水率约为40%~50%，送烧结配料使用，如图3-37所示。

C 磁凝聚沉淀—水稳定流程

转炉除尘污水经磁凝聚器磁化后，流入沉淀池，沉淀池出水中投加碳酸钠解决水质稳

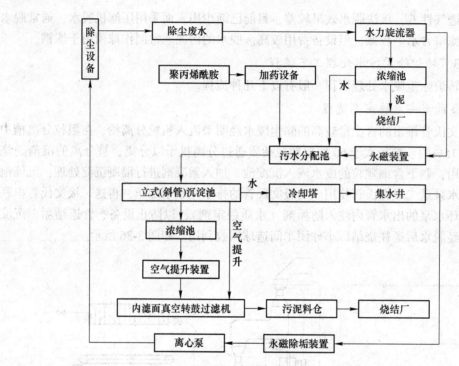

图 3-37　药剂混凝沉淀—永磁除垢处理工艺

定问题,沉淀池沉泥送厢式压滤机压滤脱水,泥饼含水率较低,送烧结回用,如图 3-38
所示。

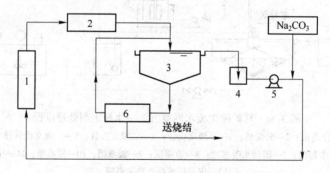

图 3-38　磁凝聚沉降—水稳定工艺流程

1—洗涤器;2—磁凝聚器;3—沉淀池;4—积水槽;5—循环泵;6—过滤机

3.5.4　其他循环系统废水处理

3.5.4.1　钢水真空脱气装置浊循环处理

炼钢系统中其他浊循环系统有钢水真空脱气装置浊环水处理、转炉钢渣冷却废水,这
些废水经处理后通常都循环回用。

真空精炼技术与用水要求,钢水的 RH 处理是在真空状态下,进行钢水的循环脱气,
去除钢水中的氢、氮等气体,改善钢水的品质。抽真空是用大型蒸汽喷射器来实现的,使
RH 装置的真空度达到 1mmHg。蒸汽喷射器要产生高度的真空,需要将喷射的尾汽在冷凝

器内用冷却水直接冷却降温来实现。蒸汽的喷射流量是 30~40t/h，被冷凝的蒸汽量变成冷凝水进入循环冷却水系统。

在钢水循环脱气的过程中，还要用 KTB 氧枪吹氧，还要投加一些合金料，以炼成所要求的钢种成分。吹氧及投加合金料的过程，是在真空抽气状态下进行，必然产生一定量的金属氧化物与非金属氧化物粉尘，还会有 CO 气体等随被抽出的气体带入冷凝器内，而进入冷却水中。

钢水的精炼和转炉一样是一炉一炉间断进行的。由于钢种的不同，处理钢水的时间和间隙时间都是不定的，平均处理时间按 30min 考虑。在这 30min 的时间内，吹氧时间及间隔时间也是不定的，因此，在精炼过程中，冷却水回水的温升及悬浮物的增量是不同的。

真空精炼用水对象主要为 RH 冷凝器，使水与真空脱气废气在冷凝器内直接接触，让废气很快冷却，以提高真空效果。对水温要求为：冷凝器进水温度要求小于 33℃；冷凝器排出水温度平均为 44℃。水质及水压要求为：冷凝器进水悬浮物含量要求小于 100mg/L；冷凝器排出水悬浮物含量为 120mg/L 左右，供水水泵压力为 300kPa。

废水处理循环工艺流程及特点，RH 真空脱气冷凝废水处理系统如图 3-39 所示。冷凝器排出污水先进入温水池，一部分经冷却塔冷却到小于 33℃。另一部分提升并在压送管上加注过滤助凝剂，通过反应槽进入高梯度电磁过滤器净化处理，然后借水的余压送冷却塔冷却，以保证循环系统中水的悬浮物含量小于 100mg/L。电磁过滤器冲洗出来的污水，

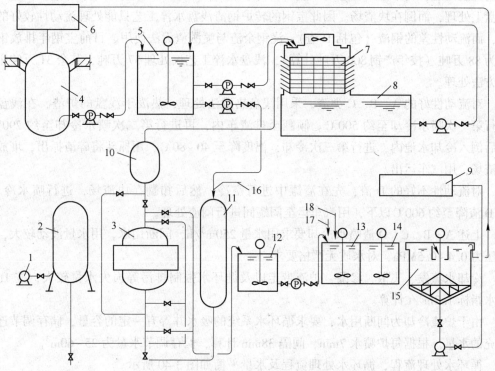

图 3-39 RH 钢水脱气冷凝器排水处理流程

1—空气压缩机；2—冲洗气用罐；3—高梯度电磁过滤器；4—水封罐；5—温水池；6—RH 冷凝器；
7—冷却塔；8—冷水池；9—G 装置除尘污泥脱水机；10—冲洗水箱；11—反应槽；12—污泥槽；
13—快速搅拌槽；14—慢速搅拌槽；15—浓缩槽；16—过滤助凝剂；17—凝聚剂；18—助凝剂

先经污泥槽然后提升至搅拌槽，在搅拌槽内投加药剂、搅拌、混合、反应；再在浓缩槽内沉淀，澄清后废水返回温水池，冷却、循环使用，浓缩泥浆由泵压送至转炉烟气净化水处理系统中的污泥压滤机脱水，一同送造球，供烧结使用。

流程特点与处理效果：（1）本系统正常运转时不外排废水；（2）用部分处理废水的方法改善水质，并采用高梯度电磁过滤器作为净化水处理设施，具有经济、占地少、投资省等特点；（3）在高磁过滤器前，投加过滤助凝剂及高分子凝聚剂，使废水中非磁性物质黏附在磁性物质上，通过过滤而一同除去，提高过滤与出水效果。为防止循环水系统悬浮物淤塞塔内填料，采用塑料格条作填料。

根据宝钢以及日本福山、新日铁釜石、八幡和千叶等真空脱气（RH）装置废水处理电磁过滤器运行经验：原废水水质的悬浮物浓度为 150mg/L，处理后水质的悬浮物浓度为 30mg/L 左右。

3.5.4.2 转炉钢渣水淬与废水处理循环回用

钢渣处理水淬工艺，宝钢一、二期钢渣生产线，年处理钢渣约 100 万吨，采用日本新日铁大分钢铁厂的钢渣处理技术。

宝钢把钢渣按渣的流动性分为 A、B、C 和 D 四类：当渣自身淌成厚度为 30~80mm 时称 A 渣；厚度为 80~120mm 称 B 渣；厚度为 120~200mm 称 C 渣；上述 A、B、C 渣均在渣盘上处理，属半凝固状态的炉渣，自身形成 200~450mm 的小丘状称 D 渣。D 渣不在浅盘上处理，而倒在块渣场。因此宝钢的转炉钢渣浅盘水淬工艺只能处理流动性较好的钢渣，而流动性差的钢渣（包括 D 渣）、浇钢余渣与喷溅渣无法使用。目前宝钢年排放钢渣量为 88 万吨（按年产钢 800 万吨计算），浅盘水淬工艺仅处理 57 万吨，其余 31 万吨用闷罐方法处理。

对流动性好的 A、B、C 类渣，采用浅盘热泼法处理，热泼于浅盘的炉渣，在浅盘内进行第一次喷水冷却至约 500℃。倾翻至排渣车内，再进行第二次喷水冷却至约 290℃。然后倒入冷却水池内，进行第三次冷却，温度降至 40~80℃，用抓斗将碎渣抓出，堆放在碎渣场，用汽车运出。

对流动性不好的 D 渣，先在渣罐中进行空冷，然后扣翻在块渣场，进行喷水冷却。当 D 渣降至约 600℃以下，用汽车运至闷罐间进行闷渣处理。

上述 A、B、C、D 渣喷水冷却要求用水量 $250m^3/h$，间断用水，用水量波动较大，给水压力 0.4~0.5MPa，对水质无严格要求。

冷却水蒸发、飞散、渗漏、炉渣带走以及循环水强制排污等损失水量较大，按 1t 渣耗水指标 $1.2m^3/t$ 计算。

由于炉渣冷却为间断用水，要求循环水系统的吸水井等有一定的容量，储存调节连续补充的水量。根据每炉喷水 7min，间隔 38min 计算，储存调节水量为 25~60m^3。

循环水处理流程，循环水处理流程及水量平衡如图 3-40 所示。

循环水处理流程主要由循环水泵站、过滤池、沉淀池、自动自清洗过滤器和投药装置组成。其中自动自清洗过滤器是该流程关键设备。该过滤器设有定时器，可定时自动反洗；有压差计可根据设定的压差自动反洗。反洗是利用自身的压力水进行自清洗。

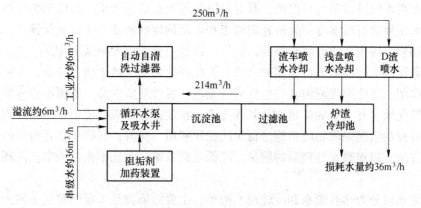

图 3-40 循环水处理流程及水量平衡图

3.6 连铸—轧钢废水处理技术

连续铸钢（简称连铸）是钢铁工业发展过程中继氧气转炉炼钢后的又一项革命性技术。连铸是将钢液用连铸机浇注、冷凝、切割而直接得到铸坯的工艺，它是连接炼钢与轧钢的环节。连铸所用的钢水通常需要经过二次精炼。

连铸的主要设备由钢包、中间包、结晶器、结晶器振动装置、二次冷却和铸坯导向装置、拉坯矫直装置、切割装置、出坯装置等部分组成，如图 3-41 所示。

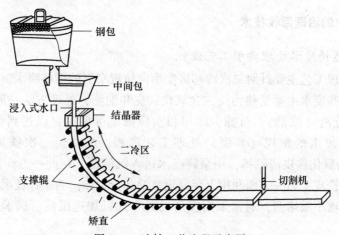

图 3-41 连铸工艺流程示意图

自工业化连铸机出现至今已有近 60 年，在这个过程中连铸技术得到了不断发展，机型、工艺、设备得到了不断改进，品种质量得到了不断提高，信息技术的应用使连铸的技术水平得到了飞速发展，生产效率得到不断提高，已从单炉浇注发展到多炉浇注，从铸坯冷送发展到热送、直装、直轧，实现连铸连轧，目前正向半无头、无头轧制方向迈进。

3.6.1 轧钢厂废水来源

随着工业的发展，特别是钢铁加工过程中产生的冷却润滑液、轧钢水等乳化油废水的增加，含油废水的排放量与日俱增，其对环境的污染也日趋严重。在轧钢生产过程中产生的大量废水主要含有喷淋冷却轧机轧辊辊道和轧制钢材的表面产生的氧化铁皮，机械设备上的油类物质，固体杂质等废弃物及污泥等。钢铁企业为了消除钢冷轧时产生的变形热，需要采用乳化液或棕榈油进行冷却和润滑，乳化液受细菌、微生物、高温、金属碎屑的选择吸附等作用，乳化液逐渐由乳白色变成灰黑色，腐败变质发臭，不得不排放废液，更新新液。废乳化液含有大量的矿物油及其乳化剂，直接排放造成环境严重污染。因此，各轧钢厂根据自身的情况采取相应措施进行水的循环利用。同时，科研工作者也在研究各种新的水处理方法，以提高水处理后的质量，降低处理成本，为轧钢生产的节能降耗开辟新的思路。

轧钢废水可分为热轧废水和冷轧废水两种，主要污染物是大量的粒度不同的氧化铁皮及润滑油类，其中热轧废水中含油废水的治理及废油的回收技术在轧钢废水中具有代表性。此外，细颗粒含油氧化铁皮的浓缩、脱水处理等也是主要的治理内容。

热轧钢废水是指钢铁厂热轧车间在通过轧辊将钢锭热轧成各种钢材时（钢板、钢棒、钢轨等）需用水冷却轧辊，冲洗氧化铁皮而产生的废水。水温为 30~40℃，每轧制 1t 钢板约排出废水 30~40m³，废水中含氧化铁皮约 5000mg/L，悬浮物 100~1250mg/L，残渣 800~1500mg/L，油类 50~500mg/L。废水经混凝沉淀去除悬浮物及油类污染后，再经冷却处理以回用于生产。

冷轧废水种类多，所含的污染物质也比较复杂，差别也大。其中冷轧乳化液的油脂浓度高、乳化浓度高，普遍含表面活性剂，是含油废水体系中处理难度比较大的一种废水。

3.6.2 连铸废水的治理回收技术

3.6.2.1 连铸废水处理典型工艺流程

连铸废水处理工艺主要针对二次冷却区喷嘴向拉辊牵引的钢坯喷水、钢坯切割与火焰清理等废水。这些废水主要受热污染，含氧化铁皮和油脂，处理方法一般采用固-液分离（沉淀）、液-液分离（除油）、过滤、冷却和水质稳定等措施，以达到循环利用。如图 3-42 所示为连铸废水的常规（典型）处理工艺流程。废水经一次铁皮坑，将大颗粒（50μm 以上）的氧化铁皮清除掉，用泵将废水送入沉淀池，在此一方面进一步除去水中微细颗粒的氧化铁皮，另一方面利用上浮原理将油部分去除。为了保证沉淀池出水悬浮物较低，以保证喷嘴不被堵塞，通常采用投药混凝方式以加速沉淀。试验表明，用石灰、25mg/L

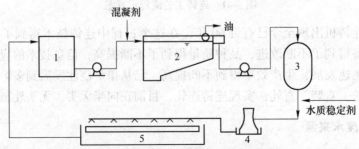

图 3-42 连铸水处理与回收经典流程

1—铁皮坑；2—沉淀除油池；3—过滤器；4—冷却塔；5—喷淋

的活性氧化钙和 1mg/L 的聚丙烯酰胺进行混凝处理，可使净化效率提高 20%，同时也减轻滤池负荷。该处理工艺中设备的冷却塔选用也很重要，是循环水冷却能否达到温度要求的关键。

3.6.2.2 物理法除油处理与回用

采用核桃壳过滤器的处理工艺。处理工艺与原理，该工艺流程的核心是除油，处理核心设备是除油过滤器，即核桃壳过滤器。利用核桃壳对浮油的吸附能力，将经加工后的核桃壳装入过滤器作为滤料，废水经核桃壳过滤器过滤后，既可除油亦可去除部分悬浮物，其工艺流程如图 3-43 所示。该处理工艺已在天津铁厂连铸系统废水处理中得到应用，经多年运行实践证明，这种处理工艺可满足其生产工艺要求，而且核桃壳过滤器对悬浮物的去除能力也可达到生产工艺要求。

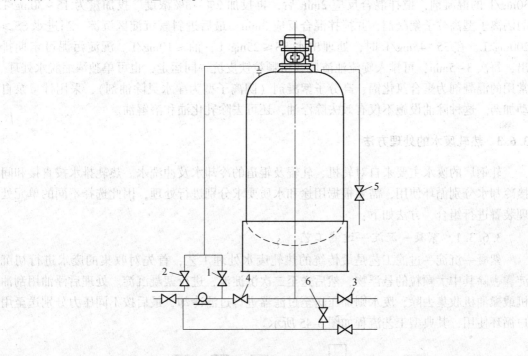

图 3-43　核桃壳过滤器

1—进水阀；2—反冲出水阀；3—过滤后出水阀；4—反冲进水阀；5—放气阀；6—放空阀

3.6.2.3 采用磁絮凝器的处理工艺

铸件或钢件表层占厚度 2% 左右为 Fe_2O_3，中间层厚约 18% 为 Fe_3O_4，内层占厚度 80% 的 FeO。这些都与原料成分、加热温度和时间、轧钢工艺、冷却因素有关。氧化铁皮具有铁磁性，在外加一定磁场强度的作用下能被磁化。离开外加磁场后还有较强的剩余磁感应强度，利用这种特性可以在连铸废水中采用磁化处理。

氧化铁皮的颗粒大小，随连铸机种类等因素而异，大的厚度约几厘米，长宽到几十厘米；小颗粒粒径仅几微米。大块氧化铁皮用细格栅拦截，60μm 以上粗颗粒可用旋流沉降并用抓斗清除，60μm 以下颗粒，特别是 20~10μm 微细颗粒可在磁处理中被磁化，具有一定磁力的铁磁性物质相互絮凝成大颗粒，可在旋流沉淀池中被除去。

3.6.2.4 化学法连铸废水处理与回用

MHCY 型化学除油器已于 1997 年应用于电炉连铸浊循环水系统。其主要工艺流程如图 3-44 所示。

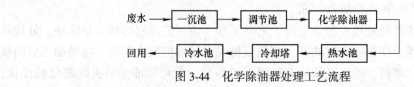

图 3-44 化学除油器处理工艺流程

化学除油器分为反应区和沉淀区。反应区主要有两级机械搅拌反应或一级水力搅拌；沉淀区即为斜管沉淀部分。反应沉淀时间为 10min。先投加 2%～3% 浓度、投量为 15～30mg/L 的混凝剂，搅拌混合反应 2min 后，再投加 2%～3% 浓度、投加量为 15～30mg/L 的阴离子型高分子絮凝剂，并搅拌混合反应 3min。最后进斜管沉淀区沉淀。当进水 SS ≥ 200mg/L，在 35～45mg/L 时，处理出水 SS ≤25mg/L，油 ≤10mg/L。沉淀污泥可定期排出，每次 3～5min，可排入旋流池渣坑或粗颗粒铁皮坑一同运走，也可单独浓缩脱水处理。常用的混凝剂为聚合氯化铝、高分子絮凝剂（阴离子型为净水灵除油剂），采用计量泵自动加药。这种除油设施不仅有效去除浮油，还可去除乳化油和溶解油。

3.6.3 热轧废水的处理方法

轧钢厂的废水主要来自对轧机、轧辊及辊道的冷却水及冲洗水。热轧排水按直接和间接冷却水分别循环使用，需要根据用途和水质要求分别进行处理，因此选择不同的单元处理装置进行组合，方法如下：

3.6.3.1 絮凝—沉淀—过滤工艺

絮凝—沉淀—过滤工艺是最传统的热轧废水处理工艺，首先对收集的废水进行初沉淀，去除其中大颗粒的悬浮物，然后送至二次沉淀池，进行絮凝沉淀。处理后浮油用刮油机或撇油机收集去除，废水则加压送至过滤器进行过滤冷却，最后按不同压力分别送至用户循环使用，其典型工艺流程如图 3-45 所示。

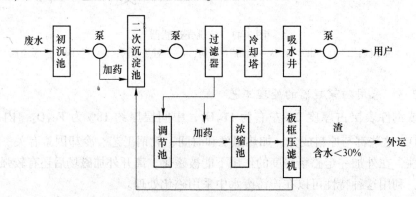

图 3-45 絮凝—沉淀—过滤工艺流程图

絮凝—沉淀—过滤工艺可以去除废水中大部分的悬浮物和油类物质，处理后固体悬浮物（SS）≤20mg/L、油类 ≤5mg/L。絮凝法广泛应用于国内外含油废水处理中，包括化学絮凝和电絮凝。化学絮凝主要是向废水中投加絮凝剂，通过絮凝剂的聚合和吸附等作用将废水中的悬浮物和油类物质去除；电絮凝主要是通过外加电压产生凝聚。目前钢铁企业普遍采用化学絮凝法，选用的絮凝剂多为无机高分子絮凝剂和有机絮凝剂，如聚合氯化铝（PAC）、聚合硫酸铁（PFS）、聚硅硫酸铝（PASS）、聚丙烯酰胺（PAM）等。

沉淀法是水处理中最基本的方法之一，通过沉淀法可以去除废水中大部分颗粒较大的悬浮物，并有一定的除油效果。常用的沉淀设备有平流式沉淀池和旋流式沉淀池。过滤法可以将废水中的悬浮物和胶体杂质去除，特别是去除沉淀法不能去除的微小粒子和细菌。根据滤料不同，常用的过滤器有石英砂过滤器、活性炭过滤器、核桃壳过滤器等，根据实际情况可单独使用也可联合使用。

3.6.3.2 沉淀—絮凝—气浮—过滤工艺

沉淀—絮凝—气浮—过滤工艺，主要以絮凝—气浮—曝气组合的方式取代了絮凝—沉淀—过滤工艺中的二次沉淀池。该方法适用于对处理后水质要求较严格或原水水质较差的热轧废水处理；处理后油类≤5mg/L，铁≤1mg/L，SS≤20mg/L，化学需氧量（COD）去除率60%～80%。气浮法又称浮选法，就是在废水中通入空气，使水中产生大量的微气泡，微气泡与水中的乳化油和密度接近水的微细悬浮颗粒相黏附，黏合体因密度小于水而上浮到水面，形成浮渣，从而加以分离去除。浮法又分为溶气气浮、布气气浮和电解气浮，目前应用较多的为溶气气浮。

3.6.3.3 稀土磁盘工艺

稀土磁盘技术是最近几年我国新开发的热轧废水处理技术，主要是利用稀土永磁材料的磁场力作用，使热轧废水中的铁磁性物质微粒通过磁场力的作用吸附在稀土磁盘表面；对于非磁性物质微粒和乳化油，采用絮凝技术或预磁技术，使其与磁性物质黏合，一起吸附到磁盘表面去除。根据轧钢废水特性，稀土磁盘技术可以和其他技术组合，形成多种稀土磁盘工艺，如沉淀—稀土磁盘—过滤、沉淀—絮凝+稀土磁盘—过滤、沉淀—絮凝—稀土磁盘—气浮等工艺。典型的沉淀—絮凝—稀土磁盘—过滤工艺，如图3-46所示。

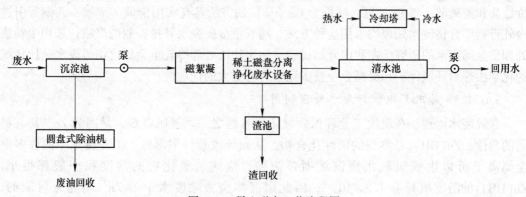

图 3-46　稀土磁盘工艺流程图

3.6.4 冷轧废水的处理新技术

目前国内外冷轧废水的处理，主要是根据废水的种类和性质，建立相对独立的供排水系统，分质进行处理。韩国浦项轧钢废水的处理主要是按含氯量的高低进行分类收集，各自进行再生处理。国内钢厂主要按酸碱废水、含油及乳化液废水（以下简称含油废水）、含铬废水分别进行处理，处理后达到回用标准在厂内直接循环使用，达不到标准的混入钢厂污水综合处理管道进行再处理。

3.6.4.1 冷轧的含油废水及乳化液处理利用

从轧机的乳化浊循环系统排出的乳化液，乳化液储槽定期更换集中排出的废乳化液，以及从轧机废水坑排出的废乳化液中，均含有一定的润滑油。从脱脂、电解脱脂等带钢预处理系统排出的含油废水中，也含有一定量的乳化液成分。

考虑乳化液系统本身有连续和间断排出两种情况及各生产机组操作的非连续性，所以从冷轧厂排出的含油及乳化液废水均要通过储槽进行调节。冷轧含油及乳化液废水中，有少量的浮油、浮渣和稀泥。这些成分的上浮和下沉需要较长的时间，利用储槽除调节水量、保持废水成分均匀、减少处理构筑物的容量外，还有利于其他成分的静置分离，所以在储槽内设有除油及刮泥装置，同时还需加热设备。

乳化液废水的治理方法有化学法、物理法、加热法和机械法等，以物理法分离、化学法去除、生物法降解。当前使用最多的是化学法和膜分离法。化学法治理时，一般对废水进行加热，用破乳剂破乳后，采用含油废水的治理方法使油、水分离。化学破乳的效果在很大程度上取决于乳化剂的性质，一般应通过试验确定破乳剂的类型并选用适当的治理流程。

冷轧乳化液废水的膜分离主要有超滤和反渗透两种，超滤法的运行费用较低，正在逐步推广使用。超滤在国外已有长期的操作经验，国内冷轧厂也已经使用。

3.6.4.2 冷轧含铬废水处理与回用技术

从冷轧系统排出重金属含铬等废水有两种，一种是高浓度的，另一种是低浓度漂洗水。重金属废水处理方法很多，有化学还原、电解还原、离子交换、中和沉淀、膜法分离等。其中沉淀法有中和沉淀、硫化物沉淀和铁氧体法等。国外普遍采用化学还原法，所用的还原有二氧化硫、硫化物、二价铁盐等。冷轧厂存在大量酸洗废液，利用酸洗废液中二价铁盐和游离酸，将 Cr（VI）还原为 Cr（III）的方法具有实用价值。宝钢、武钢等引进冷轧带钢厂含铬废水处理均采用这种方法。随着重金属废水外排控制的严格，采用生物法处理重金属废水的研究已在我国开始试验。用生物法处理冷轧重金属含铬等废水，比传统的化学法等对环境保护和提高企业技术竞争力有更大的优越性。

3.6.4.3 冷轧厂电镀锌废水处理利用

含锌废水治理，在现代工业环保领域还属难题之一。其所以难，是因为 Zn^{2+} 具有显著的两性；$Zn(OH)_2$ 是典型的两性化合物，从而导致除锌率降低。工业废水中的许多重金属离子可以生成氢氧化物沉淀而被去除。这些氢氧化物的溶度积一般都很小，$Zn(OH)_2$ 的溶度积只有 1.2×10^{-17}。因此用沉淀法去除废水中的 Zn^{2+} 是完全可能的。$Zn(OH)_2$ 沉淀物的析出取决于废水中的 Zn^{2+} 和 OH^- 的离子浓度，即取决于溶液的 pH 值。据文献介绍，随着 pH 值的提高，$Zn(OH)_2$ 开始沉淀的 pH 值为 6.5，沉淀完时是 8.5。因此，在治理工艺上，为了提高脱锌率，必须严格控制溶液的 pH 值在适宜的范围内。

国内机电化工行业对含锌废水的治理大多采用中和-沉淀法，这种传统的流程占地比较多，生产强度低，控制水平不高，经济性较差。国外先进的治理工艺有强碱性离子交换法和有机化学萃取法，但操作复杂，投资费用很大，外商索价高于过滤法投资的 2 倍以上，往往使厂家感到难以承受。国外还有人探索离子筛和利用热泵技术的分离方法，但距离工业应用尚有一段距离。以下以某冷轧厂为例，说明电镀锌废水处理利用方法。

3.6.5 浊度废水的处理工艺及发展趋势

钢铁工业是用水大户，年耗水量超过 30 亿立方米，废水排放量占全国工业废水排放量的 10%以上钢铁工业生产过程包括采选、烧结、炼铁、炼钢、轧钢等工艺，其废水特点为浊度高，悬浮物质粒度小、颗粒质地不均匀、可生化性差，难以采用生物技术处理。对于高浊度废水的处理，目前国内外大多采取絮凝沉淀的方法，传统的无机混凝剂用量大，易产生大量的污泥，且絮凝效果不佳；有机高分子混凝剂，絮凝效果较好，但价格昂贵，大大增加了处理废水的成本。

混凝剂复配使用具有良好的去除效果，适用范围较广，且具有良好的经济性。

3.6.5.1 混凝法

混凝法是一个非常传统的废水处理工艺。在钢铁冶金高浊废水处理中有十分广泛的应用。通过絮凝沉淀的方法能够将钢铁冶金废水中的污染物进行去除，通常混凝法包括凝聚和絮凝两个过程。影响混凝效果的因素有很多，主要表现在温度、pH 值、胶体溶液浓度等。混凝法治理钢铁冶金废水的关键就是混凝剂的选择，但是一种絮凝剂处理工序过于简单。因此，将混凝剂进行复配后使用有更好的去除效果，具有良好的经济性和适用范围。

3.6.5.2 电凝聚法

电凝聚法是从 20 世纪七八十年代发展起来的水处理方法。该方法是通过在外加电流，利用可溶性阳极溶解生产的絮凝体、电解过程中产生的气泡、阳极的氧化性与阴极的还原性对污水中的污染物产生絮凝、气浮、氧化与还原的综合作用，从而达到对污水净化与去污的目的。电凝聚法工艺和设备都更简单，操控性能好，并且对钢铁冶金废水中的污染物去除率很好。并且能够提高废水的可生化特性。另外，该方法不需要添加任何化学试剂，因此没有二次污染的产生。但是该工艺能耗较高，相对有较高的处理成本。

3.6.5.3 其他方法

随着人们环保意识的加强和废水处理技术的开发。越来越多的方法应用于钢铁冶金废水的处理当中，唐文伟等人利用高级氧化法对钢铁冶金废水进行了处理。另外，废水处理发展趋势是近些年许多学者对膜技术在钢铁冶金废水处理中的应用进行了研究，表明膜技术也是一种非常实用的污水处理技术，在钢铁冶金废水处理中值得进一步推广。

目前，国内高浊含油废水的处理多采用超滤技术，并将超滤技术与生物技术和 MBR 相组合，使出水的 SS 和油类物质得到了较好的控制，但 COD 的处理效果仍然达不到排放标准。

高浊含油废水是高浊废水中最难处理的一类污水。20 世纪 70 年代，各国广泛采用气浮法去除水中悬浮态乳化油，同时结合生物法降解 COD。后来日本学者研究出用电絮凝处理含油废水，用超声波分离乳化液，用亲油材料吸附油。近几年膜分离法处理含油废水得到了快速发展，并与生物法相结合，取得了较好的效果。目前含油废水处理采用的工艺主要有气浮—过滤—生物接触氧化、超滤—生物接触氧化 O 生物滤池—过滤、超滤—MBR。

A　气浮—过滤—生物接触氧化工艺

气浮—过滤—生物接触氧化工艺，主要是通过气浮法去除废水中的油类物质，过滤去除水中的 SS 和部分油类物质，采用生物接触氧化对废水中的 COD 进行降解。在该工艺中，也可以根据需要在生物接触氧化后增加过滤器或膜生物反应器（MBR）。

生物接触氧化法是生物膜法的一种，其技术实质是在生物反应池内填充填料，部分微生物以生物膜的形式固着生长在填料表面，废水以一定的流速流经填料，在微生物的作用下，有机污染物被降解去除。MBR 是将膜技术与生物技术相结合的一种废水处理新方法，首先利用生化技术降解水中的有机物，驯养优势菌类、阻隔细菌，然后利用膜技术过滤悬浮物和水溶性大分子物质，降低水浊度。与传统的生物水处理技术相比，MBR 具有以下特点：处理效率高、出水水质好；设备紧凑、占地面积小；易实现自动控制、运行管理简单。

B　超滤—生物接触氧化 O 生物滤池工艺

超滤—生物接触氧化 O 生物滤池的组合工艺在高浊含油废水的处理中应用较为广泛。超滤法是膜分离法中的一种，通过超滤膜可以有效去除含油废水中的 SS 和油类物质，而生物接触氧化 O 生物滤池可以去除废水中大部分的 COD。典型的超滤—生物接触氧化 O 生物滤池工艺如图 3-47 所示。在实际应用中，通常根据需要在生物法后增加过滤或吸附工艺。

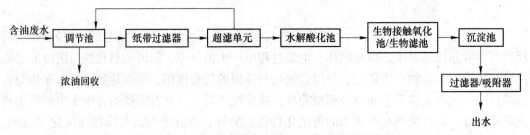

图 3-47　超滤—生物接触氧化 O 生物滤池工艺流程

超滤是一种新型含油废水处理技术，具有物质在分离过程中无相变、耗能少、出水油含量低、油水分离过程不需要化学药剂、系统本身不产生污泥、可回收的废油浓度较高、维护管理方便等优点。超滤法的关键在于超滤膜的选择，超滤膜包括有机膜和无机膜。最早采用的超滤膜为有机膜，如醋酸纤维素膜、聚酰胺膜、聚醚砜膜等，但有机膜售价高、不耐高温、容易水解且不易清洗。20 世纪 90 年代，南京化工大学研制出了以氧化锆、氧化铝等为材料的无机陶瓷膜。无机陶瓷膜除具有有机膜的优点外，还具有稳定性好、机械强度高、使用寿命长、截油率高、清洗再生性能好等优点。

C　超滤-MBR 工艺

超滤-MBR 工艺主要是先将含油废水经调节池调节后用纸带过滤机过滤，去除粗渣后进入到超滤系统进行油水分离，超滤出水进入膜生物反应器进一步处理。该工艺出水水质好，处理效率高，但需要严格控制操作条件与工艺参数，尽可能减轻膜污染，提高膜组件的处理能力和运行稳定性。

废气处理与利用技术

4.1 焦炉烟道气综合治理技术

炼焦厂历来是粉尘污染的大户。烟尘主要来自备煤、炼焦、化产回收和精制车间，其烟尘污染的主要特点是点多、面广、分散；连续性、阵发性与偶发性并存；烟尘量大、尘源点不固定；污染物种类较多，危害性大；有的含有焦油，粉尘黏度大；有的温度高，且带有明火，如推焦、装煤烟尘，处理难度大。

焦炉烟道气以焦炉煤气燃烧后产生的废气为主，主要成分有 SO_2、NO_x 等。焦炉烟道气的净化方法主要是除去 SO_2、NO_x 的方法，具体方法将在下文烧结废气的处理一节中详细叙述。

4.1.1 焦炉煤气再资源化利用

焦炉煤气再资源化利用有以下几个方面。

4.1.1.1 焦炉煤气制氢

焦炉煤气中含有大量的氢气，而氢气可作为重要的化工原料气。同时，由于钢铁厂对氢气有一定的需求，冷轧等工序用氢气作保护气又有纯度的要求。因此，从焦炉煤气中回收高纯度氢气是焦炉煤气合理利用和再资源化的有效途径。

焦炉煤气富含 50%~60% 的 H_2，是非常好的制氢原料气，同时随着生产的发展，保证钢材质量的保护气——氢气的需求量越来越大。以焦炉煤气为原料，采用变压吸附（PSA）技术分离提纯可以得到纯度为 99%~99.999% 的氢气，可作为冷轧工序的保护气应用于钢铁企业。经变压吸附后的解吸气因甲烷组分增加热值大幅度提高，约 23.2MJ/m^3，仍然可以作为冶金燃料再利用，并且工艺简单，投资少，比直接使用较贵的天然气和煤炭等制氢经济。

4.1.1.2 焦炉煤气制取甲醇

由于焦炉煤气中 CH_4 含量为 26%~28%，只要将焦炉煤气中的甲烷转化成 CO 和 H_2，即可满足甲醇合成气的要求，焦炉煤气合成甲醇，技术上可行，经济上合理，是焦炉煤气再资源化的一个重要途径。甲醇具有良好稳定的燃烧性能，是理想的民用燃料或燃料添加剂，也是 21 世纪安全、健康、环保的新能源，更是新一代能源化工重要的有机原料。

焦炉煤气生产甲醇，其工艺流程主要包括压缩、精脱硫、转化、再压缩、合成及精馏等。

（1）压缩：焦炉荒煤气通过传统的净化回收焦油，硫黄、粗苯等化工产品后，焦炉煤气进入焦炉气压缩机增压至 2.1MPa 后，进入干法精脱硫装置。

（2）精脱硫：将焦炉煤气中的硫含量脱除至 $0.1×10^{-6}$ 以下。

（3）转化：经过精脱硫后的焦炉气进行气体转化过程，采用纯氧部分氧化法将气体中的甲烷及少量的烷烃，转化为甲醇原料气的有用成分一氧化碳和氢，这里纯氧由空分装置提供。经过转化流程的气体成分可大体满足甲醇原料气的基本要求。

（4）再压缩：转化后的气体返回煤气压缩机，在那里继续增压至 5.3MPa，而后进入甲醇合成装置。

（5）甲醇合成：在甲醇合成工序采用了低压技术合成，合成主要反应如下；此外，还有微量的副反应，产生少量的杂质。

$$2CO + 4H_2 \longrightarrow CH_3CH_2OH + H_2O$$

$$2CH_3OH \longrightarrow (CH_3)_2OH + H_2O$$

（6）精馏：精馏工艺目的主要是提高甲醇质量，降低杂质含量，生产合格的精甲醇。

4.1.1.3　焦炉煤气生产直接还原铁（DRI）

焦炉煤气经加氧热裂解即可得到廉价的还原性气体（约70%左右的 H_2 和30%的 CO），作为气基竖炉或煤基回转窑的还原性气体的气源，生产直接还原铁是焦炉煤气利用的重要途径。还原铁用于高炉生产，不仅能提高铁水的产量，而且能降低焦炭和煤粉的耗量，提高炼焦煤的利用率，减少温室气体的排放量，还可作为转炉和电炉的废钢替代品，对我国钢铁工业的可持续发展有重要意义。

DRI 的生产工艺分为煤基和气基两类。煤基的典型工艺设备是回转窑，由于这种工艺投资大，生产效率低，规模小，操作不稳定，对矿种的要求严格，其发展受到了很大的限制，煤基法的产量只有 DRI 总产量的10%。世界上90%的 DRI 是气基法生产的，其典型工艺是竖炉法和罐式法。竖炉法的单机产量已达到 100 万吨/年，工艺成熟，得到普遍推广。

焦化厂生产的含有大量 H_2 和 CH_4 的焦炉煤气是很好的还原性气体，将焦炉煤气通入热裂解炉中，其中的 CH_4 经过加氧催化裂解，可得到大致含量为74%的 H_2 和25%的 CO 所组成的还原性气体，这些还原性气体可直接通入气基竖炉生产海绵铁。

焦炉煤气作为 DRI 生产的还原剂，DRI 在钢铁企业内部的利用有多种形式：DRI 可以用作高炉的预还原金属原料，以降低特殊还原剂的消耗，增加产量；也可用作转炉和电炉的废钢代用品；在热状态下，还可作为铁水和废钢代替品加入转炉。

4.1.1.4　焦炉煤气的其他再资源化方式

利用产焦炉煤气还可以生产多种化工产品，如合成氨、醋酸和二甲醚等。

将焦炉煤气生产成化工产品主要有两个途径：一是将焦炉煤气进行深冷分离得到 H_2、CH_4 和 C_nH_m 等各种成分，再通过其他方式分别加以利用制取各种化工产品；二是将焦炉煤气直接进行重整，变成以氢气和一氧化碳为主要成分的化工原料气，进而制取各种化工产品。

深冷分离法不仅能分离出高纯度氢气，同时还能分离出 CH_4、C_nH_m 等成分，用这三种化工产品，进而生产其下游产品，其品种可达几十种。

焦炉煤气重整为化工原料的方法有很多，现今应用较为广泛的方法主要有部分氧化法和加压蒸汽催化转化法。通过这两种方法生成以氢气和一氧化碳为主的合成原料气。我国目前主要用于合成氨、尿素及联产甲醇等基本化工产品。

焦炉煤气是制造合成氨的理想原料。氢气是合成氨的直接原料气,焦炉煤气中含有55%~60%的氢气,其他成分如甲烷、一氧化碳等,可经过转化、变换、脱碳等工序制得纯氢气,然后与氮气合成氨。

焦炉煤气也是合成二甲醚的理想原料,其本身含有生产二甲醚的原料气 H_2、CO 和 CO_2。焦炉煤气经过部分氧化蒸汽转化后,气体中的氢碳比接近合成二甲醚的最佳值 (f = 2.05~2.15)。而以煤和重油等传统原料生产二甲醚时,需要增加变换、脱碳装置,流程长,投资大。

钢铁企业剩余煤气生产二甲醚的工艺流程为:常温、常压的焦炉煤气,配以合适比例的转炉煤气,压缩后进入燃烧反应器,在此煤气中大部分甲烷转化为 CO、H_2。反应器出口气体通过净化装置,脱除其中的 H_2S、SO_2 等杂质。净化的新鲜原料气与未反应的循环气体混合,进入甲醇合成反应器合成甲醇。甲醇合成反应器出口气体经换热、冷凝,得到粗甲醇。粗甲醇在闪蒸器中降压,与循环甲醇混合后进入二甲醚合成反应器,在此甲醇生成二甲醚,经分离精制,得到产品二甲醚,未反应的甲醇循环利用。

另外,用合成原料气还可以生产乙醇、乙二醇、低碳混合醇等醇类化工产品,以及醋酸、草酸、甲酸等有机酸类化工产品。这些产品附加值高,应用广泛,具有广阔的开发前景。

4.1.2 焦炉烟道气余热回收

焦炉烟道气的温度在 200~300℃,带出的热量约占焦炉输出总热量的 17%,约18.4kg 标准煤/t 焦。但绝大多数焦化厂都是将其通过焦炉烟囱放散至大气中,余热被白白浪费。随着热管技术的发展,焦炉烟道气余热利用近年来受到越来越多的关注,其主要是利用热管蒸发器回收焦炉余热。其核心是利用管壳和内部工作液体(工质)组成的热管进行换热。管壳是钢制的、抽成真空的密闭壳体,工质是经过特殊处理的介质。热管由受热段和放热段组成,受热段吸收烟气热量,热量通过热管壁传给管内工质,工质吸热后沸腾和蒸发,转变为蒸汽,蒸汽在压差的作用下上升至放热段;受管外介质的冷却作用,蒸汽冷凝并向外放出汽化潜热,受热介质获得热量,冷凝液依靠重力作用回到受热段。如此周而复始,烟气热量便可传给受热介质,使受热介质得到加热。由于热管内部一般抽成真空,工质极易沸腾与蒸发,热管启动非常迅速,因此具有很高的导热能力。如图 4-1 所示为热管锅炉回收焦炉烟道气余热工艺流程图。

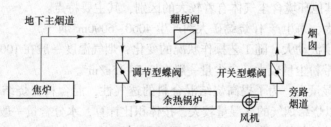

图 4-1 热管锅炉回收焦炉烟道气余热工艺流程图

余热利用的方向:

（1）开发余热制冷机技术。可以通过余热制冷机技术回收采暖段的热量，将采暖段循环水实现闭路循环，制取冷冻水供低温段降温，满足初冷器低温段冷却煤气或化产工序低温水需求，达到既降低了新水消耗，又降低了循环水系统用电负荷的目的，减少了原系统制冷机的能量输入，减少了蒸汽消耗，降低了工序能耗，提高了经济效益，降低了生产成本。

（2）余热作为浴池水热源或余热采暖。由于循环氨水中含有氨、焦油等杂质，余热回收采用板式换热器较为理想。板式换热器为水波纹型，对水流能产生较大的湍流，因此，不仅可以提高对流传热系数，而且杂质、水垢、焦油等污物不易附着在板面上，利用循环氨水的余热作为浴池水的热源或余热采暖，实现节能效益。

（3）余热用于预热锅炉给水。初冷器采暖段的循环软水温度较高，用于预热锅炉给水。

4.2　烧结废气的处理

4.2.1　烧结烟气的产生、特点及对环境的危害

烧结是钢铁生产工艺中的一个重要环节，它是将不能直接入炉的炼铁原料，如铁矿粉、煤粉（无烟煤）和石灰、高炉炉尘、轧钢皮和钢渣按一定的配比混匀后加热，使粉料烧结成块状，这就是烧结矿。烧结是冶炼前原料准备的一个极其重要的环节，它不但扩大了冶炼原料的来源，而且改善了原料的质量。

4.2.1.1　烧结烟气的产生

烧结工序包括原料准备、配料与混合、烧结和产品处理等工序，在此过程中会产生废气。烧结厂的废气主要来源于以下几个方面：

（1）烧结原料在装卸、破碎。筛分和储运的过程中产生的含尘废气。

（2）混合料系统中产生的水汽—颗粒物共生废气。

（3）烧结过程中产生的含有颗粒物、二氧化硫（SO_2）和氮氧化物（NO_x）的高温废气。

（4）烧结矿在破碎、筛分、冷却、储存和转运的过程中产生的含尘废气。

其中，烧结烟气是高温烧结过程中所产生的废气，是烧结厂废气的主要排放源。

4.2.1.2　烧结烟气的特点

烧结烟气与其他环境含尘气体有着较大的区别，其主要特点：

（1）烟气量大，每生产 1t 烧结矿大约产生 $4000 \sim 6000 m^3$ 烟气。

（2）烟气温度波动大，随工艺操作状况的变化，烟气温度一般在 $100 \sim 200 ℃$ 上下。

（3）烟气携带粉尘量较大，含尘量一般在 $0.5 \sim 15 g/m^3$。

（4）烟气含湿量大。为了提高烧结混合料的透气性，混合料在烧结前必须加适量的水制成小球，所以烧结烟气的含湿量较大，按体积比计算，水分含量一般在 10% 左右。

（5）含有腐蚀性气体。混合料烧结成型过程，将产生一定量 SO_x、NO_x、HF 等酸性气态污染物，会对金属部件造成腐蚀。

（6）二氧化硫排放量较大。烧结过程能脱除混合料中 80%~95% 的硫，烧结车间的二

氧化硫初始排放量大约为 $6 \sim 18 kg/t$（烧结料）。

（7）二噁英排放量较大。钢铁烧结工序是二噁英主要排放源之一。

4.2.1.3 烧结烟气的危害

烧结过程产生的粉尘、二氧化硫、氮氧化物等对环境都有较大的危害。

A 粉尘污染及危害

烧结工序中会产生含尘废气，粉尘对人体的危害程度取决于人体吸入的粉尘量、粉尘入侵途径、粉尘沉着部位和粉尘的物理性质、化学性质等因素。粉尘的粒径不同，对人体的危害也不同，$2 \sim 10 \mu m$ 的粉尘对人体的危害最大。此外，荷电粉尘、溶解度小的粉尘、硬度大的粉尘、不规则形状的粉尘，对人体危害也较大。表4-1是烧结粉尘的组成。

表4-1 烧结粉尘的组成

成 分	含量/%	成 分	含量/%
总 Fe	$35 \sim 56$	总 S	$0.2 \sim 4$
SiO_2	$0.6 \sim 8$	Pb	$0.04 \sim 10$
CaO	$1.2 \sim 1.4$	Zn	$0.05 \sim 4$
MgO	$0.1 \sim 11$	总 C	$1.5 \sim 10$

B 二氧化硫污染及危害

钢铁企业排放的 SO_2 中 $40\% \sim 70\%$ 来自烧结工序，因此控制烧结机生产过程中 SO_2 的排放就成为减少 SO_2 排放的必要措施。

二氧化硫的主要危害体现在：

（1）空气中 SO_2 浓度过高易形成酸雨。酸雨会对生态环境和建筑物等造成破坏和腐蚀，造成巨大的经济损失。

（2）空气中 SO_2 浓度过高对人体健康也会造成危害。

C 氮氧化物的危害

烧结烟气排放出的氮氧化物主要是一氧化氮（NO）和二氧化氮（NO_2），总称 NO_x。大气中的氮氧化物和碳氢化合物未发生光化学反应以前，单独存在是也能产生一些直接危害。即使是 NO_x 的浓度很低，也会对某些植物产生不良影响。

4.2.2 烧结烟气粉尘控制技术

烧结烟气中的粉尘对于人体的危害是很严重的，因此必须对烟气进行除尘，以达到排放标准，减少危害。

烧结烟气除尘器包括机械式除尘器、电除尘器、布袋除尘器、电袋复合除尘器、新型湿式电除尘器、旋转电极除尘器、无机膜除尘器等。下面主要介绍以下几种。

4.2.2.1 机械式除尘器

机械式除尘器指利用重力、惯性力及离心力等沉降机理去除气体中颗粒物的装置，主要类型有：重力沉降室、惯性除尘器和旋风除尘器等。

A 重力沉降室

重力沉降室是使含尘气体中的粉尘借助重力作用而达到除尘目的的一种除尘装置。其在运行理想的情况下，也只能作为气体的初级净化，除去最大和最重的颗粒。沉降室的除尘效率约为40%~70%，仅用于分离（粒径）>50μm的尘粒。穿过沉降室的颗粒物须用其他装置继续捕获。图4-2为重力沉降室除尘装置示意图。

重力沉降室有结构简单、造价低廉、投资少、易维护管理、压损小（50~130Pa）等优点，适用于净化密度大、粒径粗的粉尘，但其也有占地面积大、除尘效率低等缺点，对小于5μm的粉尘，净化效率几乎为零。

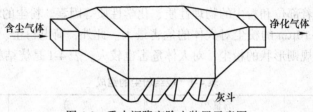

图4-2　重力沉降室除尘装置示意图

B　惯性除尘器

惯性沉降室是使含尘气流与挡板相撞，或使气流急剧地改变方向，借助其中粉尘粒子的惯性力使粒子分离并捕获的装置。惯性除尘器的净化效率较低，压力损失在200~1000Pa之间，其性能因结构不同而异。在实际应用中，惯性除尘器一般放在多级除尘系统的第一级，用来分离颗粒较粗的粉尘。惯性除尘器宜用于净化密度和粒径较大的金属和矿物性粉尘，而不适宜于净化黏结性粉尘和纤维性粉尘。惯性除尘器也可以用来分离雾滴，此时要求气体在设备内的流速以1~2m/s为宜。图4-3为碰撞式惯性除尘器结构示意图。

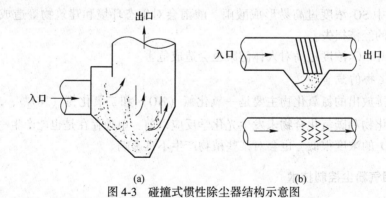

图4-3　碰撞式惯性除尘器结构示意图

（a）单级碰撞型；（b）多级碰撞型

C　旋风除尘器

旋风除尘器（简称旋风器）是使含尘气流做旋转运动，借助离心力作用将尘粒从气流中分离捕集下来的装置。用来分离粒径大于5~10μm以上的颗粒物，除尘效率可达80%左右其在工业上已有100多年的历史。旋风除尘器（见图4-4）具有结构简单、造价便宜、占地面积小、维护管理方便、压力损失中等、动力消耗不大以及适用面宽等特点。可以用于高温、高压及腐蚀性气体，且可回收干颗粒物。旋风除尘器捕集小于5μm颗粒的效率不高，一般作预除尘用，也可作为高浓度除尘系统的预除尘器，与其他类型的高效除尘器合用。

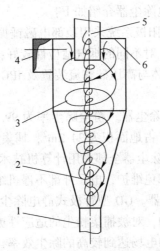

图 4-4 旋风除尘器结构及内部气流
1—排灰管；2—内旋气流；3—外旋气流；4—进气管；5—排气管；6—旋风顶板

4.2.2.2 电除尘器

电除尘是利用强电场气体发生电离、粉尘荷电，气体中得粉尘荷电在电场力的作用下，沉积在集尘板而分离出来的装置。如图 4-5 所示为板式电除尘器示意图。

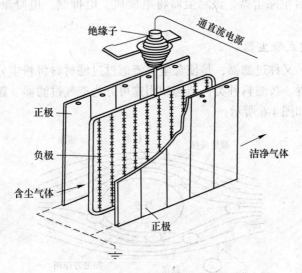

图 4-5 板式电除尘器示意图

电除尘器有以下特点：

（1）分离的作用力（由电场中粉尘荷电引起的库仑力）直接作用于粒子本身，而机械方法的作用力大多作用于整个气体。

（2）电除尘器所需功率比其他除尘器都少，气流阻力最小。

（3）可以回收微型范围的细小粒子。

（4）除尘效率高，一般在 95%～99% 以上。处理气量大，可用于高温、高压，具有克服气体和粒子腐蚀的能力。连续操作并可自动化，应用范围很广。

用于烧结烟气除尘的几种电除尘器介绍如下：

（1）BE 型电除尘器。阴、阳极系统采用顶部电磁锤振打清灰。每个振打器的振打强度、频率和顺序均可灵活调节，对不同的烟气适应性较好；可采用小分区供电方式，有利于解决提高供电电压；BE 型本体与高压硅整流装置及 IPC 系统配合可实现电除尘器的保效节能运行。

（2）CWB 型卧式高压静电除尘器。粉尘除尘率为 99.82%；黏土（黄泥）去除率为 99.99%；除尘器阻力小于 200；占地面积为 24.2m²；捕集粉尘粒径为 0.01~20μm。

（3）DBW 型电除尘器。该除尘器全部采用计算机技术，可实现智能控制和通信联网集中控制；主要特点是电场内部免维护，电厂外部不停机维护。

（4）GD 型管极式静电除尘器。GD 型管极式静电除尘器是日本原式电除尘器的改进型，采用特殊的管状三电极结构，对被捕集粉尘的适应性更为广泛，同时在入口处增设了适当的预荷电电极，能用较短的电场达到较高的除尘效率，整个电场牢固可靠，而且价格较低。安装、调整、维护使用方便，是中小型企业理想的除尘设备。

（5）GDC 型集箱式高压静电除尘器。该除尘器具有设计先进、结构合理、除尘效果好，造价低等优点。

（6）CJSC 型不结露高压静电除尘器。该除尘器具有设备操作简单、运行维护费用低、占地面积小、不需另建厂房等优点。

（7）SZD 型组合电除尘器。该除尘器将电旋风、电抑制、电凝聚 3 种复式除尘机理合为一体。

4.2.2.3　过滤式除尘器

过滤式除尘器，又称过滤器，是使含尘气流通过过滤材料将粉尘分离捕集的装置，属于高效干式除尘装置。按滤料种类、结构和用途可分为空气过滤器、颗粒层除尘器和袋式除尘器。过滤机理如图 4-6 所示。

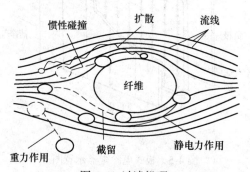

图 4-6　过滤机理

颗粒层除尘器是以硅砂、砾石、矿渣和焦炭等粒状颗粒物作为滤料，去除含尘气体中粉尘粒子的一种内滤式除尘装置。在除尘过程中，气体中的粉尘粒子是在惯性碰撞、拦截、布朗扩散、重力沉降和静电力等多种捕尘机理作用下而被捕集的。

袋式除尘器是一种高效除尘器，可用于净化粒径大于 0.1μm 的含尘气体，是最古老的除尘方法之一，除尘效率可达 99% 以上，具有除尘效率高、性能稳定可靠、操作简单、所收干尘便于回收利用等特点，其应用越来越广泛。

烧结粉尘还可以实现资源化利用，根据国内外现有的粉尘处理工艺可分为：烧结处理、球团处理、直接还原处理和炼钢处理 4 种方法，最终选择的处理方法要以粉尘的基础特性为依据，充分考虑生产工艺的可行性和处理设备的经济性等问题。

4.2.3 烧结烟气二氧化硫控制技术

目前，我国钢铁企业排放量位居全国工业排放总量的第二位，约占 11%，仅次于煤炭发电。长流程钢铁生产的过程中排放的 SO_2 是空气污染的重要来源之一，钢铁行业减少 SO_2 排放量是十分重要的。

目前，脱硫工艺基本可以分为三类：湿法、干法和半干法。一般来说，湿法脱硫工艺的脱硫剂采用浆液形式，脱硫副产物含水较高，需要浓缩脱水才能得到含水量较低的副产物；干法脱硫采用干态脱硫剂，脱硫的副产物是干态固体；半干法介于湿法和干法之间，脱硫剂以雾化或加湿的小颗粒的形式存在于脱硫过程中，副产物是干态固体。

湿法脱硫主要包括石灰石-石膏法、海水法、氢氧化镁法和氨吸收法等；干法脱硫包括炉内喷钙尾部烟气增湿活化脱硫法（LIDAC）、电子束法和荷电干粉法等；半干法包括喷雾干燥法（SDA）、增湿灰循环脱硫法（NID）、循环流化床脱硫法（CFB）等。

4.2.3.1 石灰石-石膏法

石灰石-石膏法是目前应用最广泛的一种烟气脱硫技术，它的原理是采用石灰石粉制成浆液作为脱硫剂，进入吸收塔与烟气接触混合，将液中的碳酸钙（$CaCO_3$）与烟气中的 SO_2 以及鼓入的氧化空气进行化学反应，最后生成石膏。脱硫后的烟气经除雾器除去雾滴，再经换热器加热升温（有时不需加热）后经烟囱大气。

石灰石-石膏烟气脱硫法工艺技术完善、运行稳定、脱硫效率高、单塔出力大，脱硫剂石灰石地理分布广，价格低廉，特别适合工业规模的应用，脱硫副产品石膏对环境没有危害，可以制成石膏板用于建材或用于道路施工。

石灰石-石膏法烟气脱硫的化学原理如下：

（1）烟气中的 SO_2 溶解于水，生成亚硫酸并离解成 HSO_3^- 和 H^+。

（2）烟气中的氧和氧化风机送入空气中的氧，将溶解于 HSO_3^- 氧化成 SO_4^{2-}。

（3）吸收剂中的 $CaCO_3$ 在一定条件下从溶液中离解出 Ca^{2+}。

（4）在吸收塔内，溶液中的 SO_4^{2-}、Ca^{2+} 和水反应生成石膏（$CaSO_4 \cdot 2H_2O$）。

化学反应式如下：

$$SO_2 + H_2O \longrightarrow H^+ + HSO_3^-$$

$$HSO_3^- + \frac{1}{2}O_2 \longrightarrow H^+ + SO_4^{2-}$$

$$CaCO_3 + 2H^+ + H_2O \longrightarrow Ca^{2+} + 2H_2O + CO_2 \uparrow$$

$$Ca^{2+} + SO_4^{2-} + 2H_2O \longrightarrow CaSO_4 \cdot 2H_2O$$

如图 4-7 所示湿法石灰石-石膏烟气脱硫系统流程。其主要由烟气系统、石灰石浆液制备与供给系统、吸收塔系统、石膏脱水系统和废水处理系统组成。它的系统流程是：锅炉排出的烟气首先经电除尘器除尘，然后通过引风机和增压风机后烟气换热器（GGH）热烟侧，与 GGH 冷烟侧的洁净烟气进行热交换降温，降温后的烟气进入到吸收塔下部。石灰石浆液由塔的上部向下喷淋与向上流动的烟气逆流混合，烟气中的 SO_2 与石灰石浆液反应生成亚硫酸钙同时进一步被鼓入的空气中的氧气氧化成硫酸钙（$CaSO_4$）生成石膏（$CaSO_4 \cdot 2H_2O$）；脱硫后的洁净饱和烟气依次经过除雾器除去雾滴、气气换热器加热升温后，经烟囱排入大气。反应产生的石膏浆液送至水力旋流器，进行石膏浆液初级脱水，再由真空皮带过滤机进一步脱水，产生脱硫副产品石膏。

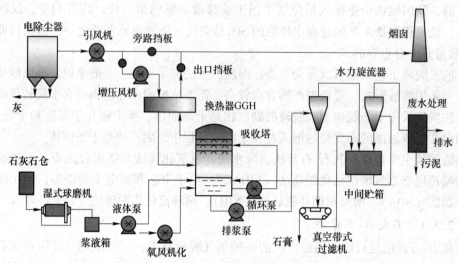

图 4-7　湿法石灰石-石膏烟气脱硫系统流程

脱硫系统的主要设备：

（1）烟气系统

烟气系统由进口烟气挡板门、旁路烟气挡板门、钢制烟道、脱硫增压风机等组成。

原烟气经烟道、烟气进口挡板门进入增压风机，经增压风机升压后进入吸收塔。增压风机为烟气提供压头，使烟气能克服吸收塔入口至吸收塔出口之间的阻力。

通过切换旁路烟气挡板和进口烟气挡板的开关，实现脱硫装置运行和脱硫装置旁路运行，保证在任何工况条件下均不影响燃烧设备的安全运行。

（2）石灰石浆液制备系统

石灰石浆液制备系统主要由石灰石粉仓、振动料斗、石灰石粉称重设备、螺旋给料机、浆液制备机、浆液输出泵组成。

石灰石粉由振动料斗从储仓中排入称重斗计量后，由螺旋给料机输送给浆液制备机，按比例加水搅拌均匀后，用浆液泵输送到中储池。石灰石浆液制备系统间歇运行，根据中储池液位高度确定制备系统的投入。

（3）烟气吸收及氧化系统

烟气吸收及氧化系统是烟气脱硫系统的核心，主要包括吸收塔、浆液循环泵、氧化风机和除雾器等设备。

吸收塔为逆流喷淋式，塔体为钢结构圆柱体，内衬不锈钢薄板。按功能划分，自下而上依次为底部循环池、喷淋洗涤区、除雾区。

在底部循环池中布置有氧化空气分布系统，氧化空气由塔外的罗茨风机提供，其主要作用是将池中的亚硫酸钙就地氧化成石膏。

底部循环池外安装离心浆液循环泵，向喷淋区的喷嘴连续输送浆液。喷淋区设置三层喷嘴，每台泵对应一层喷嘴。

除雾区布置两级除雾器，可以分离烟气中绝大多数浆液雾滴。每级除雾器都安装了喷淋水管，通过控制程序进行脉冲冲洗，用以去除除雾器表面上的结垢和补充因烟气饱和而带走的水分，以维持吸收塔内要求的液位。

（4）石膏脱水系统

石膏脱水系统主要包括石膏排出泵、石膏旋流器、真空皮带脱水机、废水旋流器、石膏旋流器溢流池、废水旋流器底流池、废水沉淀池等。

循环池底部的浆液通过石膏排出泵送至石膏旋流器进行脱水，使石膏旋流器底流石膏固体含量达到50%左右，底流直接送真空皮带脱水机进一步脱水至含水率达10%左右后，落入石膏储存间。石膏旋流器溢流进入石膏旋流器溢流池，由离心泵送至废水旋流器再脱水，废水旋流器底流进入废水旋流器底流池，由泵送回吸收塔。废水旋流器溢流流入废水沉淀池，沉淀后排入废水管网。

（5）公用工程系统

公用工程系统包括工艺水系统、低压配电系统及压缩空气系统。

工艺水系统设有工艺水箱，配2台工艺水泵，主要用于制浆加水，同时也用作清洗除雾器、输送管道的冲洗水。

低压配电系统向脱硫系统提供380/220V动力和照明合一的中性点直接接地电源。

压缩空气系统设置仪用空气储气罐，仪表气送到脱硫装置内的各个气动阀，并用作烟气测量装置和分析装置的冲洗气。

（6）烟气排放连续监测系统（CEMS）

烟气排放连续监测系统用于实时测量脱硫装置烟气参数，为调整脱硫装置运行参数提供数据，确保脱硫装置正常运行，并为脱硫装置性能考核提供数据，其检测点分别设在烟气脱硫装置进口和出口，其中进口检测项目至少包括烟尘、SO_2、O_2、流量、温度、压力，出口检测项目为SO_2、O_2，并与烟气脱硫装置的控制系统联网。

烟气连续排放监测系统包括烟尘监测子系统；SO_2、O_2监测子系统；烟气排放参数（压力、流量、温度）监测子系统；系统控制和数据采集处理子系统及远程监测子系统。其中，SO_2、O_2监测子系统包括取样、过滤、压力调节、温度调节、流量调节、有害或干扰成分处理等主体部分，以及旁路系统、多点转换、管线吹扫、气体混合、化学反应或转化、管线伴热、排气、排液等辅助部分。

（7）自动控制系统

烟气脱硫装置采用分散控制系统。在装置正常运行工况下，对脱硫装置的运行参数和设备的运行状态进行实时监控，并能自动维持SO_2等污染物的排放浓度在正常范围内，以达到设计的脱硫效率等主要技术指标；能完成整套系统的启动和停止控制；在出现事故的情况下，能自动进行系统的联锁保护，停止相应的设备甚至整套脱硫装置的运行。

脱硫装置主要设置以下控制系统：

（1）增压风机压力、流量控制。

在脱硫系统投入（旁路烟气挡板门关闭、进口烟气挡板打开）和撤出（旁路烟气挡板打开、进口烟气挡板关闭）及燃烧设备负荷发生超范围波动时，增压风机压力、流量控制系统可保持增压风机入口的压力、流量在设定范围内，以保证燃烧设备的安全、稳定运行。

（2）吸收塔 pH 值控制。

吸收塔浆液的 pH 值是脱硫装置运行中需要重点控制的参数，它是影响脱硫效率、氧化率、钙利用率的主要因素之一。浆液的 pH 值高，有利于脱除 SO_2，但会对脱硫产物的氧化起抑制作用，造成结垢、堵塞，因此，通常控制 pH 值在 5~6 之间。

测量吸收塔前原烟气的烟气量、SO_2 浓度和净化烟气中 SO_2 浓度，计算进入吸收塔中的 SO_2 总量和脱硫效率，据此控制浆液循环泵流量和加入到吸收塔中的石灰石浆液流量。吸收塔浆液的 pH 值作为 SO_2 吸收过程的校正值参与调节。

（3）吸收塔液位控制。

吸收塔石灰石浆液供应量、石膏排出量及烟气进入量等因素的变化造成吸收塔的液位波动。根据测量的液位值，调节除雾器冲洗时间间隔，实现液位的稳定。

（4）石膏浆液浓度、流量控制。

在石膏浆液排出泵出口管道装设浆液浓度计，根据检测值与设定值的差值控制石膏浆液排出泵的运行与流量调节。

（5）石灰石浆液浓度控制。

根据单位时间 SO_2 脱除量计算制浆机中石灰石粉的加入量，并按要求的浓度加入工艺水。

4.2.3.2　氨法烟气脱硫技术

氨是一种良好的碱性吸收剂，碱性强于钙基脱硫剂。用氨吸收烟气中的 SO_2 速率高，吸收剂利用率高。

氨法烟气脱硫技术是利用氨液吸收烟气中的 SO_2 生产亚硫酸铵溶液，并在富氧条件下将亚硫酸铵氧化成硫酸铵，在经过加热蒸发结晶析出硫酸铵，过滤干燥后的化肥产品。主要包括吸收过程、氧化过程和结晶过程。

A　吸收过程

在脱硫塔中，氨和二氧化硫在液态环境中以离子形式反应。反应过程如下：

$$NH_3 + H_2O + SO_2 \longrightarrow (NH_4)_2SO_3$$
$$(NH_4)_2SO_3 + SO_2 + H_2O \longrightarrow NH_4HSO_3$$

由上式可见，随着吸收进程的持续，溶液中 NH_4HSO_3 回逐渐增多，而 NH_4HSO_3 对 SO_2 不具有吸收能力，所以应该及时补充氨水维持吸收浓度。

B　氧化过程

氧化过程主要是利用空气生产 $(NH_4)_2SO_3$ 的过程。主要反应如下：

$$(NH_4)_2SO_3 + O_2 \longrightarrow (NH_4)_2SO_4$$
$$NH_4HSO_3 + O_2 \longrightarrow NH_4HSO_4$$
$$NH_4HSO_4 + NH_3 \longrightarrow (NH_4)_2SO_4$$

不同的工艺氧化过程发生的位置不同，有的工艺吸收和氧化在一个塔中进行，有的工艺吸收和氧化分别再两个塔中进行。

C　结晶过程

氧化后的 $(NH_4)_2SO_4$ 溶液经加热蒸发，形成过饱和溶液，$(NH_4)_2SO_4$ 从溶液中结晶析出，过滤干燥后的化肥产品硫氨酸。

根据氨与 SO$_2$、H$_2$O 反应的机理氨法脱硫工艺主要有湿式氨法、电子束氨法、脉冲电晕氨法、简易氨法等。

a　典型的湿式氨法

脱硫工艺有德国克虏伯公司 Walther 工艺、德国鲁奇公司 AMASOX 工艺、美国 GE 公司 Marsulex 工艺、日本钢管公司 NKK 工艺。如图 4-8 ~ 图 4-11 所示分别是四种工艺的流程图。

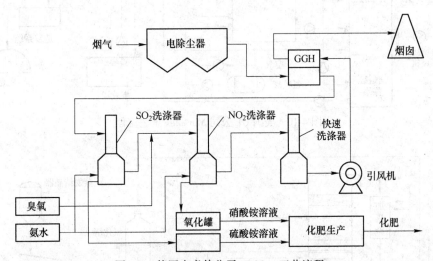

图 4-8　德国克虏伯公司 Walther 工艺流程

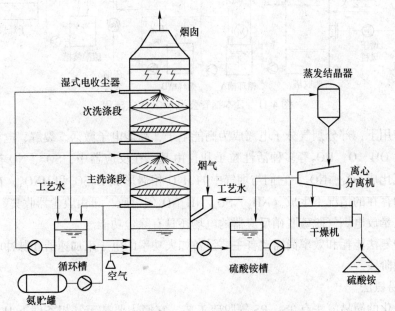

图 4-9　德国鲁奇公司 AMASOX 工艺流程

b　电子束氨法（EBA 法）与脉冲电晕氨法（PPCP）

EBA 与 PPCP 法分别是用电子束和脉冲电晕照射 70℃ 左右、已喷入水和氨的烟气。

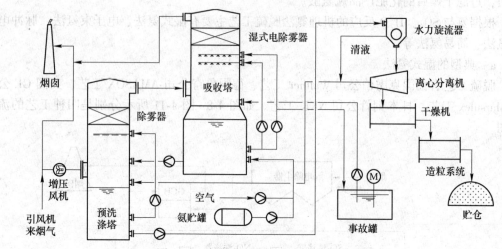

图 4-10   美国 GE 公司 Marsulex 工艺流程

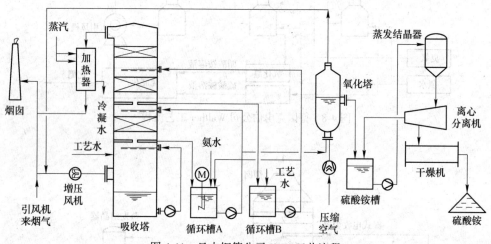

图 4-11   日本钢管公司 NKK 工艺流程

在强电场作用下，部分烟气分子电离成为高能电子，高能电子激活、裂解、电离其他烟气分子，产生 OH、O、HO_2 等多种活性粒子和自由基。在反应器中，SO_2、NO 被活性粒子和自由基氧化成 SO_3、NO_2，它们与烟气中的 H_2O 相遇形成 H_2SO_4 和 HNO_3，在有 NH_3 或其他中和物存在的情况下生成（NH_4）$_2SO_4$/NH_4NO_3 气溶胶，再由收尘器收集。

脉冲电晕放电烟气脱硫脱硝反应器的电场还具有除尘功能。

这两种氨法能耗和效率尚需改善主要设备如大功率的电子束加速器和脉冲电晕发生装置还在研制阶段。

c   简易氨法

已商业化的简易氨法有 TS、PS 等脱硫工艺，它们主要基于气相条件下 H_2O、NH_3 与 SO_3 间的快速反应。因其脱硫产物大部分是气溶胶状态的不稳定亚铵盐，回收十分困难，氨法的经济性不能体现，且脱硫产物随烟气排放后又会分解成 SO_2，形成二次污染。所以该工艺只能用在环保要求低、有废氨水来源、不要求长期运行的装置上。

4.2.3.3 循环流化床脱硫技术

烟气循环流化床脱硫（CFB-FGD）工艺是 20 世纪 80 年代德国鲁奇（Lurgi）公司开发的一种新型半干法脱硫工艺。此工艺以循环流化床原理为基础，通过吸收剂的多次再循环，延长吸收剂与烟气的接触时间，大大提高了吸收剂的利用率。它既具有干法流程工艺的许多优点，而且还能在较低的钙硫比（Ca/S = 1.2~1.35）情况下脱硫效率达 85%。烟气循环流化床脱硫工艺结构简单，设备布置紧凑而且可以利用现有的设备如烟囱、除尘器等，占地仅为湿法工艺的 30%~40%。

目前，烟气循环流化床脱硫工艺已经达到工业应用水平的主要有以下几种工艺流程：德国 Lurgi 公司开发的典型烟气循环流化床脱硫工艺（CFB）；德国 Wulff 公司开发的烟气回流式循环流化床脱硫工艺（RCFB）；丹麦 L. F. Smith 公司开发的气体悬浮吸收烟气脱硫工艺（GSA）等。

与传统的石灰石—石膏湿法工艺相比，循环流化床脱硫工艺有以下特点：

(1) 脱硫效率高，在钙硫比为 1.2~1.35 时，脱硫效率可达 85%。

(2) 工程投资、运行费用和脱硫成本较低。

(3) 工艺流程简单，系统可靠性高，维护和检修费用低。

(4) 占地面积小，系统布置灵活。

(5) 无脱硫废水排放，脱硫副产品是干态，有利于综合利用和处置堆放。

循环流化床脱硫塔内进行的化学反应很复杂，经过长久的探究发现，在循环流化床脱硫的过程中，会有以下主要反应：

生石灰粉与雾化液滴结合产生消化反应：

$$CaO + H_2O \longrightarrow Ca(OH)_2$$

SO_2 被液滴吸收：

$$SO_2 + H_2O \longrightarrow H_2SO_3$$

$Ca(OH)_2$ 与 H_2SO_3 发生反应：

$$Ca(OH)_2 + H_2SO_3 \longrightarrow CaSO_3 \cdot \frac{1}{2}H_2O + \frac{3}{2}H_2O$$

部分 $CaSO_3 \cdot H_2O$ 被烟气中的氧气氧化：

$$CaSO_3 \cdot H_2O + O_2 + H_2O \longrightarrow CaSO_4 \cdot 2H_2O$$

烟气中的 HCl 和 HF 等酸性气体同时也被 $Ca(OH)_2$ 脱除：

$$Ca(OH)_2 + 2HCl \longrightarrow CaCl_2 + 2H_2O$$

$$Ca(OH)_2 + 2HF \longrightarrow CaF_2 + 2H_2O$$

4.2.3.4 其他脱硫技术

A 钢渣法烧结烟气脱硫技术

钢渣法烧结烟气脱硫技术是新日本制铁株式会社开发的一种以钢渣浆液为脱硫吸收剂，特别针对钢铁企业烧结烟气脱硫的湿法工艺。其是利用钢渣中的大量 CaO，遇水后呈碱性，从而来脱除 SO_2 等酸性气体，从而达到治理污染、保护环境的目的。该工艺以废治废，既节省了脱硫剂，降低了成本，又减少了渣场的钢渣堆积，有较好的环境和社会效益，对钢铁企业烧结烟气脱硫改造来说，是一种不错的选择。

B　电子束烟气脱硫技术

电子束烟气脱硫技术同时实现了脱硫和脱硝，具有突出特色。该技术还具有脱硫效率高、无二次污染、无 CO_2 产生、负荷跟踪能力强等特点，并可实现污染物资源的综合利用和硫、氮资源的自然生态循环，是一种不可多得的综合利用型绿色烟气净化技术。而且其设备占地面积小，减少了污水处理设施。

电子束氨法烟气脱硫工艺去除废气中 SO_2 的过程，大体可分为三步：首先是烟气在电子束的辐射下生成自由基；然后 SO_2 在自由基升温作用下被氧化成 SO_3；最后 SO_3 和剩余的 SO_2 与添加的氨反应生成硫酸铵或亚硫酸铵，实现治污目的。

C　氧化镁法

我国是世界上镁矿储量最多的国家，占世界储量的 80% 左右。镁矿石的主要成分是碳酸镁，经过煅烧生成的氧化镁可用作脱硫吸收剂。

氧化镁脱硫的基本原理是将氧化镁通过浆液制备系统制成氢氧化镁过饱和溶液，在脱硫吸收塔内与烧结烟气充分接触，与烧结烟气中的 SO_2 反应生成亚硫酸镁，从吸收塔排出的亚硫酸镁浆液经脱水处理和再加工后可生产硫酸，或者将其强制氧化全部转化成硫酸盐制成七水硫酸镁。

氧化镁法具有以下特点：（1）脱硫效率高；（2）投资费用少；（3）液气比低、运行费用低；（4）运行可靠；（5）副产物可综合利用。

D　海水烟气脱硫

海水烟气脱硫是目前唯一一种不需要添加任何化学药剂的工艺，也不产生固体废弃物，脱硫效率大于 92%，运行稳定，系统可用率高达 100%；用海水冷却水脱硫，经济性好，运行及维护费用较低；压力损失小，一般在 0.98~2.16kPa；结构简单，操作简便，易于实现自动化。

海水烟气脱硫工艺受地域限制，仅适用于有丰富海水资源的工程，特别适用于海水作循环冷却水的火电厂；用于脱硫的海水碱度、pH 值和盐度等水质指标要求比较高；只适用于燃用中低硫煤的电厂，对燃用高硫煤的电厂其脱硫成本显著增加；需要采取专门的防腐设计，妥善解决吸收塔内部、吸收塔排水管沟及其后部烟道、烟囱、曝气池和曝气装置的防腐问题。

E　喷雾干燥工艺

喷雾干燥工艺（SDA）是一种半干法烟气脱硫技术，其市场占有率仅次于湿法。该法是将吸收剂浆液 $Ca(OH)_2$ 在反应塔内喷雾，雾滴在吸收烟气中 SO_2 的同时被热烟气蒸发，生成固体并由电除尘器捕集。SDA 法较适于中、低硫煤地区，当钙硫比为 1.3~1.6 时，脱硫效率可达 80%~90%。其主要缺点是：利用消石灰乳作为吸收剂，系统易结垢和堵塞，而且需要专门设备进行吸收剂的制备，因而投资费用偏大；脱硫效率和吸收剂利用率也不如石灰石-石膏法高。

4.2.4　烧结烟气氮氧化物控制技术

氮氧化物包括 N_2O、NO、NO_2、N_2O_3、N_2O_4 和 N_2O_5，其中主要成分是 NO 和 NO_2，一般总称氮氧化物，用 NO_x 表示。人类活动产生的 NO_x 中燃烧产生的量约占 90%。大多数的工业烟气中含有氮氧化物，它们大量排放到大气中，不仅形成酸雨，破坏臭氧层，并造成温室效应导致全球变暖。

燃烧产生的 NO_x 主要来自两条途径：一是空气中氮与氧在高温下反应产生 NO，通过这种途径产生的 NO_x，称为高温型 NO_x；二是燃料中的氮经燃烧分解产生的 NO_x，称为燃料型 NO_x。高温型 NO_x 的生成与氧和火焰温度有关。但无论是高温型 NO_x 还是燃料型 NO_x，均与空气的混合量有关。

钢铁行业作为国家工业的一个重要部分，国家对其环保要求也日益严格。研究表明，钢铁厂中各种设备放出的 NO_x 总量在固定发生源中占第二位，仅次于 SO_2 的排放量。钢铁行业 NO_x 主要来源于各种炉窑燃烧废气，包括球团回转窑、烧结机、石灰窑、电炉、焦炉、热风炉、轧钢加热炉、退火炉、锅炉等，但都属于燃烧产生。钢铁行业 NO_x 产生的特点是绝大多数属于高温型产生的氮氧化物。

氮氧化物控制技术一般都分为过程控制和末端烟气治理。过程控制有烟气循环方法等，末端治理包括活性炭吸附法、SCR 法和氧化吸收法等。

4.2.4.1　烟气循环

烧结烟气脱硝技术是基于一部分热废气被再次引入烧结过程的原理而来开发的方法。热废气再次通过烧结料层时，其中的 NO_x 和二噁英能够通过热分解被部分破坏，SO_x 和粉尘能够被部分吸收附带并滞留于烧结料层中。此外，废气中的 CO 在烧结过程中再次参加还原，还可降低固体燃料的消耗。烧结烟气循环脱硝技术可以脱除循环烟气中 40%~70% 的 NO_x。

4.2.4.2　活性炭吸附法

吸附法是利用吸附剂对 NO_x 的吸附量随温度或压力变化的特点，通过周期性地改变操作温度或压力控制 NO_x 的吸附和解吸，使 NO_x 从烟气中分离出来。根据再生方式的不同，吸附法可分为变温吸附和变压吸附。活性炭吸附脱除 NO_x 属于典型的变温吸附过程，在烟气出口温度为 120~160℃ 时 NO_x 被活性炭吸附，吸附饱和的活性炭经 300~450℃ 高温再生后继续循环利用。该工艺在通入氨气的情况下，NO_x 和 NH_3 在活性炭表面发生催化反应生产 N_2 和 H_2O，实现 NO_x 的深度处理。

4.2.4.3　选择性非催化还原法（SNCR 法）

选择性非催化还原技术是用 NH_3、氨水、尿素等还原剂喷入燃烧室内与 NO_x 进行选择性反应，不用催化剂，因此必须在高温区加入还原剂。还原剂喷入燃烧室温度为 850~1100℃ 的区域，该还原剂（尿素）迅速热分解成 NH_3 并与烟气中的 NO_x 进行 SNCR 反应生成 N_2，该方法是以燃烧室为反应器。NH_3 或尿素还原 NO_x 的主要反应为：

$$4NH_3 + 4NO + O_2 \longrightarrow 4N_2 + 6H_2O \qquad (NH_3)$$

$$2NO + CO(NH_2)_2 + \frac{1}{2}O_2 \longrightarrow 2N_2 + CO_2 + 2H_2O \qquad (尿素)$$

SNCR 烟气脱硝技术的脱硝效率一般为 30%~40%。该技术的工业应用是在 20 世纪 70 年代中期日本的一些燃油、燃气电厂开始的，欧盟国家从 80 年代末一些燃煤电厂也开始 SNCR 技术的工业应用。美国的 SNCR 技术在燃煤电厂的工业应用是在 90 年代初开始的。

由于没有催化剂，SNCR 工艺需要的反应温度太高（850~1100℃），因此需控制好反应温度，以免氨被氧化成氮氧化物。但该技术不适用于钢厂烧结烟气脱硝。

4.2.4.4 选择性催化还原法（SCR）

选择性催化还原（SCR）脱硝技术是指利用还原剂在一定温度和催化剂的作用下将 NO_x 还原成 N_2 的方法。主要是喷入的 NH_3 在催化剂存在下，反应温度在 $250\sim450℃$ 之间时，把烟气中的 NO_x 还原成 N_2 和 H_2O，在 O_2 存在条件下，催化剂的活性位点很快得到恢复，继续下一个循环。喷氨量与 NO_x 入口浓度及 NO_x 的脱除效率有关。设计的技术参数一定要令喷氨量满足脱除 NO_x 的需要，同时不会产生大量的氨气泄漏。

在 SCR 工艺中，将氨喷入烧结烟气中，在催化剂的作用下发生反应，反应机理十分复杂，主要的化学反应方程式如下：

$$4NO + 4NH_3 + O_2 \longrightarrow 4N_2 + 6H_2O \qquad\qquad (4\text{-}1)$$

$$6NO_2 + 8NH_3 \longrightarrow 7N_2 + 12H_2O \qquad\qquad (4\text{-}2)$$

烟气中的 NO_x 主要由 NO 和 NO_2 组成，其中 NO 约占 NO_x 总量的 95%，NO_2 约占 NO_x 总量的 5%。因此，化学反应方程式（4-1）被认为是脱硝反应的主要反应方程式，它的反应特性如下：

（1）NH_3 和 NO 的反应摩尔比为 1；

（2）脱硝反应中需要 O_2 参与反应；

（3）典型的反应温度窗口为 $320\sim400℃$。

脱硝反应的产物是氮气和水。为了使脱硝反应得以进行，需要持续不断的氧气供应，而氧气可以用来自钢厂烧结机的烧结烟气。

SCR 技术需要的反应温度窗口为 $320\sim450℃$。在反应温度较高时，催化剂会产生烧结及（或）结晶现象；在反应温度较低时，催化剂的活性会因为硫酸铵在催化剂表面凝结堵塞催化剂的微孔而降低。

SCR 的一次性投资较高，催化剂占整个 SCR 脱硝系统的投资比例达到 $30\%\sim40\%$。根据脱硝效率的不同要求，投资费用存在一定的差别。一般来说，在脱硝效率为 75% 时，SCR 催化剂需要布置两层；当脱硝效率要求在 50% 以下时，一层催化剂即可满足脱硝要求。

目前 SCR 技术已经成为工业上应用最广泛的一种烟气脱硝技术，应用于燃煤锅炉后烟气脱硝效率可达 90% 以上，是目前最好的可以广泛用于固定源 NO_x 治理的脱硝技术。SCR 系统的最大优点是脱硝效率高，系统运行稳定，可以满足严格的环保标准。

目前在日本、德国、北欧等国家的燃煤电厂得到广泛应用。在我国，越来越多的燃煤电厂已认可并开始广泛使用该技术，且效果良好。考虑到钢厂烧结烟气的实际状况（烟气量波动大、含湿量高、粉尘成分复杂）与燃煤锅炉烟气的不同，对烧结烟气进行 SCR 脱硝工艺设计时，需要结合烧结烟气的特点进行优化设计，实现 SCR 脱硝工艺在钢铁行业的成功应用。

4.2.4.5 催化分解法

理论上，NO 分解成 N_2 和 O_2 是热力学上有利的反应，但该反应的活化能高达 364kJ/mol，需要合适的催化剂来降低活化能，才能实现分解反应。由于该方法简单，费用低，被认为是最有前景的脱氮方法，故多年来人们为寻找合适的催化剂进行了大量的工作，主要有贵金属、金属氧化物、钙钛矿型复合氧化物及金属离子交换的分子筛等。

Pt、Rh、Pb 等贵金属分散在 $Pt/7-Al_2O_3$ 等载体上，可用于 NO 的催化分解。在同等条件下，Pt 类催化剂活性最高。贵金属催化剂用于 NO 催化分解的研究已比较广泛和深入，近年来，这方面的工作主要是利用一些碱金属及过渡金属离子对单一负载贵金属催化剂进行改性，以提高催化剂的活性及稳定性。

4.2.4.6 液体吸收法

NO_x 是酸性气体，可通过碱性溶液吸收净化废气中的 NO_x。常见吸收剂有：水、稀 HNO_3、NaOH、$Ca(OH)_2$、NH_4OH、$Mg(OH)_2$ 等。为提高 NO_x 的吸收效率，又可采用氧化吸收法、吸收还原法及络合吸收法等。氧化吸收法先将 NO 部分氧化为 NO_2，再用碱液吸收。气相氧化剂有 O_2、O_3、Cl_2 和 ClO_2 等；液相氧化剂有 HNO_3、$KMnO_4$、$NaClO_2$、H_2O_2、$K_2Br_2O_7$ 等。吸收还原法应用还原剂将 NO_x 还原成 N_2，常用还原剂有 $(NH_4)_2SO_4$、$(NH_4)HSO_3$、Na_2SO_3 等。液相络合吸收法主要利用液相络合剂直接同 NO 反应，因此对于处理主要含有 NO 的 NO_x 尾气有特别意义。NO 生成的络合物在加热时又重新放出 NO，从而使 NO 能富集回收。目前研究过的 NO 络合吸收剂有 $FeSO_4$、Fe(Ⅱ)-EDTA 和 Fe(Ⅱ)-EDTANa$_2$SO$_4$ 等。该法在实验装置上对 NO 的脱除率可达 90%，但在工业装置上很难达到这样的脱除率。

此法工艺过程简单，投资较少，可供应用的吸收剂很多，又能以硝酸盐的形式回收利用废气中的 NO_x，但去除效率低，能耗高，吸收废气后的溶液难以处理，容易造成二次污染。此外，吸收剂、氧化剂、还原剂及络合物的费用较高，对于含 NO_x 浓度较高的废气不宜采用。

4.2.4.7 生物处理法

生物法处理的实质是利用微生物的生命活动将 NO_x 转化为无害的无机物及微生物的细胞质。由于该过程难以在气相中进行，所以气态的污染物先经过从气相转移到液相或固相表面的液膜中的传质过程，可生物降解的可溶性污染物从气相进入滤塔填料表面的生物膜中，并经扩散进入其中的微生物组织。然后，污染物作为微生物代谢所需的营养物，在液相或固相被微生物降解净化。

美国爱达荷国家工程实验室的研发人员最早发明了用脱氮菌还原烟气中 NO_x 的工艺。当烟气在塔中的停留时间约为 1min，NO 进口浓度为 $335mg/m^3$ 时，NO 的去除率可达到 99%。塔中细菌的最适温度为 30~45℃，pH 值为 6.5~8.5。

虽然微生物法处理烟气中 NO_x 的成本低，设备投入少，但要实现工业应用还有许多的问题需要克服：

(1) 微生物的生长速度相对较慢，要处理大流量的烟气，还需要对菌种作进一步的筛选。

(2) 微生物的生长需要适宜的环境，如何在工业应用中营造合适的培养条件将是必须克服的一个难题。

(3) 微生物的生长，会造成塔内填料的堵塞。

4.2.5 烧结烟气中其他有害成分的脱除

烧结烟气中除了粉尘、SO_2、NO_x 这些主要的污染物外，还有一些其他的污染物。

4.2.5.1　烧结烟气中汞的脱除

汞对于环境和人体的危害是很大的。因此含汞废气需要治理后才能排放。目前，国内外治理含汞废气的方法主要有利用现有的烟气控制设备脱汞、吸附法、溶液吸收法、联合净化法、化学氧化法等。

A　利用现有的烟气控制设备脱汞

（1）除尘设备。静电除尘器可以出去以颗粒形式存在的汞，但以颗粒形式存在的汞比例较低，且这部分汞大多存在于亚微米级颗粒中，而一般的电除尘器对于这个范围内的颗粒脱除效果较差，除汞能力有限。而布袋除尘器在这方面有很大的潜力，能除去约70%的汞。

（2）脱硫设备。脱硫设备是目前除汞最有效的净化设备。

（3）脱硝设备。可以加强汞的氧化而增加将来烟气脱硫对汞的去除率。

B　吸附法

用多孔固体吸附剂将混合气体中的汞聚集或浓缩在表面，达到脱除汞的目的。吸附方法有充氯活性炭吸附法、载溴活性炭吸附法、浸渍金属活性炭吸附法、多硫化钠-焦炭吸附法、HgS催化吸附法。

C　溶液吸收法

根据汞的性质，应选用具有较高氧化还原电位的物质，如高锰酸钾、碘、次氯酸钙、硝酸、酸性重铬酸钾以及与汞可以生成络合物的物质作为吸收剂。较为常用的吸收剂有高锰酸钾和次氯酸钠溶液，其与汞反应速度快、净化效率高、溶液浓度低、不易挥发、沉淀物少且比较经济。

4.2.5.2　烟气中砷的脱除

烟气中排放的砷多以 As_2O_3 的形式存在，迁移至土壤和水体中，污染范围广。治理含砷废气的方法有冷凝除砷工艺、吸收净化工艺、吸附净化工艺和燃烧法。

A　冷凝除砷工艺

烟气中的砷主要以蒸气形态存在，易升华，可以采用先冷凝再除尘的方法，除尘设备可以采用电除尘器和袋式除尘器。

B　吸收净化工艺

烧结烟气中同时含有 As_2O_3 和 SO_2 时，可以采用石灰乳吸收净化。净化机理如下：

$$SO_2 + H_2O \longrightarrow H_2SO_3$$

$$H_2SO_3 + Ca(OH)_2 \longrightarrow CaSO_3 \cdot \frac{1}{2}H_2O \downarrow + \frac{3}{2}H_2O$$

$$As_2O_3 + 3H_2O \longrightarrow 2As(OH)_3 \text{ 或 } 2H_3AsO_3$$

$$H_3AsO_3 + Ca(OH)_2 \longrightarrow Ca_3(AsO_3)_2 \downarrow + 6H_2O$$

As_2O_3 和 SO_2 转化为沉淀除去，沉渣应妥善堆放，并用混凝土覆盖后，填埋处理。

C　吸附净化工艺

砷化氢就有较强的还原性，在空气中可以燃烧，易溶于有机溶剂。可以利用氯化性物质如高锰酸钾等的水溶液与砷化氢发生氧化还原反应将其转化为无毒或低毒的物质。但该法设备腐蚀现象严重，存在吸收液的二次污染问题，具有局限性。

D 燃烧法

含砷化氢尾气可以采用燃烧法处理，其燃烧机理为：

$$2AsH_3 + 3O_2 \longrightarrow As_2O_3 + 3H_2O$$

燃烧过程中生成的 As_2O_3 再进行冷凝后收尘捕集，防止二次污染。

4.2.5.3 烟气中氟的脱除

含 HF 和 SiF_4 的废气很容易被水和碱性物质如石灰乳等采用湿法净化工艺脱除。根据吸收剂的不同可以把湿法净化工艺分为水吸收法和碱吸收法。水吸收法比较经济，吸收液易得，但对设备却有强烈的腐蚀作用；碱吸收法产物为盐类，对设备的腐蚀较轻，可获得副产物，回收氟资源。

干法吸附也是净化含氟废气的一种主要方法。废气中的氟化氢或四氟化硅被吸附下来，生成氟的化合物或仅仅吸附在吸附剂表面，吸附剂再生后循环使用。

4.2.5.4 烟气中铅、锌等杂质的脱除

烟气中铅、锌等杂质多以尘粒和烟的形式存在，对于粒径较大的尘粒，可采用袋式除尘器除去，对于粒径较小的尘粒则可用静电除尘器或化学吸收法除去。

A 化学吸收法

目前采用的吸收剂主要是稀醋酸或 NaOH 溶液。

（1）稀醋酸溶液净化含铅、锌的废气。在斜孔板塔中，用 0.25% ~ 0.3% 的醋酸溶液作为吸收剂，使铅、锌烟中的 Pb/Zn 和 PbO/ZnO 变成醋酸铅/醋酸锌：

$$Pb + 2CH_3COOH \longrightarrow Pb(CH_3COO)_2 + H_2$$
$$PbO + 2CH_3COOH \longrightarrow Pb(CH_3COO)_2 + H_2O$$
$$Zn + 2CH_3COOH \longrightarrow Zn(CH_3COO)_2 + H_2$$
$$ZnO + 2CH_3COOH \longrightarrow Zn(CH_3COO)_2 + H_2O$$

烟气进塔之前，先进行除尘预处理，除去较大的颗粒。液气比根据气量的大小，控制在 2.8 ~ 4L/m³，净化效率可达 90% 以上。

（2）稀碱液吸收含铅、锌的废气。在冲击式净化器内采用 1% 的 NaOH 作为吸收剂净化含铅、锌的废气，同时可以除去较大的铅、锌颗粒。吸收机理如下：

$$2Pb + O_2 \longrightarrow 2PbO$$
$$PbO + 2NaOH \longrightarrow Na_2PbO_2 + H_2O$$

B 物理吸收法（洗涤净化）

洗涤净化烧结烟气中铅、锌烟尘工艺设备比较简单，采用水作为介质，廉价易得，运行费用低。但是却存在污水和污泥处理的问题，而且烟气中的酸性气体还会对设备管道有腐蚀伤害。

洗涤净化工艺可以采用的设备有填料塔、喷雾洗涤塔、旋流板塔、泡沫塔和文丘里洗涤器等。

4.2.6 烧结烟气多种污染物协同控制技术

目前单一的污染物控制技术较为成熟，但是随着污染物控制种类的不断增加烟气净化

设备也在增加，这不仅增加了设备投资和运行的费用，而且是整个末端污染物治理系统庞大复杂，治污设备占地大、能耗高、运行风险大，副产物二次污染问题十分突出。从整体系统的角度考虑烧结烟气所带来的运行和环境问题，掌握烧结烟气中各种污染物之间相互影响、相互关联的物理和化学过程。通过一项技术或多项技术组合，以及单元环节或单元环保设备链接、匹配耦合，达到对烧结烟气多种污染物综合控制的目标，从而有效降低钢铁烧结环境污染治理成本，是非常重要的问题，开发高效、经济的多种污染物协同控制技术已成为一个热点。

活性炭（焦）吸附法是目前唯一能脱除烟气中每一种杂质、且应用较为广泛的方法，属于干法烟气脱硫技术。活性炭（焦）具有较好的孔隙结构、丰富的表面基团，具有较强的吸附能力，在适合的条件下，活性炭吸附法可同时脱除 SO_2、NO_x、多环芳烃、重金属及其他一些毒性物质，副产物是硫酸或硫黄等。

活性炭（焦）法脱硫率高（90% ~ 99%），处理后排放的尾气中二氧化硫含量小于 350×10^{-6}。脱硫同时可实现脱硝、脱二噁英、重金属及粉尘等。

活性炭（焦）法的原理是烧结机排出的烟气经旋风除尘器简单除尘后，粉尘浓度从 $1000mg/m^3$ 降为 $250mg/m^3$，由主风机排出。烟气经升压鼓风机后送往移动床吸收塔，并在吸收塔入口处添加脱硝所需的氨气。烟气中的 SO_2、NO_x 在吸收塔内进行反应，所生成的硫酸和铵盐被活性炭吸附除去。吸附了硫酸和铵盐的活性炭送入脱离塔，经加热至 400℃ 左右可解吸出高浓度 SO_2。解吸出的高浓度 SO_2 可以用来生产高纯度硫黄（99.9% 以上）或浓硫酸（98% 以上）；再生后的活性炭经冷却筛去除杂质后送回吸收塔进行循环使用。活性炭法在进行烟气处理过程中烟气温度并没有下降，故无需再对处理后的烟气加热来进行排放，这有别于其他脱硫技术。

其脱硫工艺一般分为 3 个过程：首先烟气进入吸收塔，烟气中的二氧化硫、氧气和水蒸气吸附在活性焦的表面。然后，在活性焦表面活性点的催化作用下二氧化硫被氧化成三氧化硫。最后，三氧化硫与水蒸气反应生成硫酸，吸附在活性焦的表面。吸附饱和的活性焦须排出再生，同时补充新活性焦。

活性炭（焦）吸附法同时脱除多种污染物是物理作用和化学作用协同的结果，当烟气含有充分的 H_2O 与 O_2 时，首先发生物理吸附，然后在碳基表面发生一系列化学作用。

4.2.6.1 脱硫原理

用活性炭脱除 SO_2 的一般原理是：SO_2 在活性炭上吸附后，与 O_2 反应经催化生成 SO_3，SO_3 再与烟气中的水蒸气作用生成 H_2SO_4。具体步骤如下：

（1）烟气中 SO_2 被吸附到活性炭表面上并进入到微孔活性位上。

（2）SO_2 与烟气中 O_2 和 H_2O 在微孔空间内经氧化、水合生成吸附态 H_2SO_4。

4.2.6.2 脱硝原理

活性炭移动层脱硝法通过与 SCR 同样的催化剂反应和活性炭特有的脱硝反应进行脱硝。由于活性炭移动层脱硝法可以在烧结烟气的温度范围进行低温脱硝，所以不需要焦炉煤气等加热热源，从而节省运行费用。活性炭移动层脱硝法反应如下：

（1）SCR 反应，活性炭与常规钒钛系金属介质一样具有催化剂作用，将 NO 还原为 N_2，即 $4NO + 4NH_3 + O_2 \rightarrow 4N_2 + 6H_2O$。

（2）non-SCR反应，液氨注入后，会与吸附在活性炭上的SO_2发生反应，生成NH_4HSO_4或（NH_4）$_2SO_4$，活性炭再生时在细孔中残存—NH_n基化合物，这种—NH_n基物质被称为碱性化合物或还原性物质。活性炭循环到吸附反应塔中，—NH_n基化合物与烟气中的NO直接发生氧化还原反应生成N_2，这种反应是活性炭特有的脱硝反应，称为non-SCR反应，反应式为：

$$NO + C—Red \longrightarrow N_2$$

式中，C—Red称为活性炭表面的还原性物质。

20世纪80年代末，日本从德国引进活性炭吸附工艺，改造已有的石灰石-石膏湿法工艺。1987年世界首套活性炭移动层式干法脱硫装置在新日铁名古屋工厂3号烧结机上最先使用，处理烟气量为90万m^3/h，投资55亿日元，年运行费用约10亿日元。该装置目前脱硫率高达95%，脱硝率40%，而且能有效脱除二噁英和具有良好的除尘效果。此后该技术迅速得到推广。

至今在日本18套烧结脱硫石灰石-石膏湿法装置中，改造建成了共计9套活性炭吸附加热脱硫工艺，但多数均保留了原来的石膏工艺系统副产石膏。回收的富SO_2气体通入石膏反应器，与消石灰反应生产石膏。如住友金属鹿岛厂2号，3号烧结机，新日铁名古屋厂1号、2号、3号烧结机。2000年后韩国浦项制铁3号、4号烧结机也采用了该脱硫技术。

太钢450m^2烧结机烟气脱硫制酸系统是国内第一套活性炭烧结机烟气活性炭脱硫装置，集脱硫、脱硝、脱二噁英、除尘、除重金属五位一体，于2008年8月份与新日铁签订了活性炭吸附工艺引进协议，由住友重机械工业提供干式活性炭法脱硫脱硝设备，合同金额约为50亿日元，2010年9月投产，是当前世界上最先进的烧结烟气脱硫工艺技术。

脱硫装置运转后，每年可减少二氧化硫排放量4000t、氮氧化物排放量1200t、粉尘排放量620t，年回收二氧化硫再生浓硫酸1万吨，实现废物零排放，从根本上彻底治理烧结烟气对环境的污染。如图4-12所示是太钢活性炭移动层式烟气处理技术工艺流程图。设

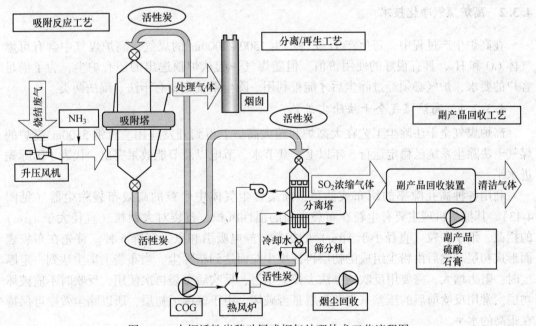

图4-12 太钢活性炭移动层式烟气处理技术工艺流程图

备由 3 部分组成：（1）脱除有害物质的吸附反应塔；（2）再生活性炭的再生塔；（3）活性炭在吸附塔与再生塔之间循环移动使用的活性炭运输机系统。

活性炭法产业化应用瓶颈在于设备造价高，活性炭价高，尤其是硫资源回收处理等外围系统复杂，投资巨大（投资为一般湿法 4~5 倍），运行费用很高、加热解吸活性炭容易自燃爆炸、活性炭反复使用后吸附率降低消耗大，活性炭再生能耗较高。国内在降低活性炭成本等方面已取得一定进步。

4.3　高炉煤气回收与利用

4.3.1　高炉煤气的产生及特点

高炉炼铁是在 1200℃左右的高温条件下，将铁矿石在高炉内熔化并将铁矿石氧化还原成铁的过程，焦炭在冶炼过程中既作为燃料又作为还原剂。另外，为了使燃料燃烧和铁渣分离，还要向炉内鼓入空气并加入熔剂石灰石或白云石等辅料。为了保证铁矿石熔化顺利、氧化铁还原完全、渣铁分离良好以及保证整个冶炼过程的进行，焦炭的投加量必须大大高于理论量，由此就产生了富含一氧化碳和其他可燃气体成分的高炉煤气。

高炉煤气不可燃成分约占 70%，发热值低，燃烧温度低，着火温度 700℃以上，极易爆燃，对炉况安全影响较大。煤气中可燃成分主要是 CO 且不到 30%，故此燃烧速度慢，火焰长，炉内加热均匀，燃烧温度 800~900℃，密度 1.3kg/m³，烟气系统阻力大，是焦炉的 2 倍，纯燃用高炉煤气，导致引风机负荷增高电耗增大，金属受热面积灰增加，热阻增大高炉煤气无色、无味、有毒。毒性气体主要是 CO，空气中 CO 含量达 0.06% 时，便有害于人体，含 0.4% 时，就可使人立即死亡。因此，高炉煤气的加热设备必须保持严密。

4.3.2　高炉煤气净化技术

在高炉生产过程中，每生产 1t 铁将产生 1500~2000m³ 的煤气，高炉煤气中含有可燃气体 CO 和 H_2，具有很好的使用价值。但随煤气一起从炉顶逸出的还有炉尘，为了满足客户的要求，炉气必须经过除尘后才能被利用。除尘系统主要有干法、湿法两类。

4.3.2.1　高炉煤气全干法除尘工艺

高炉煤气全干法除尘工艺在大高炉和超大高炉上得到开发应用。首钢 5500m³ 高炉的煤气干法除尘系统已稳定运行 5 年以上，其节水、节电以及节能效果突出，代表了国际先进水平。

利用各种高孔隙率的织布或滤毡，捕集含尘气体中尘粒的高效布袋除尘器（见图 4-13）。其捕集机理主要有尘粒在布袋表面的惯性沉积、布袋对大颗粒（直径大于 1μm）的拦截、细小颗粒（直径小于 1μm）的扩散、静电吸引和重力沉降 5 种。首先在布袋表面形成初层，然后由粉尘组成的初层再捕集尘粒而达到精除尘。当布袋上集尘达到一定厚度时，阻力增大，需要用反吹的办法去掉集尘层，反吹后布袋再次使用，反吹时不应破坏初层。常用反吹前后的压差来判断初层是否破坏。由于保留了初层，所以除尘效率可保持在很高的水平。

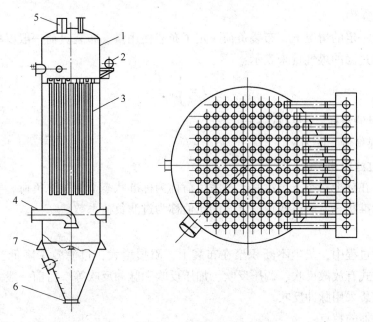

图 4-13 布袋除尘器

1—布袋除尘器壳体；2—氮气脉冲反吹装置；3—滤袋及框架；4—煤气入口管；

5—煤气出口管；6—排灰管；7—支座

高炉布袋除尘系统的高效运行取决于煤气入口温度的控制、布袋质量以及反吹系统是否正常工作。

A 煤气温度控制

进入布袋除尘器的煤气温度过高，布袋容易烧损；温度太低，煤气中的水分析出，堵塞布袋，煤气阻损增大，除尘效率降低。为了防止煤气温度过高，一般采用在重力除尘器内喷水的方法；为了防止煤气温度过低而在布袋上结露，有些高炉还设置了煤气加热装置。进入布袋的煤气的温度由布袋的材质决定。

B 布袋

高炉使用的布袋应具有良好的耐热和耐腐蚀性能。目前用于高炉煤气除尘的滤布材质主要有玻璃纤维针刺毡、氟美斯针刺毡、尼龙布袋等。常用布袋材质的特性见表 4-2。

表 4-2 布袋材质的特性

名 称	允许工作温度/℃	过滤负荷/ m³·(m²·h)⁻¹	寿命/a	价格
玻璃纤维针刺毡	长期：280 短期：350	30~36	1	低
氟美斯针刺毡	长期：220~250 短期（30min）：280	32~42	1~1.5	略高
尼龙布袋	长期：180 短期：220	80~100	1.5~2	较高
薄膜复合 NOMEX 机织布滤袋	长期：200 短期：250	80~100	2	昂贵

C 布袋负荷

在煤气量一定的情况下，布袋负荷决定了布袋使用量。布袋负荷一般以单位过滤面积在单位时间内过滤的煤气量来表示：

$$I = \frac{V}{F}$$

式中 I——过滤负荷，$m^3/(m^2 \cdot h)$；

　　　　V——煤气量，m^3/h；

　　　　F——过滤面积，m^2。

当煤气量在标准状态下表示时，过滤负荷称为标准状态下的过滤负荷，实际工况下的过滤负荷与标准状态下的过滤负荷之间的比值称为过滤负荷系数。

D 反吹

布袋过滤过程中，灰尘不断积聚在布袋上，阻损增大，过滤效率降低，此时需要反吹。反吹的方式有放散反吹、调压反吹、加压反吹和脉冲反吹等。目前一般大布袋采用加压反吹，小布袋采用脉冲反吹。

干式除尘器的特点：

(1) 不需要用水来清洗冷却，没有污水循环处理系统，从根本上解决了污水、污泥排放对环境造成的污染问题，特别适合于缺水的地区。

(2) 干式除尘器阻力小，除尘效率高。

(3) 适用性广泛，不受熔炉及炉顶压力限制。

(4) 干式除尘系统净煤气温度高，含湿量低，且不含机械水，提高了煤气发热值和理论燃烧温度，从而降低了用户燃料消耗。

(5) 对于高压高炉，干法除尘提高了炉顶煤气热值，并减小了压力损失，提高了能量回收率。

(6) 占地面积小，运行费用低。

高炉煤气全干法除尘工艺在大高炉和超大高炉上得到开发应用。首钢 5500m³ 高炉的煤气干法除尘系统已稳定运行 5 年，其节水、节电以及节能效果突出，代表了国际先进水平。

4.3.2.2 比肖夫环缝洗涤系统

环缝洗涤系统包括一个环缝洗涤塔和立式旋流脱水器。粗除尘后的煤气经预洗涤段和环缝段两级净化，即完成半精和精除尘。水分两路供给环缝段和预洗涤段下部，通过再循环全部由预洗涤段排入沉淀池，经处理后循环使用。如图 4-14 所示为环缝洗涤系统的典型工艺流程。

在预洗涤段，多层单向或多向喷嘴将水雾化后与经过的煤气接触，雾化后的水滴捕捉较大粒径的尘粒后在重力作用下沿洗涤塔内壁沉降至集水池，经半精除尘后的煤气经导管进入环缝洗涤器，在此进行进一步冷却、除尘和减压。

煤气水分脱除分两段，在预洗涤段，含有较大粒径尘粒的水滴在重力的作用下从煤气中分离，沿洗涤塔内壁流入集水槽中，经处理后循环使用。精除尘后的水分两级进行脱除处理，大直径水滴形成的膜状、连续水流通过重力和逆流作用从煤气中分离出来，收集在洗涤器下部的锥形集水槽中，留在煤气中的小水滴则通过外部旋流脱水器去除。环缝段和

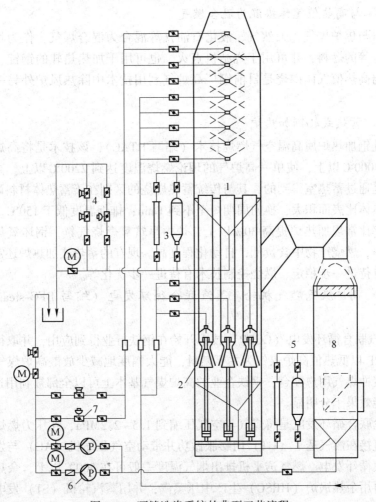

图 4-14　环缝洗涤系统的典型工艺流程

1—环缝洗涤塔；2—环缝洗涤器；3—顶洗涤段水位检测；4—预洗涤段水位控制阀；5—环缝段水位检测；

6—再循环水泵；7—环缝段水位控制阀；8—旋流脱水器

旋流脱水器的排水管合并，排出的水含尘量低，用泵直接送至预洗涤段循环使用。

与文丘里管洗涤系统相比，改洗涤系统在相同的入口煤气温度下，用水量更少，寿命更长，环缝洗涤器的寿命通常在一代炉役以上。

4.3.3　高炉煤气回收利用技术

高炉煤气的成分和热值与高炉所用的燃料、所炼生铁的品种及冶炼工艺有关，现代炼铁普遍采用大容积、高风温、高冶炼强度、高喷煤粉量的生产工艺，采用这些先进的生产工艺提高了劳动生产率并降低能耗，但所产的高炉煤气热值更低，增加了利用难度。高炉煤气的理论燃烧温度低，参与燃烧的高炉煤气的量很大，导致混合气体的升温速度很慢，温度不高，燃烧稳定性不好。高炉煤气利用率从 2005 年的 89.54%提高到 94.72%。

高炉气热值低 3300~3800kJ/m^3（标准状态），常温下燃烧不稳定，理论燃烧温度只有 1300℃左右，一般工业炉不能单一以高炉气为燃料。目前高炉气的主要利用技术如下。

4.3.3.1 与高热值气体掺混为混合燃气

高炉气可与焦炉煤气、天然气、液化石油气等混合为混合煤气，作为均热炉、加热炉、热处理炉等的燃料，并可用于烧结机点火，也可用于加热热轧的钢锭、预热钢水包等。高炉气与高热值气体掺烧是目前钢厂高炉气利用技术中除热风炉外另一种重要利用方法。

4.3.3.2 蓄热式轧钢加热炉

蓄热式轧钢加热炉属高温空气燃烧技术（缩写 HTAC），该技术是将高炉气与助燃空气双预热到 1000℃ 以上，使单一高炉气的理论燃烧温度达到 2200℃ 以上。高炉气与助燃空气的预热是通过蓄热室得到的，其与传统蓄热燃烧的区别在于蓄热体材料耐高温，耐急冷急热，蓄热体比表面积大，换向周期短至不到 1min；排烟温度低于 150℃。蓄热式轧钢加热炉热效率比常规加热炉提高 30% 以上，炉内呈贫氧燃烧气氛，钢坯氧化烧损少，有利提高成材率，燃烧产物中含量低，自动化程度高。现有的蓄热式加热炉还需要进一步完善，如炉压有待进一步稳定、燃烧控制技术有待进一步优化等。

4.3.3.3 高炉煤气燃气机轮、蒸汽联合循环发电（缩写 BFG-steam CCPP，或 CCPP）

燃气-蒸汽联合循环发电（CCPP）技术开始在钢铁行业得到应用，并取得了可贵的实践经验。CCPP 以低热值高炉煤气为主要燃料，能大幅度地减少放散高炉煤气量，只要有适当容量的缓冲煤气用户配合，钢铁企业的高炉煤气基本上可以全部被利用达到高炉煤气零排放，节能效果十分明显。

燃气机轮联合循环发电是将煤气与空气压缩到 1.5~2.2MPa，在压力燃烧室燃烧，高温高压烟气直接在燃气透平（GT）内膨胀做功并带动空气压缩机（AC）与发电机（GE）完成燃机的大循环发电。燃气透平机排出烟气温度一般可在 500℃ 以上，余热利用可提高系统效率，再用余热锅炉（HRSG）生产中压蒸汽，并用蒸汽轮机（ST）发电。蒸汽轮机发电是燃机发电的补充，并完成联合循环。CCPP 的锅炉和汽轮机都可以外供蒸汽，联合循环可以灵活组成热电联产的工厂。在 CCPP 系统中还有一个煤气压缩机（GC）单元，特别是在低热值煤气发电中，煤气压缩机比较大。

与燃用天然气和液体燃料的燃气轮机相比，对 CCPP 需作如下改进：一是增设湿式电除尘器，将高炉气的含尘量降至 $1mg/m^3$（标准状态）以下，以满足机组的运行要求；二是增设煤气压缩机，并且要求压缩机密封可靠，以防有毒易爆的 CO 气体外泄；三是调节压气机进口的空气流量使压气机和透平流量匹配，并放大燃烧室，增加 CO 气体在燃烧室的停留时间，同时增大燃烧器，以保证高炉气燃烧稳定。

CCPP 装置由于具有高效率、造价低、省水、建设周期短、启动快等一系列有点，在世界各国电力行业应用已相当广泛。到 2010 年已建成 15 套 CCPP 煤气发电机组，总装机容量达到 2200MW。

4.3.3.4 高炉煤气 CO 富化技术

上述的几种方法都是目前比较常用的高炉煤气利用方法。下面介绍的是一种新的高炉煤气利用技术高炉煤气提纯（富化）技术。高炉煤气提纯（富化）技术是北大先锋有限公司利用其开发的专有的 CO 吸附专用吸附剂，采用变压吸附的方式将高炉煤气中的主要可燃气体 CO 进行提纯（富化），根据需要得到 40%～99%的 CO 产品，该产品可作为高热值燃烧气体，还原性气体，或者也可用于化工生产等。非常适用于高炉气存在放散情况的钢铁企业，也适合天然气、液化气等资源紧张地区的钢铁企业，可帮助企业回收高炉煤气中的有效成分，实现节能减排，低碳炼铁。

A 提纯后作为高热值燃料

高炉煤气提纯（富化）后，根据需要，可将产品气中 CO 纯度控制在 40%～90%间的任意纯度，可得到热值区间在 $5000～11500kJ/m^3$ 的混合气体，该混合气可直接用于燃烧，也可与天然气、液化气、焦炉煤气掺混作为燃气使用，减少高炉气的放散同时降低高热值气体天然气、液化气，焦炉煤气的用量。

B 提纯后做化工原料

高炉煤气中 CO 经提纯（富化）后纯度可达 99%以上，产品完全满足作为羰基合成原料的要求。化工企业制造 CO 原料气除造气工序投资非常大以外，CO 成本也较高，如果能将钢铁和化工实现联产，将是一个双赢的局面。化工企业可以用较低的成本获得 CO 原料气，降低生产成本，增加企业的核心竞争力；钢铁企业实现了变废为宝，在节能减排的同时又可以为企业带来可观的经济效益。目前钢铁和化工联产在国外已逐步有所应用，鉴于国内因整体规划、行业间差异等因素目前还没有实际应用。

C 作为高炉喷吹还原性气体

高炉喷吹还原性气体技术的工艺路线是：将高炉煤气中的还原气体（主要是 CO）通过变压吸附的方式提纯（富化）后，作为还原介质通过炉身某个合适的部位喷吹入高炉内，参与炉内铁氧化物的还原反应，减少焦炭等还原剂的消耗，通过改善高炉能量利用效率来达到系统节能的目的。另外富集后的高炉煤气还可以通过部分变换反应时富集高炉气转化为合成气，可以作为直接还原铁工艺的还原气。

4.3.3.5 高炉煤气的其他再资源化方式

对于钢铁联合企业，要配套烧结矿生产系统。烧结矿生产的主要原料之一就是石灰。特别是近年来普遍提倡采用高碱度烧结矿进行冶炼生产，石灰的用量更大。另外，石灰是应用最为广泛的一种基本建筑材料，市场空间广大。所以，无论从企业自身需要还是从建材市场需要而言，钢铁企业配备石灰生产系统很有必要。特别是利用剩余高炉煤气生产石灰，要比以其他燃料生产石灰的成本低得多。

利用剩余高炉煤气生产石灰的主要过程是在气烧石灰窑中完成的。首先将破碎好的原料石灰石装入窑内，剩余煤气在窑中下部设置的燃烧管口与助燃风管送来的空气进行混合燃烧，在 1100～1200℃高温下完成石灰石煅烧，煅烧时间约为 40min。

有的地区，也可利用回收的显热生产蒸汽，向居民区集中供热或向农业温室大棚供热等。

4.4 转炉烟气的净化与回收

4.4.1 转炉烟气的成分及特点

转炉烟气是转炉吹炼过程中排出的棕色浓烟，它是炉气和烟尘的混合物。炉气的主要成分是 CO，此外还含有少量的 CO_2 及微量的其他高温气体和烟尘。

在吹炼过程中，碳氧反应是冶炼过程始终存在的一个重要反应，反应的生产物主要是 CO 气体（浓度约为 85%~90%），但也有少量碳直接作用生成 CO_2，其化学反应式为：

$$2C + O_2 \longrightarrow 2CO$$

$$C + O_2 \longrightarrow CO_2$$

$$2CO + O_2 \longrightarrow 2CO_2$$

在冶炼过程中炉内处于高温，碳氧反应形成的 CO 气体也称转炉煤气，温度约在 1600℃。此时高温转炉煤气的能量约为 1GJ/t，其中煤气显然能约占 1/5，其余 4/5 为潜能，这就是转炉冶炼过程中释放出的主要能量。

转炉炉气成分 CO_2 为 86%，CO_2 为 10%，N_2 为 3.5%，O_2 为 0.5%；温度为 1400~1600℃。烟尘含量范围在 80~150g/m³；烟尘约 10~20μm，为细微颗粒，难于分离。烟气的温度很高，若不加以利用，会浪费许多热量；而炉气中的 CO 如能回收，也是很好的燃料和化工原料；烟尘如果直接排放到大气中，会对大气造成严重污染，若能将其回收，制成烧结矿或球团矿，则是很好的连续铸钢、炼铁原料。因此，转炉烟气的净化回收具有很大的经济价值。

4.4.2　转炉烟气净化回收工艺

转炉烟气的收集方法有燃烧法和未燃法。燃烧法是使含有大量 CO 的炉气，在出炉口时与吸入的空气混合，在烟道内燃烧，生成高温废气，利用其所含热量发电，再经冷却净化后排散到大气中去。未燃法是用可升降活动烟罩和控制抽气系统的调节装置（包括用控制炉口微正压和氮封的方法等），使烟气出炉口时不与空气接触（因而不燃烧或燃烧量处于极低限），经过冷却、净化，抽入回收系统储存起来，加以利用。

未燃法与燃烧法相比，其烟气量少、温度低，净化设备体积小、占地少、投资少；由于炉气未燃，所以烟尘的颗粒较大，易于净化。

净化炉气的方法有湿法与干法之分，湿法是将烟气中的尘粒通过水力机械作用，将其转移到水中。再将被污染并含有大量尘粒的污水进行净化处理，然后返回除尘净化系统中继续使用。处理污水的方法，通常采用沉淀池沉淀，并配合粗颗粒分离器、磁盘分离器以及加药处理等方法。经沉积变浓的污水自沉淀池底部流出，进入真空过滤器进一步浓缩，浓缩后的污泥，大约含 30%~40% 水，可以通过加石灰消化浓缩后送烧结厂烧结，也可以通过烘烤成形，供转炉使用。干式电除尘效率高，阻力损失小，不消耗水并且免除污水的净化。

4.4.3　现代转炉烟气净化回收工艺

烟气净化回收系统主要是指煤气净化回收系统。目前，转炉煤气净化回收技术主要有两种：一种是未燃法湿法净化回收技术（OG 法）；另一种是未燃法干法净化回收技术（LT 法）。OG 法一次投资较 LT 法低，我国钢铁企业炼钢转炉煤气净化技术以 OG 法为主。而与 OG 法相比，LT 法具有除尘率高、除尘效率高、无需污水处理及运行成本低等优势，是转炉煤气净化回收的发展方向。

4.4.3.1 OG法

1962年，日本在世界上首次回收利用转炉煤气，并形成了以双级文氏管为主流程的煤气回收系统，称为"OG"（oxygen converter gas recovery），目前世界上90%以上的转炉都采用OG法。

OG法主要的工艺流程如图4-15所示。其中，汽化冷却烟道和汽包构成了余热锅炉进行烟气余热回收。吹炼烟气经汽化冷却烟道冷却至1000℃左右，再经二文冷却至60～80℃，二文还起到粗除尘作用，约占除尘量的90%。经一、二级文氏管除尘，煤气烟尘质量浓度不大于100mg/m³，然后经湿旋脱水器脱水，送入煤气柜。一级文氏管是一种溢流文氏管，可泄压防爆。文氏管和脱水器所得的大量含尘污水经处理后得到泥浆送烧结厂利用，污水经处理后循环使用。

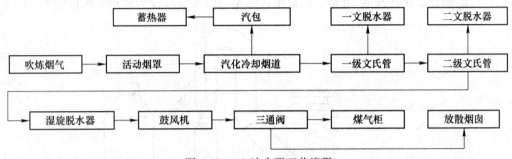

图4-15　OG法主要工艺流程

OG法的主要设备有：第1级煤气净化设备（包括喷嘴），第2级煤气净化设备（包括调节单元），第1级净化设备的给水泵，第2级净化设备的给水泵，引风机（包括入口调节挡板和液力耦合器）；管道系统；放散烟囱（包括点火装置）；三通切换阀（包括液压系统）；粗颗粒分离器；浓缩机；泥浆泵；压滤机；1套电气设备；1套基础自动化装置。

OG法的技术特点：

优点：

（1）系统简单，备品备件、仪表仪器数量少，性能要求不高。

（2）管理和操作要求不复杂。

（3）技术、设备已较为成熟，国内已全面掌握。

（4）一次投资费用少。

缺点：

（1）煤气灰尘质量浓度高为100mg/m³。如果降到10mg/m³，要在气柜与加压站间增设电除尘器，需要增加投资费用。

（2）系统阻力相对干法系统较大，能耗较大。

（3）水治理设施较干法系统增加投资1500万元/套，并且占地面积大；不能根本解决二次污染问题。尤其是六价铬废水无法处理，对地下水会造成严重污染。

（4）循环水量、耗水量较干法系统大。

目前主流的湿法工艺主要有塔文湿法、双塔湿法。

（1）塔文湿法即喷淋冷却塔（或蒸发冷却塔）+二文环缝+湿旋脱水器的形式，系统结构如图 4-16 所示。该系统与传统两文三脱、两文两弯相比具有如下特点：

1）工艺流程简洁，取消了一文水冷夹套、溢流水封，代之为高温非金属补偿器。

2）降低阻力，喷淋塔内气流流速 3~5m/s，远低于原一文流速 30~60m/s，所以气流流经喷淋塔内的阻力降低。

3）由于取消了一文水冷夹套和溢流水封，降低了系统耗水量。

4）由于采用冷却塔节减小了压损，使得二文环缝文氏管有足够的压降提高除尘效率。从理论上讲，环缝文氏管的压降控制在 14kPa 以上，就可以将排放浓度降低到 50mg/m³ 以下。

（2）OG 法的另一种塔文形式是采用干法除尘系统的蒸发冷却塔，内设双流介质喷枪及雾化喷嘴喷入的水呈雾状或细颗粒状，使烟气的温降主要靠水的汽化潜热来完成，因为水的汽化潜热是显热冷却的 10 倍，所以塔内降温用喷水量也仅为常规喷水量的 1/10。

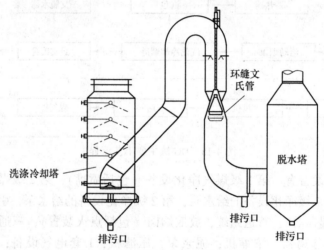

图 4-16　塔文湿法烟气净化系统图

湿法双塔技术的基础是德国 Lurgi 西新 OG 法和日本川崎的新 OG 法，这两种新 OG 法在国内均有应用。系统采用一文一塔的形式，即环缝文氏管装设在喷淋冷却塔内部的形式，系统结构如图 4-17 所示。

湿法双塔除尘形式的主要设备包括：喷淋塔+环缝装置、脱水塔，其净化回收的基本原理是：（1）从汽化冷却烟道出来的含尘高温煤气与经喷嘴喷出的细颗水在喷淋塔进行热质交换、尘与水混合，烟气放热后降温，大颗粒粉尘沉降；（2）经粗净化的煤气再进入环缝装置，在环缝装置中气体高速流过形成负压，此时，气体带入的浊环水汽化蒸发，水的比表面积急剧增大，加大了与气体中的粉尘的接触面积，含尘煤气得到充分洗涤净化；（3）经二次净化后的含水煤气进入脱水塔脱水后经由管网、煤气风机进入煤气柜回收，不符合回收条件时经切换阀切换至烟囱点火放散。

环缝装设在塔内的形式有一个非常大的好处，就是喷淋塔内过剩的浊水部分流入下部的环缝，相当于间接作为环缝供水，从而比塔文分设形式进一步节水。另外，系统简洁流畅，环缝过后的烟气直接脱水器，省去了塔文形式的中间弯头、上升下降管，同时省去了该部分管段的冲洗水用量、降低了阻损，进一步节约了用水和检修工作量，降低了系统运行维护成本。

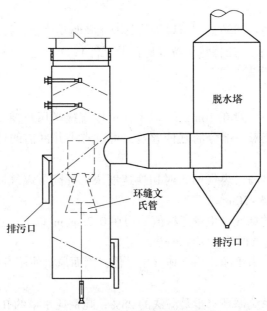

图 4-17　湿法双塔烟气净化系统

4.4.3.2　LT 法

LT 法是由德国鲁奇公司和蒂森钢厂在 20 世纪 60 年代末联合开发的转炉煤气干法净化回收系统。LT 法主要的工艺流程如图 4-18 所示。烟气余热回收的汽化冷却烟道和汽包构成了余热锅炉。烟气经汽化冷却烟道降温至 800~1000℃，通过蒸发冷却器后温度降至 180~250℃，蒸发冷却器还收集了占烟尘总量 40%~45%的粗尘。烟气经电除尘处理后可得到含尘量低于 10mg/m³ 的煤气，电除尘器设泄爆阀。煤气经煤气冷却器降温至 65~77℃，然后送入煤气柜。干法获得的粉尘压块成型后可直接返回转炉代替废钢或矿石做冷却剂。

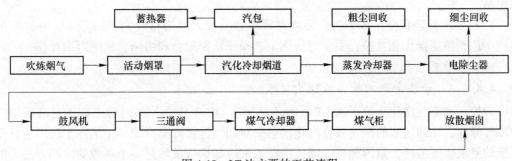

图 4-18　LT 法主要的工艺流程

A　LT 法的主要设备

(1) 煤气净化设备：蒸发冷却器装置，包括喷嘴及水泵；圆筒形电除尘器，包括壳体及其所有的内部设备以及粉尘的输送设备；各种阀门介质管路等全套链式输送机；煤气引风机；粉尘系统（包括输送与回收再利用）；放散烟囱，包括放散点火系统。

(2) 煤气回收设备：煤气切换站，包括钟形阀及液压系统；1 套眼镜阀；煤气冷却器系统及水泵；1 套特殊部件（各种阀、配件等）；电气设备（包括马达控制中心）；1 套基础自动化。

（3）粉尘压块设备：回转窑；压块机与其液压及驱动设备；振动筛；1套粉尘输送装置；1套压块输送装置；一些特殊设备（阀门及配件）；1套电气设备；1套基础自动化。

B　LT法的技术特点

优点：

（1）煤气含尘低，一般在 $10mg/m^3$ 以下，可以直接送用户使用。由于煤气的含尘浓度低，为煤气并网也带来一部分的延伸效益，可以省去并网前的精除尘及降低对管网的磨损。

（2）由于控制程度高，煤气回收时切换速度快，提高了煤气回收量，吨钢可回收煤气较湿式系统多回收 $15\sim30m^3$。

（3）干法净化后的烟气含尘量考核值平均在 $0.2mg/m^3$ 以下，远低于国家规定的排放指标（$100mg/m^3$）；煤气回收 CO 含量高。

（4）风机寿命长：由于净化后气体含尘量低，因而风机使用寿命长，维护工作量小。

（5）系统阻力小。

（6）节水。干法系统循环水量是湿法的 28%；吨钢耗水量约 0.05t，是湿式除尘系统的 1/5 左右。整个系统实现了污水零排放。

（7）节电。干法系统的总电负荷是湿法的 52%，大大节约了电耗。

（8）相对于湿法，增加了含铁粉尘的回收量和减少了运输成本。

（9）没有水处理系统，减少了占地面积，整个工程总占地面积约 $6000m^2$，约为湿法的 1/2。

（10）避免了二次污染。节省运行费用，多回收煤气及减少放散，避免了二次污染，环境效益、经济效益显著。

缺点：

（1）系统复杂，从而要求设备、仪表仪器质量高，以满足生产要求；对施工质量要求也高。

（2）要求管理和操作水平高，必须对管理和操作人员进行较完善的培训，并在实际生产中达到熟练操作和维护；要求与炼钢工艺操作紧密配合和协调，杜绝野蛮操作。

（3）一次投资高。

4.4.3.3　干法余热回收布袋除尘技术

转炉一次烟气净化无论干法 LT 系统还是湿法 OG 系统，其共同特点在于对高温烟气的冷却降温，均通过水的蒸发吸收汽化潜热来对烟气进行降温冷却，干法除尘还因为自身系统的要求，要消耗大量的蒸汽。通过消耗水来冷却烟气虽然是一个高效的冷却方法，但却是一个非常耗能的方法。因为从汽化冷却烟道出来的高温烟气本身是一种高品位热能，非但没有设法回收其携带的热能，还要消耗大量其他能源来对其进行冷却降温，造成能源大量浪费。因此许多设计院及科研单位开始进行转炉一次除尘余热回收布袋除尘器的研发实验。

目前转炉烟气余热回收及布袋除尘的主要工艺是：转炉一次烟气经汽化冷却烟道后进入余热回收设备进行进一步能量回收，温度降低到合适的值（一般为100℃）之后，经布袋除尘器、风机，不合格煤气经烟囱点火放散，合格煤气进煤气柜回收（当风机后合格煤气温度高于70℃时，再经煤气冷却器冷却到70℃以下进煤气柜回收）。

布袋除尘器通过滤袋可以很容易地将烟气含尘浓度降到15mg/m³（标态）及以下，又不需要像电除尘器一样消耗电能。由于整个系统阻力相对湿法除尘减少很多，仅比LT干法除尘略大一点，所以风机站不需要配置很高功率的电机。利用余热回收设备还可以回收大量的转炉显热生产蒸汽。转炉一次煤气在冷却的过程中与水无直接接触，仅当风机后温度高度70℃时进行喷水冷却，所以煤气不含水或含水率很低，煤气热值高，利于输送和使用。

相比OG湿法和LT干法，该工艺有明显的技术优势：

（1）系统无（或很少）循环水，无污水处理设施及相关费用和占地面积。

（2）布袋除尘效率高，很容易稳定达到15mg/m³（标态）及以下。

（3）无干法除尘电火花起晕或放电现象。

（4）因为含水率非常低及含尘量很低，煤气品质高。

（5）无一文、二文等高阻力除尘设备，系统阻力远低于湿法。比LT干法略高，所以风机电机的装机容量都相对不高，系统运行费用较低，且除尘效率高风机运行寿命长。

（6）转炉烟气余热基本全部回收，间接降低了炼钢成本，符合当今能源政策。

虽然布袋干法除尘系统有很多优点，也有很多相关专利技术，但目前布袋干法除尘系统仅在40t转炉上进行了工业实验，鲜有工程应用。

4.4.3.4 二次除尘系统

二次除尘采用的主要的工艺如图4-19所示。二次烟气经烟罩收集，送入布袋除尘器进行除尘，进入布袋除尘器前烟气温度要低于230~250℃二次烟气具有量大、含尘浓度高、烟尘分散度高的特点，多采用脉冲布袋除尘器。二次除尘系统处理的烟气达到标准要求放空，获得粉尘回收利用。

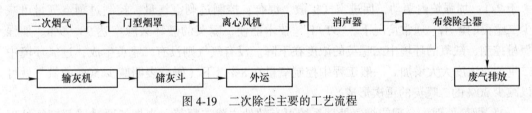

图4-19 二次除尘主要的工艺流程

4.5 发电厂烟气综合治理技术

4.5.1 垃圾焚烧发电厂烟气净化工艺

垃圾焚烧炉出口烟气中主要包含以下几类污染物：烟尘；酸性气体，如 NO_x、SO_x、HCl 等；重金属，主要是 Hg、Pb、Cd 及其化合物；有机污染物，主要是二噁英、呋喃。

（1）烟尘治理。采用布袋除尘器，除尘效率大于99.9%。烟尘以及雾化的石灰浆与烟气中的 SO_2、HCl 反应的生成物，还有吸附了重金属颗粒、二噁英类有害物的活性炭粉，被捕集到滤袋上，并密闭输送到灰仓，再送至厂内飞灰稳定化站稳定化处理，达到生活垃圾填埋场污染控制标准（GB 16889—2008）后送至政府指定填埋场填埋。其他净化方法见 4.1 烧结废气的处理。

（2）酸性气体的治理。HCl、SO_x 的净化方法有湿法、干法和半干法三种，其酸性气体去除率分别为 98%、88% 和 90%，但吸收剂 CaO 的消耗过量系数分别为 1、3 和 2。尽管湿式洗涤塔酸性气体去除效率高，吸收剂耗量又少，但湿法净化工艺产生大量洗涤废水，从而制约了湿法工艺在垃圾焚烧处理厂中的应用。

NO_x 防治与治理主要有两方面：

1）燃烧过程中从炉排底部送入最适当的燃烧空气量，通过稳定燃烧防止其生成。同时焚烧炉烟气出口温度设置为 850~950℃，抑制 NO_x 生成。

2）设置 SNCR 系统，氨水或尿素溶液通过喷嘴喷射进入后燃烧室，与 NO_x 直接反应。通过化学反应吸收氮氧化合物，以满足日益严格的环保要求。

（3）重金属排放的治理。对于重金属，汞和镉等，当温度降低时，重金属混合物的挥发将剧烈地降低，相应的其排放也将随之减少。焚烧产生的高温烟气，经余热锅炉冷却后，在通过烟气处理装置，其出口温度进一步降低，加之在烟气处理装置中的吸附剂具有较大的比表面积，再配置高效的布袋除尘器就可以有效的清除烟气中的汞和镉。一般来说，汞的脱除效率可以达到 90%，镉的脱除率可达 95%。而烟气中的铅是以烟尘的状态存在的。因而铅主要由布袋除尘器来清除，也有少部分是被半干法的反应塔中的吸附剂吸收而清除的。铅的脱除率可达 95%。

（4）二噁英、呋喃的治理。二噁英是 PCDD 和 PCDFs 等化学构造上类似的化学物质的总称，是细小的、毒性极大的有害化合物，对人及周围环境具有极大的毒性。其控制措施主要有：

1）充分燃烧。采用控制二噁英类排放的"3T+E"技术，即：维持炉内高温（炉内温度保持在 850~950℃）；延长气体在高温区的停留时间（在>850℃温度下烟气停留时间大于 2s）；加强炉内湍动，促进空气扩散、混合；控制过剩空气量，控制过剩空气量可减少二噁英的产生。通常情况下，"3T+E"技术能使二噁英的破坏去除率达 99.99%。加强氧量控制，缺氧的环境中二噁英的浓度在下降。没有氧气则没有二噁英生成，过氧环境中二噁英的浓度大大增加。一般工程中控制氧量在 8% 以下（研究表明减少 50% 的氧气就可以减少 30% 的二噁英的再次形成）。

2）烟气处理。合理的烟气处理系统可有效地去除二噁英。当烟气通过尾部烟气处理系统的活性碳喷射装置以及布袋除尘器的滤袋时，由于其滤袋上黏附的石灰石粉以及比表面积非常大的活性炭粉末，二噁英将被吸附。

4.5.2　燃煤发电厂烟气综合治理

燃煤发电厂发电时燃烧的煤会产生二氧化硫、氮氧化物和颗粒物等污染物，而且较为严重，需要对废气进行净化处理。

（1）燃煤前脱硫技术。燃烧前对燃料进行脱硫，主要采用选煤、型煤、煤的特殊处理以及煤的气化、液化、水煤浆等技术，这些技术都属于煤的深度加工和洁净煤的技术范围。

煤的特殊处理：煤的特殊处理是指用化学浸出法、微波法、细菌脱硫、磁力脱硫以及溶剂精练脱硫等新方法，这些方法尚属实验室或中试阶段，并且成本太高至今尚无工业应用。

（2）煤转化中脱硫技术。

1）煤炭气化、液化。煤炭气化技术已相当成熟，可将所有种类的煤转化为各种用途的气体产品。包括民用和工业用燃料气、发电燃料气、化工原料气等，我国煤气化技术有一定基础，而且发展很快，全国煤制气消费量250亿立方米，其中85%用于工业用气，15%用于民用，主要为焦炉煤气。

煤炭液化技术，即用煤炭直接液化成汽油、柴油等石油产品，目前都属于国际性的研究项目。

2）水煤浆技术。水煤浆技术是用经过选煤厂的洗精煤，经过湿法磨制成颗粒直径 $50\sim200\mu m$ 的煤粉浆，这些煤粉浆经过浮选净化处理，除去其中大部分灰分和硫分，再经过滤和脱水，然后加入化学添加剂调制成合格的水煤浆成品燃料。

（3）燃煤中脱硫技术。

固硫型煤。固硫型煤就是在煤中加入脱硫剂，经混合加入黏结剂，用压制机压制成固定的形状的块状煤，使煤在燃烧中生成的 SO_2 产生化学反应，生成 $CaSO_4$ 而固定在灰渣中。固硫型煤适用于利用高硫煤，其加工投资比煤气化省10倍以上，但目前国内开发者尚少。

（4）燃煤后烟气脱硫技术。燃煤后烟气脱硫是目前世界上唯一大规模商业化应用的脱硫技术。按脱硫产物是否回收，烟气脱硫可分为抛弃法和回收法，前者是将 SO_2 转化为固体残渣抛弃掉，后者是将烟气中 SO_2 转化为硫酸、硫黄、液体 SO_2、化肥等有用物质回收。回收法投资大，经济效益低。抛弃法投资和运行费用较低，但存在污染问题，资源也未得到回收利用。

按脱硫过程是否加水和脱硫产物的干湿形态，烟气脱硫又可分为湿法、半干法和干法三类工艺。湿法脱硫技术成熟，效率高，Ca/S 比低，运行可靠，操作简单，但产物的处理比较麻烦，烟温降低不利于扩散，传统湿法工艺较复杂，占地面积和投资较大；干法、半干法的脱硫产物为干粉状，处理容易，工艺较为简单，投资一般低于传统湿法。由于前面已详细介绍了多种脱硫技术，这里就不再过多介绍。

（5）低 NO_x 燃烧技术。低 NO_x 燃烧技术就是根据 NO_x 的生成机理，在煤的燃烧过程中通过改变燃烧条件或合理组织燃烧方式等方法来抑制 NO_x 生成的燃烧技术。

目前常见的低 NO_x 燃烧技术主要有：低 NO_x 燃烧器技术、空气分级燃烧技术、燃料分级燃烧技术（又称再燃技术）和烟气再循环技术。

1）烟气再循环技术。烟气再循环法是指将一部分燃烧后的烟气再返回燃烧区循环使用的方法。由于这部分烟气的温度较低（140~180℃）、含氧量也较低（8%左右），因此可以同时降低炉内的燃烧区温度和氧气浓度，从而有效地抑制了热力型 NO_x 的生成。循环烟气可以直接喷入炉内，或用来输送二次燃料，或与空气混合后掺混到燃烧空气中，工业实际中最后一种方法效果最好，应用也最多。

2）空气分级燃烧技术。空气分级燃烧技术是目前最为普遍的低 NO_x 燃烧技术，它是通过调整燃烧器及其附近的区域或是整个炉膛区域内空气和燃料的混合状态，在保证总体过量空气系数不变的基础上，使燃料经历"富燃料燃烧"和"富氧燃尽"两个阶段，以实现总体 NO_x 排放量大幅下降的燃烧控制技术。

空气分级燃烧之所以能从总体上减少 NO_x 排放的基本原理是：在富燃料燃烧阶段，

由于氧气浓度较低，燃料的燃烧速度和温度都比正常过氧燃烧要低，从而抑制了热力型 NO_x 的生成，同是由于不能完全燃烧，部分中间产物如 HCN 和 NH_3 会将部分已生成的 NO_x 还原成 N_2，从而使燃料型 NO_x 的排放也有所减少。然后在富氧燃烧阶段，燃料燃尽，但由于此区域的温度已经降低，新生成的 NO_x 量十分有限，因此总体上 NO_x 的排放量明显减少。

净化烟气中的 NO_x 的方法请参考烧结烟气氮氧化物控制技术。

5 钢铁工业固体废弃物的 资源化与利用技术

5.1 高炉渣的综合治理与利用技术

5.1.1 高炉渣的主要成分及基本性质

高炉渣是由铁矿石中脉石、燃料中灰分和溶剂（一般是石灰石）中非挥发组分形成的物质，其主要成分是氧化钙、氧化镁、三氧化二铝、二氧化硅，约占高炉渣总量的95%，主要成分含量见表5-1。

表 5-1　高炉渣的主要成分　　　　　　　　　　　　　　　　（%）

	$w(CaO)$	$w(SiO_2)$	$w(Al_2O_3)$	$w(MgO)$	碱度	其他
炼钢生铁	38~44	30~38	8~15	5~10	1.0~1.20	—
铸造生铁	37~41	35~40	10~17	2~5	0.95~1.05	
锰铁	38~42	26~30	11~19	2~9	1.30~1.50	$w(MnO)$ 5~10
硅锰铁	43~45	43~45	8~10	约2	约1.0	

高炉渣属于硅酸盐质材料，化学组成与天然矿石、硅酸盐水泥相似，在急冷处理的过程中，熔态炉渣中的绝大部分物质没能形成稳定的化合物晶体，以无定形体或玻璃体的状态将没能释放的热能转化为化学能储存起来，从而具有潜在的化学活性，是优良的水泥原料。据统计，我国冶金企业每年用于处理废弃炉渣资金高达上亿元，尤其是对于高炉渣的显热，国内还没有一家钢铁联合企业将其作为余热资源回收利用。

5.1.2 高炉渣的处理工艺

目前国内外在生产上应用的高炉渣处理工艺可分为水淬粒化工艺、干式粒化工艺和化学粒化工艺。处理方法如图5-1所示。

5.1.2.1 水淬粒化工艺

水淬粒化工艺就是将熔融状态的高炉渣置于水中急速冷却，限制其结晶，并使其在热应力作用下发生粒化。

（1）底滤法。底滤法是在冲制箱内用多孔喷头喷射的高压水对高炉渣进行水淬粒化，然后进入沉渣池。沉渣池中的水渣由抓斗抓出堆放在干渣场继续脱水，沉渣池内的水及悬浮物由分配渠流入过滤池。过滤后的冲渣水经集水管由泵加压送入冷却塔冷却后重复使用。

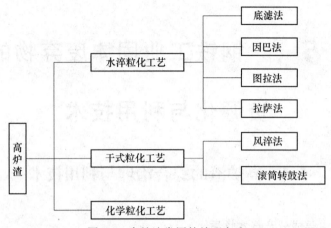

图 5-1 高炉渣常用的处理方法

（2）因巴法。因巴法是由卢森堡 PW 公司和比利时西德玛公司共同开发的炉渣处理工艺，1981 年在西德玛公司投入运行。其流程是：高炉熔渣由熔渣沟流入冲制箱，经冲制箱的压力水冲成水渣进入水渣沟，然后经滚筒过滤器脱水排出。

（3）图拉法。首次在俄罗斯图拉厂 2000m³ 高炉上应用，故称其为图拉法。该法与其他水淬法不同，在渣沟下面增加了粒化轮，炉渣落至高速旋转的粒化轮上，被机械破碎、粒化，粒化后的炉渣颗粒在空中被水冷却、水淬，产生的气体通过烟囱排出。

（4）拉萨法。拉萨法为英国 RASA 公司与日本钢管公司共同开发的炉渣处理工艺。该法炉渣处理量大、水渣质量较好，技术上有一定进步。但该法因工艺复杂、设备较多、电耗高及维修费用大等缺点，在新建大型高炉上已不再采用。

就目前来看，图拉法安全性能最高（渣中带铁达 40% 时，仍能正常工作），而投资费用最大的环保因巴法在技术上最为成熟、实际应用的高炉亦较多。对国内大中型高炉而言，建议炉渣处理工艺在这几种方法中酌情选取。

5.1.2.2 干式粒化工艺

干式粒化工艺是在不消耗新水情况下，利用高炉渣与传热介质直接或间接接触进行高炉渣粒化和显热回收的工艺，几乎没有有害气体排出，是一种环境友好的新式处理工艺。干式粒化法包括风淬法、滚筒转鼓法、离心粒化法。

（1）风淬法。Mitsubishi 和 NKK 建立了专门进行高炉渣热量回收的工厂，将液态渣倒入倾斜的渣沟中，渣沟下设鼓风机，液渣从渣沟末端流出时与鼓风机吹出的高速空气流接触后迅速粒化并被吹到热交换器内，渣在运行过程中从液态迅速凝结成固态。通过辐射和对流进行热交换，渣温从 1500℃ 降到 1000℃。渣在热交换器内冷却到 300℃ 左右后，通过传送带送到储渣槽内。高炉渣经球磨后可作水泥厂原料，其各项性能参数均比水冲渣好，热回收率可达 40%~45%。但因其用空气作为热量回收介质，故所需空气量大，鼓风机能耗高。

（2）滚筒转鼓法。日本 NKK 采用的另一种热回收设备是将熔融的高炉渣通过渣沟或管道注入两个转鼓之间，转鼓中通入热交换气体（空气），渣在两个转的挤压下形成一层薄渣片并黏附到转鼓上，薄渣片在转鼓表面迅速冷却，热量由转鼓内流动空气带走。热量回收后用于发电、供暖等。其缺点是薄渣片黏在转鼓上需用耙子刮下，工作效率低，且设备的热回收率和寿命明显下降，所得冷渣以片状形式排出会影响其继续利用。

（3）离心粒化法。Kvaerner Metals发明了一种干式粒化高炉渣热回收法，采用流化床技术，增加热回收率。它是采用一高速旋转的中心略凹的转杯作为粒化器，液渣通过覆有耐火材料的流渣槽或管道从渣沟流至转杯中心。当转杯旋转到一定速度时，液渣在离心力作用下从转杯的边缘飞出，粒化成粒。液态粒渣运行中与空气热交换至凝固，并打在冷却水管的设备内壁上，冷却水将一部分热量带走。凝固后的高炉渣继续下落到设备底部，凝固的渣在位于底部的流化床内与空气进一步进行热交换，热空气从设备顶部回收。这种设备可将渣均匀粒化并充分热交换，处理能力可达到6t/min，盘子转速为1500r/min，以空气为热交换介质，其资源丰富、制取简单。但只用空气冷却，耗气量大，动力消耗亦大。

5.1.2.3　化学粒化工艺

化学粒化工艺是将高炉渣的热量作为化学反应的热源回收利用。其工艺流程是先使用高速气体吹散液态炉渣使其粒化，并利用吸热化学反应将高炉渣的显热以化学能的形式储存起来，然后将反应物输送到换热设备中，再进行逆向化学反应释放热量。参与热交换的化学物质可以循环使用。通过甲烷（CH_4）和水蒸气（H_2O）的混合物在高炉渣高温热的作用下，生成一定的氢气（H_2）和一氧化碳（CO）气体，通过吸热反应将高炉渣的显热转移出来，其化学反应式如下：

$$CH_4(g) + H_2O(g) == 3H_2(g) + CO(g)$$

此反应所需热量来自于液渣冷却成小颗粒时放出的热量。用高速喷出的CH_4和H_2O混合气体对液渣流进行冷却粒化，二者进行强烈的热交换，液渣经破碎和强制冷却后粒化成细小颗粒，生成的气体进入下一反应器，在一定条件下氢气和一氧化碳气体反应生成甲烷和水蒸气，放出热量。高温甲烷和水蒸气的混合气体经热交换器冷却，重新返回循环使用，其化学反应式如下：

$$3H_2(g) + CO(g) == CH_4(g) + H_2O(g)$$

热量经处理后可供发电和高炉热风炉等使用。在回收热量过程中因其伴随化学反应，故热利用率较低。

综上所述可知，在我国工业生产中，主要以水淬粒化工艺作为高炉渣的处理工艺，但水渣处理工艺存在以下问题：新水消耗量大、熔渣余热没有回收、系统维护工作量大、冲渣产生的二氧化硫和硫化氢等气态硫化物带来空气污染。粉磨时，水渣必须烘干，要消耗大量能源。因此，利用干法将高炉渣粒化作为水泥原料，同时高效利用炉渣显热，减少对环境的污染，是高炉渣处理的发展趋势。

5.1.3　高炉渣的综合治理与利用技术现状

按照处理方法的不同，高炉渣分为粒化高炉渣、膨珠和重矿渣。目前，我国普遍采用急冷的方法将高炉渣急冷成粒化高炉渣，被用于生产建筑材料。高炉渣常用的综合利用途径如图5-2所示。

5.1.3.1　粒化高炉渣作为水泥混合材料

粒化高炉矿渣具有潜在的水硬活性，在水泥熟料、石膏等的激发剂作用下能显出水化活性，可作为水泥的优质原料，在扩大水泥品种、增加产量、调节标号、保证安定性合格、改进性能方面发挥着巨大作用。在前苏联与日本，水泥生产中所用的高炉渣约占

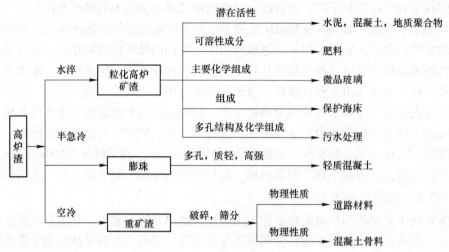

图 5-2　高炉渣常用的综合利用途径

50%。用于制备矿渣水泥的高炉渣，我国占利用量的 78% 左右。掺加粒化高炉渣的水泥占 75% 左右。

5.1.3.2　粒化高炉渣微粉技术

粒化高炉渣的潜在活性只在其比表面积 >350m²/kg 时才能容易的被激发出来，在 450m²/kg 以上才可充分发挥其潜在的水硬活性，粒度越细，活度越高。目前，普遍采用粉磨的方法生产矿渣微粉，提高矿渣活性指数。

通常的高炉渣粉掺入水泥中使用，对水泥强度会有一定影响。实践证明当矿渣粉细度在 400m²/kg 以上时（俗称为微粉），在水泥中掺入 20%~30% 的渣粉，不但不降低水泥强度，而且还会改善水泥性能，目前国外工业发达国家已普遍推广高炉水渣微粉技术。我国也已建成 20 多条微粉生产线。但生产矿渣水泥其关键的处理技术是粉磨设备的选择，从生产效率和能耗指标考虑，以进口立式磨机为佳。

5.1.3.3　粒化高炉渣作为混凝土掺和料

矿渣微粉除了用于配制水泥，还可以作为高活性的掺和料配制高性能矿渣混凝土。矿渣微粉粒度越细，活性越大，矿渣微粉的掺入会影响混凝土拌和物和硬化后混凝土的性能。

A　能提高硬化后混凝土的强度

由于高炉渣微粉具有形貌效应和微填充效应，当矿渣微粉少量取代水泥时，稍微能提高混凝土的早期强度，但随着矿渣微粉掺量的增加，上述效应不能补充由于水泥的减少而造成的混凝土早期强度的负面影响，从而降低早期强度。但相对于不掺矿渣微粉的混凝土抗压强度，加入矿渣微粉的相应龄期的抗压强度都比较高。其原因是：水泥水化产生 Ca(OH)$_2$ 与其所含的石膏可提高矿渣微粉的潜在活性，促使其与 Ca(OH)$_2$ 之间发生二次水化反应，使 Ca(OH)$_2$ 晶体在水泥石—集料界面上的富集减少，使 Ca(OH)$_2$ 的晶粒尺寸减小，界面致密度被提高，这就使水泥石-集料的界面结构得到有效的改善。

B　对硬化后混凝土的变形产生影响

混凝土的变形包括短期变形和长期徐变，导致混凝土发生短期变形的因素主要有两个：一是由于水泥石和集料的收缩率不同造成的收缩变形；二是由水泥水化放热在混凝土的内表产生温度差，造成不均匀温度应力与变形而形成的裂纹。矿渣微粉能够和水泥水化形成的 $Ca(OH)_2$ 以及一些游离的水反应，产生水化硅酸钙，使混凝土的填充密度提高，同时降低混凝土中自由水含量，从而使混凝土的化学体积收缩与由自由水蒸发产生的体积收缩减小。另一方面，掺入矿渣微粉相应地使水泥用量降低，从而减少混凝土的水化热。研究表明，在混凝土中掺入 70% 比表面积为 $430m^2/kg$ 的矿渣微粉，混凝土的 3d 与 7d 水化热分别减少了 36% 与 29%，宜在大体积混凝土中使用。磨细矿渣掺量在 30%～50% 时，对混凝土的徐变影响不明显，但当掺量达到 80% 时，抗徐变能力大大降低。

C 改善硬化后混凝土的耐久性

混凝土的耐久性主要包括抗冻性、抗渗性、抗蚀性等。由于高炉矿渣微粉的火山灰效应与微集料效应，细化混凝土的孔径，减少连通的孔，提高密实度，从而大大地使混凝土的抗水渗透性提高，同时在一定程度上改善了混凝土的抗冻能力。若要使混凝土的抗冻性提高，关键是适当地引入引气剂。矿渣微粉能够提高混凝土的抗硫酸盐侵蚀性能，且随着其掺量的增加而增强。金祖权等人的研究表明，矿渣掺量为 50% 和 65% 的混凝土在硫酸盐溶液中腐蚀 280 个循环，其抗压强度分别上升了 15.4% 和 23%。在混凝土中掺入矿渣微粉能提高其抗氯离子侵蚀性能，且其氯离子扩散系数随着养护时间和矿渣微粉掺量的增加而降低。因为矿渣微粉的填充效应及火山灰效应，使界面性能得到改善，还能与海水发生反应形成较多 Friedel 盐（$C_3A \cdot CaCl_2 \cdot 10H_2O$），同时矿渣中的 Al_2O_3 对 Cl^- 的固化能力也相当的强，从而使矿渣混凝土的抗氯离子渗透性能增加。科学家对掺磨细矿渣粉混凝土的耐久性的研究结果表明，相对于普通硅酸盐水泥混凝土，在混凝土中掺入 65% 磨细矿渣，其氯离子扩散系数降低了一个数量级。

南非在 1958 年首先将矿渣微粉作为掺和料用于新拌混凝土，随后美国、英国、日本等主要发达国家相继开始使用并同时制定相应的标准。20 世纪 90 年代以后，矿渣微粉用于混凝土开始在东南亚以及我国的香港和台湾地区推广，从此，高性能混凝土进入了新的研究和应用高潮。我国也制定了"用于水泥和混凝土中的粒化高炉矿渣粉"标准，并于 2008 年进行了修改。

D 提高拌和物的工作性

由于矿渣微粉的分散效应、微填充效应、形貌效应等使水泥颗粒之间的填充水释放出来，增加了体系的自由水，提高了混凝土流动性。在细度相同的情况下，混凝土的坍落度随着矿渣微粉掺量的增大而明显提高；当掺量>45% 时，坍落度大于未加矿渣微粉的坍落度；任何掺量混凝土的坍落度在矿渣微粉细度是 $513m^2/kg$ 时均达到最大值。

5.1.3.4 高炉矿渣作为制备微晶玻璃的原料

高炉矿渣的主要化学成分 MgO、CaO、SiO_2、Al_2O_3 同样也是微晶玻璃的重要组成；而其中的 R_2O（K_2O+Na_2O），Fe_2O_3 对熔制玻璃有利，可作为晶核剂使用，因此矿渣可作为制备微晶玻璃的原料。蒋伟锋在高炉渣中掺入石英砂、纯碱和长石，采用浇注法生产出以硅灰石为主晶相的琥珀色、玉白色微晶玻璃。当单独使用 12%～15% 的萤石作为晶核剂时形成琥珀色微晶玻璃，若用 1%～3% 的二氧化钛和 8%～10% 的萤石作为晶核剂则形成玉白色微晶玻璃。

高炉矿渣微晶玻璃就其组成来说，可能生成黄长石、硅灰石、斜长石、透辉石和钙长石等，为了获得较好的性能，一般选择硅灰石（β-CaSiO$_3$）为主晶相，透辉石为副晶相，其组成常选定在硅灰石且靠近三元低共熔点附近的相区（即稍微偏向透辉石的相区）。氟化物和硫化物被认为是最有效的晶核剂并用于硅灰石类微晶玻璃，而氧化铬是制备辉石类矿渣微晶玻璃最佳的晶核剂，也常使用复合晶核剂如 Cr$_2$O$_3$ 与 TiO$_2$，Fe$_2$O$_3$ 或氟化物的复合剂。矿渣微晶玻璃的主要制备方法有浇注法、压延法、浮法、烧结法等，目前国内以烧结法为主。在工业化的应用方面，前苏联的矿渣微晶玻璃最为成熟，各种各样的矿渣微晶玻璃均投入到大规模的生产过程中，同时产生经济效益，日本、英国等国在此方面也取得了一定进展。总体而言，我国矿渣微晶玻璃生产技术尚不成熟，产品常出现炸裂、色差、气泡、变形或色斑等缺陷，成品率很低，规模化生产较难。

5.1.3.5 用粒化高炉矿渣制备地质聚合物

地质聚合物为无机聚合铝硅酸盐的材料，主要是由多种或一种矿物的材料经过压制或浇筑成型，在较低的温度下，使其发生聚合反应，形成主要为离子键和共价键的致密的高强度的材料。其具有早强快硬；固结有毒离子能力强；耐高温性、隔热性、抗渗性、耐腐蚀性、抗冻性能好等优点，发展应用前景广阔。杨南如和钟白茜对矿渣硅氧四面体的聚合状态进行深入研究，发现存在 11 种低聚硅酸盐的阴离子（聚合度<5），其水硬活性一般随着聚合度的减小而增大，在较低的能量条件下，硅氧四面体结构就可裂解。在一定的激发剂作用下，存在于矿渣玻璃体中的 Al—O、Si—O 键断裂，[AlO$_4$]$^{5-}$ 与 [SiO$_4$]$^{4-}$ 四面体溶出较快，发生缩聚反应形成—O—Al—O—Si—O—骨架的无机高分子聚合物（即地质聚合物）。常用的激发剂是硅酸钠、氢氧化钠、硅酸钾溶液，其次是碱土金属氯化物、碱金属碳酸盐等，其中以水玻璃的效果好。

制备地质聚合物的原料主要是粉煤灰、高岭石或者两者的结合，但此类聚合物的强度不高。目前利用矿渣与粉煤灰的协同效应或直接用高炉矿渣制备地质聚合物受到了关注。如王峰等人以 NaOH 作为粒化高炉矿渣的激发剂，制备出 PSS 型（Si—O—Al—O—Si—O—）地质聚合物。NaOH 能激发矿渣活性形成大量的沸石相，提高聚合物的致密度，在其添加量是 5%，在液固比值（质量）是 0.23 时，得到的地质聚合物各龄期的抗压强度都达到最佳值。Cheng 对用矿渣制备耐火地质聚合物进行了研究，结果表明，制备聚合物的系统中 K$_2$O 的含量很重要，随着其含量的增加，凝结时间增加，抗压强度和耐火性提高。合理地选择激发剂与复配对矿渣地质聚合物的制备具有至关重要的作用，目前多采用液体状的激发剂，使用不便，因此研究开发固态激发剂及性能优良的复合激发剂是未来的发展方向。

5.1.3.6 粒化高炉矿渣在污水处理方面的应用

高炉矿渣在水淬急冷时形成疏松多孔的结构，比表面积较大，更重要的是形成在化学上的多成分性与几何上的各向异性，在污水处理方面具有应用价值。高炉矿渣的上述特性使其具有吸附效应，其中所含的 Ca^{2+}、Fe^{3+}、Al^{3+} 能与污水中的磷酸水化产物形成金属磷酸盐沉淀，金属磷酸盐和高炉矿渣颗粒之间还存在着静电吸引，从而能有效去除污水中的磷酸盐。高炉渣对污水中磷酸盐的去除率可达到 99%，在高炉渣中掺入钢渣能使去除率几乎接近 100%。为了提高高炉矿渣的吸附容量，GONG 等人用熟石灰作为高炉渣表面改性的活化剂来提高磷吸附容量，研究表明，用熟石灰活化高炉矿渣表面能产生更多的孔结构和大的表面积，使高炉矿渣的吸附容量增加。利用高炉渣的吸附特性，还可有效地去除污水中的 Pb、Cr 等重金属离子，固体悬浮物、COD 和色度。因此高炉渣是一种有效的、廉价污水处理剂，可以作为填充介质用于人工湿地。Korkusuz 等人在野外条件下，利用高炉渣作为芦苇湿地的基质，成功地处理了生活污水，且磷的吸附容量高。我国也对这方面进行了研究，结果表明，高炉渣作为湿地基质，相对于沙子吸附容量大，解吸率低，能长期除磷。水质显弱碱性对植物的毒害作用不明显，通过干湿交替或适当更换新渣可延长湿地使用年限。

5.1.3.7 用粒化高炉矿渣生产农业用肥

在粒化高炉矿渣中含有大量的可溶性硅酸盐，容易被植物所吸收利用，磨细后可作为农业肥施用。利用粒化高炉矿渣可以制备硅肥和钙镁磷硅肥。硅肥是一种构溶性、微碱性矿物肥料，其以硅酸钙为主要矿物，不能溶解于水中，但能溶于酸中。制备粒化高炉矿渣硅肥的一般方法是：首先将矿渣磨细直至 $180 \sim 150 \mu m$，再添加适量的硅元素活化剂，然后搅拌混合即可制成硅肥。有研究表明，将高炉矿渣作为肥料用在南方酸性土壤中，能够使土壤 pH 值提高，同时使土壤中的有效硅含量增强，有利于水稻吸收硅养分。为了扩大硅肥的应用范围，寻找适合于不同土壤的硅肥，王岐山等人采用强酸酸化的方法，使一部分多硅酸钙转变成为偏硅酸钙，它易溶于热水、弱碱、弱酸等溶液中，使硅肥适用于各类土壤。硅肥的粒度细，容易悬浮在空气之中，对大气造成污染，且易黏附于植物的表面难于播撒均匀，针对此问题，如皋轻工研究所研制出一种新的高分子黏合—崩解剂，其在造粒时起黏合作用，施入土壤后又可以作为崩解剂使用，能在遇水的一分钟之内使粒子崩解成为粉末，从而解决了造粒的问题，且不影响肥效。

钙镁磷硅肥是以含高可溶性硅的粒化高炉矿渣与含 17% 可被植物有效吸收 P_2O_5 的钙镁磷粗肥以 1:1 搭配混匀后，干燥、粉磨制成的，同时具有钙镁磷肥和硅肥的功效。将这种肥用在南方缺硅的酸性土壤上，能够产生硅的营养元素，活化磷肥和土壤中的磷，并有益于磷在植物体内的运转，使磷肥的肥效充分发挥，达到使稻增产的作用。在国外，硅肥的施用已经较为广泛。日本政府在 1955 年就以"肥料法"形式，正式批准把硅肥当做一种新型的肥料应用。朝鲜、泰国、菲律宾、韩国等国家也从日本引进硅肥使用技术并推广。在我国的长江流域，70% 的土壤都缺少硅，淮海、黄海以及辽宁也有大约一半以上土壤缺少硅元素，因此用粒化高炉矿渣生产硅肥在我国具有广阔的应用前景。

5.1.3.8 高炉矿渣在保护海域方面的应用

高炉矿渣可以作为一种有效的、廉价环境友好型修复剂，用于海床保护。

高炉渣可用作覆砂材料在污染严重的海域，海底污泥释放出的氮、磷等营养盐和硫化氢容易引发海水富营养化和赤潮、青潮等海洋灾害。研究人员发现，将高炉渣覆盖在海底污泥上，对于促进底泥污染物的分解和海水水质的净化起到积极作用：一是抑制硫化氢产生，防止青潮爆发；二是向海水供给硅酸盐，预防赤潮爆发；三是提高底栖生物多样性。与未覆盖高炉渣的海底泥以及海砂相比，高炉渣上出现的生物种类数、个数和湿重远远高于海底泥，略高于海砂；四是吸收海水中的磷酸盐，治理海水富营养化。将高炉渣作为覆砂材料可以有效降低海水的磷酸盐含量，治理海水富营养化，预防赤潮发生。在日本，高炉矿渣在海洋中的应用已逐渐发展起来。一方面，高炉矿渣被用作海底有机沉淀物的沙盖材料，以有效地防止海水富营养化和蓝潮；另一方面，高炉矿渣被用于建造人工礁，使其释放一些硅、铁等元素，促进海洋浮游植物的生长。我国目前鲜有这方面的研究工作。

5.1.3.9　重矿渣作为混凝土骨料及其在建筑工程中的应用

重矿渣与天然碎石的物理性质相近，块渣的容重大多>1900kg/m³，其耐磨性、抗压强度、抗冻性、稳定性、抗冲击性都满足工程要求，能够替代碎石在各种建筑工程中使用。重矿渣作骨料配制矿渣碎石混凝土：重矿渣可作为骨料用于预制现浇或泵送混凝土。用重矿渣配制的矿渣碎石混凝土在物理力学性能上与普通混凝土相似，且具有良好的隔热、保温、耐久和抗渗的性能。矿渣碎石混凝土已在 C50 及其以下等级的混凝土、预应力混凝土、钢筋混凝土以及防水工程中使用。用矿渣碎石作细骨料制成的耐热混凝土，已经在 700℃ 以下，且在不发生温度剧烈变化的耐热工程中应用。随着矿渣容重的增加，重矿渣混凝土的抗压强度增大。配制混凝土的重矿渣应满足 YB/T 4178—2008 混凝土用重矿渣的标准规定。

重矿渣在道路中的应用：由于重矿渣的块体强度一般均>50MPa，超过或者相当于一般质量的天然岩石，因此矿渣垫层的颗粒强度完全达到地基的要求。高炉重矿渣不仅具有足够的强度，且稳定性好，弹性模量较大，能使持力层的承载能力提高，使地基的变形量降低，使地基的排水、固结加速，用重矿渣加固软土地基，与灌注桩、深层搅拌法等方法相比，使地基处理费用降低并缩短工期，具有较好的社会和经济效益。重矿渣中含有一定量的硅酸二钙，具有缓慢的水硬性，且其中含有小气孔，对光线具有好的漫反射性、摩擦系数大（砾石的摩擦系数是 0.4、碎石是 0.5 而重矿渣高达 0.6），用其作集料铺成的沥青路面不仅明亮，且制动效果好。重矿渣以其高的耐热性能而更适合在喷气式飞机的跑道上使用。重矿渣作为铁路道砟被称为矿渣道砟，其在铁路上的应用历史悠久，在新中国成立后就开始大量使用，目前在我国钢铁厂的专用铁路线上已经被广泛地应用。从 1953 年开始，鞍山钢铁公司就在其专用铁路线上使用大量的重矿渣，现已在预应力钢筋混凝的土轨枕与钢轨枕、木轨枕等各种线路上广泛使用，且在使用过程中未发现任何的弊病。

5.1.3.10　膨珠作为建筑材料

膨珠具有面光、质轻、多孔、吸音隔热性能好、自然级配好，能生产内墙板，楼板等，也可用在承重的结构。直径<3mm 的膨珠能作矿渣水泥的掺和料，也可作混凝土的细骨料与公路的路基材料。国外广泛将膨珠用于制备轻质混凝土，美国一座 64 层的办公大楼就使用膨珠轻质骨料制成的混凝土。

5.1.3.11　高炉炉渣的热能回收

根据换热介质与高炉渣换热方式的不同，可将目前回收高炉渣热量的方法分为物理法和化学法。物理法是利用高炉渣与换热器（换热管道）直接接触或通过辐射传热来进行热回收。例如，干法处理工艺的风淬法、滚筒转鼓法、离心粒化法都属于物理法热回收工艺。化学法是将高炉渣的热量作为化学反应的热源回收利用。采用将高炉渣显热转换成化学能的方式来回收炉渣余热，通过甲烷（CH_4）和水蒸气（H_2O）的混合物在高炉渣高温热的作用下生成一定的氢气（H_2）和一氧化碳（CO）气体，通过吸热反应将高炉渣的显热转移出来。用高速喷出的 $CH_4(g)$ 和 $H_2O(g)$ 混合气体对液渣流进行冷却粒化，二者进行强烈的热交换，液渣因受到风力的破碎和强制冷却作用，其温度迅速下降并粒化成细小颗粒，生成的气体进入下一反应器，在一定条件下氢气和一氧化碳气体反应生成甲烷和水蒸气，放出热量。热交换出来的热量经处理后可供发电、高炉热风炉等使用。在回收热量过程中因其伴随化学反应，故热利用率较低。

5.1.4 国外高炉渣的综合治理与利用现状

以下对世界主要钢铁生产国的高炉渣的综合利用情况进行介绍。

5.1.4.1 美国高炉渣的利用情况

美国也是重要的钢铁生产国，其高炉渣的利用情况与德国、日本不同，美国的高炉渣主要用于：

（1）道路工程。在美国石灰稳定黏土被广泛应用于公路和地基中，是提供适合于铺路和填充材料的经济有效的方法，在石灰稳定黏土中用粒化高炉矿渣替代石灰能够降低由于磷酸盐存在而引起的膨胀，而且对其强度没有什么负面的影响。

（2）混凝土。美国还制定了"用混凝土和砂浆的粒化高炉矿渣微粉"标准。在1969年，美国的高炉渣的利用率已经达到100%，其中52.4%被用于道路，31.9%作为混凝土骨料，10.2%作为生物过滤材料，只有2.3%作为水泥掺和料，在土木建筑工程、保温防火隔音、肥料土壤改良方面的利用很少，分别为1.6%、1.4%、0.2%。高炉矿渣在道路中的应用呈上升的趋势，1984年高炉矿渣在道路中的应用由52.4%上升到了70%。纽约的肯尼迪国际机场、得克萨斯州休斯敦的乔治·布什洲际等机场使用了粒化高炉矿渣。2001年美国共消费高炉渣10.5百万吨，平均1t高炉渣大约＄10.67，总共获利112百万美元，其中58%的渣被用在伊利诺伊州、印第安纳、密歇根州和俄亥俄州，并且其比例还在逐年上升。

5.1.4.2 德国高炉渣的利用情况

德国钢渣和高炉矿渣的年排放量在1300万吨以上，其中约54%~59%为高炉矿渣，高炉矿渣的利用率几乎已达到100%，实现了排用平衡。1994年德国钢铁渣利用率>95%；其中用于土建占56%，如铺路、土方工程和水利工程；30%被作为生产高炉渣水泥与矿渣硅酸盐的原料；钢厂内部返回利用和作为肥料的钢铁渣分别为7%和2%；因不能利用而送往渣场的炉渣小于5%。德国采用不同的处理方法得到不同的渣产品，并将其应用到不同的领域，主要有：将高炉渣急冷成粒化高炉矿渣，生产水泥和混凝土。目前新的欧洲水泥标准中有9类属于含高炉渣的水泥，矿渣含量在6%~95%之间变化。2000年，德国市场总水泥销售量的30%是矿渣水泥。在空气中将高炉渣慢冷成重矿渣，作为道路材料。目前德国约有15%的高炉渣被作为道路材料。早期德国使用水蒸气或空气在相应的设备中将高炉渣雾化成矿渣棉，再被加工成不同类型的绝缘材料。但由于经济的原因，已不再采用。

5.1.4.3 日本高炉渣的利用情况

日本是重要的钢铁生产国，2014年生铁产量8390万吨，以每生产1t生铁产生0.29t高炉矿渣计算，产生高炉渣将超过2400万吨。日本通常将高炉渣冷却成粒化高炉矿渣和重矿渣，目前最多的是粒化高炉矿渣。粒化高炉矿渣主要被作为水泥的原料，早在1910就开始生产矿渣硅酸盐水泥，并于1926年制订了矿渣硅酸盐水泥的国家标准。粒化高炉矿渣还可作混凝土掺和料、细骨料，用于土木工程中等，并于1995年制订了"混凝土用高炉矿渣粉"标准。日本十分重视钢铁渣的利用，在许多大型公共项目中使用钢铁渣。近些年，日本对高炉矿渣在海洋中的应用进行了大量的研究，一方面将高炉渣作为覆盖海底的沙盖材料，另一方面用高炉矿渣建立人工礁。日本钢管公司已将 5.4 万吨粒化高炉矿渣作为沙盖材料覆盖在海岸上。目前已有 4 万平方米的海岸被高炉渣所填充，厚度>15mm。

5.2 钢渣的综合治理与利用技术

5.2.1 钢渣的主要成分及基本性质

5.2.1.1 钢渣的主要矿物组成

钢渣的主要矿物组成为硅酸二钙（C_2S）、硅酸三钙（C_3S）、钙镁橄榄石（CMS）、铁酸二钙（C_2F）、钙镁蔷薇辉石（C_3M_2S），RO（R 代表镁、铁、锰的氧化物所形成的固熔体）、游离石灰（f-CaO）等。钢渣的矿物组成决定了它具有一定的胶凝性，主要是其中一些活性胶凝矿物的水化，当 CaO 含量较高时，常生成 C_3S、C_2S 及铁铝酸盐。钢渣中 f-CaO、MgO 含量较高，稳定性差，这是由于它们水化后生成体积膨胀率很大的物质使混凝土构件的稳定性受到破坏。钢渣中铁和锰的含量也比较高，由于锰、铁离子具有极化能力，对氧离子的亲和力很大，因此氧离子能脱离正硅酸钙（锰）四面体破坏正硅酸盐结构，使四面体互相连接起来，生成巨大而复杂的硅氧团，从而降低其易磨性。

5.2.1.2 钢渣的基本性质

物化性质随化学成分的变化而变化，由于化学成分以及冷却条件不同造成钢渣外观形态、颜色差异也很大。钢渣的主要化学成分有：CaO，SiO_2，FeO，Al_2O_3，MgO 等，成分随地区不同有所变化。一般碱度较低的钢渣呈灰色，碱度较高的钢渣呈褐灰色、灰白色。钢渣块松散不黏结，孔隙较少，质地坚硬密实。钢渣中的含铁量比较高，其密度为 3.1～3.6g/cm³，易磨性较差，易磨指数为：标准砂为 1，钢渣为 0.7。但是钢渣的抗压性能好，压碎值为 20.4%～30.8%。我国主要钢厂转炉钢渣的化学成分见表 5-2。

表 5-2 转炉钢渣的化学成分

化学成分/%	CaO	SiO_2	Fe_2O_3	Al_2O_3	MgO	MnO	FeO	P_2O_5
首钢	52.66	12.26	6.12	3.04	9.12	4.59	10.42	0.62
鞍钢	45.37	8.84	8.49	3.29	7.98	2.31	21.38	0.72
太钢	52.35	13.22	7.26	2.81	6.29	1.06	13.29	1.30
武钢	58.22	16.24	7.18	2.57	2.28	4.48	7.9	1.17
马钢	43.15	15.55	5.19	3.84	3.42	2.31	19.22	4.08

5.2.2 钢渣的处理工艺

5.2.2.1 处理工艺

钢渣常用的处理方法如图 5-3 所示。

从钢渣处理的机理来看，钢渣处理工艺可以分为两类。

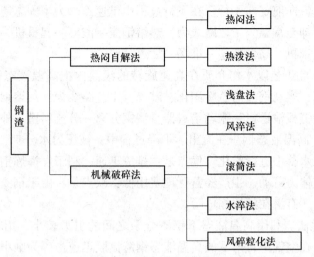

图 5-3 钢渣常用的处理方法

A 热焖自解法

热焖自解法工艺仅通过利用热态钢渣中大量游离的氧化钙、氧化镁与水蒸气发生化学反应，产生热应力、化学应力和相变应力使钢渣龟裂破碎，渣中游离氧化钙、氧化镁等消溶成氢氧化钙、氢氧化镁而造成体积膨胀，进而达到钢渣粒化的效果。热焖法、热泼法、浅盘法等都属于该工艺的范畴。

（1）钢渣热焖法。工艺原理是利用 200~1500℃ 的钢渣倾翻在热焖装置中，盖上装置盖，喷水产生饱和蒸汽，利用水汽与钢渣中的游离氧化钙（f-CaO）和游离氧化镁（f-MgO）反应产生的体积膨胀应力，使钢渣冷却、龟裂，钢渣进而粉化。其工艺路线：钢渣倾翻至热焖装置内—喷雾热焖—挖掘机出渣—钢渣筛分、磁选。

（2）热泼法。钢渣倒入渣罐后，经车辆运到钢渣热泼车间。用吊车将渣罐的液态渣分层泼到渣床上（或渣坑内），喷淋适量的水，使高温渣急冷碎裂并加速冷却。然后用装载机、电铲等设备进行挖掘装车，现场建设磁选线或运至弃渣场破碎、筛分、磁选。热泼工艺排渣速度快，与目前炼钢工艺的高节奏相适应，为多数钢厂如鞍钢、武钢、包钢、太钢、攀钢、马钢、唐钢、首钢等所采用。该工艺是 20 世纪 70 年代引进国外生产线后发展的钢渣处理工艺，投资大、占地大，对环境污染严重，工艺设备和生产操作人员均很多。

（3）浅盘法。其工艺流程为在钢渣车间设置高架泼渣盘，用吊车将渣罐内流动性好的钢渣泼入高架浅盘上放流、喷水冷却，使钢渣急速降至 700℃、产生自然龟裂，再将浅盘上的钢渣翻入排渣台车，二次淋水冷却，降温至 200℃ 左右时倒入水池第三次冷却，降温至 100℃ 以下时捞出，渣的粒度一般为 5~100mm，送至钢渣处理车间进行磁选、破碎、筛分、精细加工。

B 机械破碎法

此工艺通过介质（有压水或压缩空气）对流动中的热态钢渣进行冲击，达到机械破碎效果。水淬法、风淬法、滚筒法、钢渣风淬粒化法等都属于本工艺的范畴。

（1）钢渣风淬法。此工艺是基于高温液态下钢渣分子之间的引力较小、用较少的能量就能将它们彼此分开的原理，用高速气流在空中将落下的高温液态钢渣流股迅速击碎为细小液滴，并随气流向前定向飞行。在飞行过程中迅速冷却为半固态渣粒，然后分散落入水池中，再迅速冷却至常温。工艺路线为：热熔钢渣—渣罐—起重机—中间包—风淬粒化器—抓斗吊车—皮带机—高位料仓—堆场—后道分选。

（2）滚筒法。此工艺以水作介质在高速旋转的滚筒内把高温液态钢渣通过装在滚筒内的钢球进行挤压，实现钢渣的急冷固化、破碎。工艺路线为：热熔钢渣—渣罐台车—起重机—滚筒装置—链板输送机—振动给料器—渣钢分离—分流料槽—外运。

（3）水淬法。高温液态钢渣在流出、下降过程中，被压力水分割、击碎，同时进行了热交换，使熔渣在水幕中进行粒化。优点是：排渣迅速、利于发挥炼钢设备的潜力、减轻了工人清渣的繁重体力劳动、生产经营管理费用低；缺点是：由于钢渣流动性较差，水淬时产生大量蒸汽，还有潜在的爆炸危险。

（4）风碎粒化法。利用高温液态下钢渣分子之间的引力较小，用较小的能量将彼此分开。用高速气流在空气中将落下的高温液态钢渣流股迅速击碎为细小液滴，并随气流定向飞行，在飞行过程中迅速冷却为半固态渣粒，然后分散落入水中，迅速冷却至常温。

综上处理方法可知，钢渣热焖法、风淬粒化法、滚筒法等几种钢渣处理工艺，可取代目前投资大、占地多、污染重、处理效果差的热泼法、箱泼法、浅盘热泼法、水淬法等，有广泛的推广应用价值。从流程短、占地少的角度出发，选择风淬法或滚筒法是较为合理的选择。从适应性强、处理能力大、处理效果更好的角度出发，钢渣热焖法是更为合理的选择。

5.2.2.2　国外钢渣处理技术现状

日本的钢渣处理工艺包括两种：一种是蒸汽陈化处理工艺；另一种是热焖罐蒸汽陈化处理工艺。露天式蒸汽陈化处理工艺采用三面封闭的陈化箱结构，陈化箱内壁嵌钢板，底部设蒸汽管道，空气冷却的钢渣倒入陈化箱内，通入蒸汽，蒸汽消耗量吨渣 140~250kg，处理周期约 144h（6 天），处理后的钢渣用铲式装载机运走。此处理方法不能自动化控制，蒸汽消耗量大，处理周期相对较长；热焖罐蒸汽陈化处理工艺指：慢冷钢渣破碎后装入料仓中，用移动台车将料仓放入压力罐内，密封通入蒸汽，温度至 158℃，压力至 0.6MPa，蒸汽消耗量吨渣至 85kg，处理周期为 3h 左右，处理后的钢渣由料仓自卸至堆料场，用铲式装载机运走。该工艺处理周期短，钢渣稳定性好。德国钢渣处理工艺以采用箱式热泼工艺为主，钢渣热泼在三面有混凝土挡墙、一面敞开的渣箱内，喷水冷却，处理周期约 5~7 天，用挖掘机或装载机将冷却的钢渣运走进行加工处理。

德国在 20 世纪 90 年代曾利用氧气和石英砂同时加入到钢渣池中，在渣池中具有一定的温度等反应条件，石英砂和氧化钙发生化学反应生成硅酸钙。向渣池中鼓入氧气是要保持渣池中具有足够的热量，并具有搅拌作用，改善渣池中反应条件。经过此工艺处理后渣的碱度会降低，游离的氧化钙也减少。处理后的钢渣的体积膨胀大约是未处理的钢渣的 1/10，块度也较大，可处理含 40%块度大于 65mm 的钢渣。经处理的钢渣的性能和传统的筑路、水利工程石料相比差不多，有些方面还优于传统石料。因此，此工艺的应用在国内有一定的研究推广价值。

加拿大、英国、印度的钢渣处理工艺基本流程也以热泼、喷水冷却、破碎、筛分、磁选工艺为主。

5.2.3　钢渣的综合治理与利用技术现状

5.2.3.1　钢渣返回冶金再利用

钢渣中一般含有 10%左右的金属铁，通过破碎磁选筛分工艺可以对其中的金属铁进行回收，一般钢渣破碎的粒度越细，回收率越高。我国有不少钢铁企业建立了钢渣回收铁生产线，如鞍钢利用无介质自磨及磁选的方法回收钢渣中的废钢，武钢也有相关的回收工艺。攀钢采用热焖工艺能使钢渣粉化率达到 92%，淘汰了传统的破碎、磁选工艺，通过切割、自磨进一步提高了钢渣的品位及回收率；同时对铁渣进行打砸、筛分和磁选，将铁块和废渣进行分离，再利用球磨和各种分选工艺对废渣进行深加工，从而实现了铁资源的回收利用。

转炉钢渣 CaO 的含量一般为 40%~50%，1t 钢渣就相当于 0.7~0.75t 石灰石。把钢渣粉磨成小于 10mm 钢渣粉，便可代替部分石灰石用作烧结配料。在烧结矿中适量配钢渣后，不仅可以回收利用钢渣中的钢粒、氧化钙、氧化铁、氧化锰、氧化镁、稀有元素（V，Nb）等有益成分，而且还能显著提高烧结矿的质量和产量。与此同时水淬钢渣疏松，粒度均匀，料层透气性好，更有利于烧结造球及提高烧结速度。此外，由于钢渣中铁和氧化亚铁的氧化放热，节省了钙、镁碳酸盐分解所需的热量，使烧结矿燃耗降低。钢渣中含有 10%~30%的铁、2%左右的锰元素，将其作为炼铁熔剂，不仅可以回收钢渣中的铁，而且还可以把氧化钙、氧化锰等作为助熔剂，从而节省大量石灰石、白云石资源。钢渣中的钙、镁等元素均以氧化物形式存在，不需要经过碳酸盐的分解过程，因而还可以节省大量热能。钢渣也可以作为化铁炉熔剂代替石灰石及部分萤石。使用证明，铁水含硫对铁水温度、炉渣碱度、熔化率及流动性均无明显影响，在技术上是可行的。

5.2.3.2　利用钢渣制造微晶玻璃

由于生成微晶玻璃所用原料的化学组成具有很宽的选择范围，而钢渣的基本化学组成就是硅酸盐，其成分一般都在微晶玻璃形成的范围内，所以钢渣能满足制备微晶玻璃化学组分的要求。利用钢渣制备性能优良的微晶玻璃对于提高钢渣的利用率和附加值，对减轻环境污染具有十分重要的意义。我国学者张乐军利用粉煤灰和钢渣，采用烧结法制备出以透辉石的固溶体为主晶相的微晶玻璃，钢渣和粉煤灰的利用率高达 60%。制备的微晶玻璃可以作为一种很好的建筑材料，为钢渣、粉煤灰等固体废物的资源化利用开辟了一条崭新的途径。

国外在这方面的研究也比较多，希腊学者 Karamberi A 利用钢渣、电炉渣以及飞灰等原料，在 1450℃情况下加热 2h，先后经过净化、成型和退火三个步骤。在 550℃的条件下退火 2h，制成后利用 X-ray 和 SEM-EDS 进行各种性能的测试，表明玻璃的晶像和硬度主要取决于原料的结构和加热过程。

5.2.3.3　利用钢渣做建材

钢渣的矿物成分主要有硅酸三钙（C_3S）、硅酸二钙（C_2S）、钙镁蔷薇辉石（C_3MS_2）、钙镁橄榄石（CMS）、铁酸二钙（C_2F），RO（R 代表镁、锰、铁的氧化物所形成的固熔体）、游离石灰（f-CaO）等。钢渣的矿物学组成决定了它具有一定的胶凝性能，经过一定的处理后便可以用作建材，主要应用方向有道路、制砖以及生产水泥。

同济大学的任传军教授等人研究将钢渣搀在沥青中用于铺设路面，并且对水稳定性、高温稳定性以及抗裂性进行了测试。证明在加入钢渣的情况下沥青与集料的黏附性，沥青混合料的水稳定性，高温稳定性，路面的抗车辙能力都有一定的提高。但是由于钢渣中含有较多的 f-CaO 和 MgO，所以易使道路出现膨胀开裂，针对这种情况朱跃刚等研究出处理办法，通过严格控制所用钢渣的粒度、钢渣中 f-CaO 的含量、合理设置空隙以及利用钢渣化学反应过程中产生的胶体，在一定程度上改善了性能。

Maslehuddin M 等人将钢渣和普通石灰岩筑体进行比较，证明钢渣可以用于制造硅酸盐水泥，同时发现钢渣用于道路建设后，道路的一些物理性能都有所提高，如耐久性、抗压性能等，但是透水性以及单位质量却提高了。Perviz A 研究了将钢渣掺和在高温沥青中用于道路建设，各种数据表明力学性能都能达到一定的要求，并且电导率也比不加钢渣的高。Hisham Q 等人研究发现，将钢渣代替黄沙用于道路建设既可以节约矿产资源也起到了保护环境和节约成本的作用。

国内外关于利用钢渣生产水泥的研究比较多也比较早，钢渣中含有与硅酸盐水泥熟料相似的硅酸三钙和硅酸二钙等成分，高碱度转炉钢渣中两者的含量在 50% 以上，中、低碱度的钢渣中主要是硅酸二钙（C_2S），钢渣的生成温度一般在 1560℃ 以上，而硅酸盐水泥熟料的烧成温度是 1400℃ 左右。钢渣的生成温度高，晶粒较大，结晶致密，水化速度缓慢，因此可以将钢渣称为过烧硅酸盐水泥熟料。以钢渣为主要成分，加入一定量的其他掺和料和适量激发剂，经磨细而制成的水硬性胶凝材料，称为钢渣水泥。为了提高钢渣水泥的强度，有时还可加入一定量硅酸盐水泥熟料。莱阳钢铁公司在这方面的研究较好，当钢渣矿渣水泥中掺入 40% 的钢渣、34% 的水渣、20% 的熟料和 6% 的激发剂时，所得到的水泥的各种性能均能达到 425 号水泥的国家标准要求。

希腊科学家 Tsakiridis P E 等人用钢渣做生料生产高强度水泥。Monshi A 研究利用钢渣作为生料生产水泥，也得到比较好的产品。他们将钢渣与其他的原料混合经过 1350℃ 煅烧 1h，然后加入 3% 的石膏，碾磨到 3300cm²/g，生产的水泥能够达到 ASTMC150—86 标准中工型水泥的要求。但是钢渣的胶凝性能一般需要一定的激发才能发挥出来。Shi C J 针对钢渣胶凝性能的激发进行了研究，研究发现在碱性激发剂的激发下，钢渣的胶凝性能能够发挥出来。但无论是用作生料还是用作熟料，如果其中的 f-CaO 或者 MgO 的含量较高，将会严重影响其后期强度性能。为了提高产品的性能必须在 f-CaO 和含量中进行严格的控制，或者进行必要的处理。土耳其学者 Altun I A 针对 MgO 含量较高的钢渣用于生产水泥进行了研究，表明生产的水泥的物理学性能和力学性能都能满足相关标准的要求。

而在其他建材方面国内外进行的研究也比较多，Shi P H 的研究表明，加入钢渣可以降低砖的煅烧温度，所制砖的抗压性能满足 CNS3319 建筑用普通砖的要求。Medhat Stl 将钢渣、高岭土和花岗岩等混合制取耐酸浸砖，研究表明含钢渣 30% 的砖能够满足 ESS41-1986 标准的要求。

5.2.3.4　用作废水处理吸附剂

在水处理方面钢渣主要是被用作吸附剂，因为钢渣疏松多孔，比表面大，具有一定的吸附能力，并且钢渣的密度大，在水中的沉降速度快，易于固液分离，可以用作吸附材料用于工业废水处理。刘盛余对钢渣吸附剂的吸附机理进行了研究，通过研究证明钢渣表面带负电荷，对阳离子的吸附效果比较好。其吸附模式属于离子交换，吸附作用主要是静电作用。钢渣对重金属离子进行选择性吸附，其选择性能与离子的电价、电性、离子半径和水化热等因素有关，为钢渣作为吸附剂的利用提供了理论上的指导。

国外的一些学者分别研究了钢渣吸附剂对废水中镍、磷酸根、铵根离子等的吸附性能，已经有钢渣作为吸附剂去除废水中硝酸盐和磷酸盐，以及钢渣处理废水中铜离子、镍离子、铬离子、铅离子等的案例。国内也曾有钢渣对铜、铅、铬、锌、砷等以及钢渣改性吸附性能的报道。Kang H J 研究了钢渣对废水中铅离子的吸附作用以及影响因素，得到吸附能力与温度、pH 值以及离子强度的关系。吸附能力随 pH 值的升高而下降，随温度的升高而升高。吸附的离子可以在一些物质的作用下解吸，比如 EDTA，这样钢渣可以被循环利用节省原料。王士龙等人研究了钢渣对镍的去除作用，他们将浓度为 200mg/L 的含镍试液 100mL 置于 250mL 锥形瓶中，加入 0.3g 钢渣，在振荡器上振荡 40min，稍放置，过滤，然后测定滤液的 pH 值和残余镍含量，按下式计算镍去除率：

$$镍去除率 = (c-c_1)/c$$

式中　c——含镍试液浓度，mg/L；

　　　c_1——处理后含镍试液浓度，mg/L。

学者们分别就钢渣的用量、酸度、反应温度、接触时间、钢渣的细度以及镍的浓度等因素进行了实验研究。得出钢渣对镍具有良好的吸附效果，对浓度在 300mg/L 以内的含镍试液，按照镍与钢渣质量比为 1/15 投加钢渣进行处理，去除率达到 99%以上，可以达到排放标准。对酸度适应范围较宽，可直接处理 pH 值大于 3 的含镍废水。并且对吸附机理进行了研究，认为钢渣具有一定的碱性和吸附能力，对废水中的镍既有化学沉淀作用，又具有吸附作用。通过实验表明，对于 0.3g 钢渣用 100mL 蒸馏水振荡 2h 后的滤液，用 0.1100mol/L 的 HCl 标准溶液滴至酚酞终点消耗 2.25mL，即 0.3g 钢渣提供了 0.2476mmol 的强碱碱度，使得镍离子可部分形成氢氧化镍沉淀。

但是至今为止，钢渣作为废水处理吸附剂的工业化开发与应用尚未进行。钢渣用作吸附剂的核心问题是如何处理好钢渣的造粒问题。钢渣直接冷却后，块度极不均匀，最大块度能达 1m 以上，而且钢渣中由于含有少量的铁导致其脆性下降，韧性增强。因此利用常规破碎技术，破碎后粒度不均匀，有不少会过磨，粒度难于控制，很难生产出疏松多孔的钢渣产品，而且粉磨会破坏原有的孔隙结构，从而导致吸附效果下降。钢渣在炼钢过程中处于熔融状态（液态），具有液体的一些性质，有流动性，液体分子间引力较小。此时容易切割，可无限分割，遇水急剧冷却凝固，如果处理方法适当，在熔融状态下的粒化处理会比固态下容易得多。另外，钢渣在液态下更容易控制粒度，产品颗粒大小适宜，粒度均匀。再次，如果向液态熔液中添加改性剂和孔隙强化剂，因液体具有流动性，混合比较均匀。因此，利用钢渣作吸附剂的开发关键在于如何能在液态下对其进行直接造粒处理。

5.2.3.5 钢渣在农业方面的应用

钢渣中的钙、磷、硅等元素在冶炼过程中经过高温煅烧，其溶解度增大，容易被植物吸收，所以可将钢渣用作具速效又有后劲的复合矿质肥料。目前，我国用钢渣生产的磷肥品种有钙镁磷肥和钢渣磷肥。我国关于钢渣用作农肥的报道有很多，其中分别研究了钢渣对水稻土 pH 值、水溶态硅的动态、土壤和水稻植株中铁、硅、锰的影响，水稻土硅素肥力以及水稻产量的影响。由于钢渣具有一定的碱性，施用钢渣能使土壤 pH 值升高，土壤中水溶态硅和无定形硅的含量下降，而活性硅及有效硅的含量上升，水稻植株含硅量增加，它们均随钢渣用量增加、粒度变细而增高。施用钢渣降低了土壤中水溶态硅、DTPA-Fe、DTPA-Mn 的含量，其变化随钢渣用量的增加更为显著。但在钢渣用量一定时，却以中等粒度（250μm）处理降低程度最大。施用钢渣还可以提高水稻植株体内硅的含量，降低水稻植株体内铁和锰的含量，其效果随钢渣用量增加、粒度变细而更为显著。

5.2.3.6　钢渣在大气处理方面的研究

煤炭燃烧产生的尾气中，含 SO_2，NO_x 等多种大气污染物。燃煤所造成的大气污染已成为制约我国国民经济和社会可持续发展的一个重要影响因素。利用廉价的工业废渣脱硫，具有变废为宝，以废治废的优点。该法取材方便，不仅可以降低吸附脱硫成本，而且还有明显的社会效益和环境效益。钢渣的碱性符合处理大气的要求，钢渣中的碱性氧化物与废气中的酸性气体 SO_2 反应，从而达到净化气体的目的，所以该过程不是简单的吸附过程而是化学反应过程，处理效果与反应条件有关。付翠彦等人研究了不同配比钢渣脱硫剂脱硫性能，证明钢渣能起到脱硫作用，若考虑经济成本以及对粉煤灰的利用，在粉煤灰资源较多而钢渣资源较少的情况下，采用加粉煤灰：钢渣为 3∶5 的配比效果也较好。

刘建忠等人的研究认为，钢渣属于钙基废弃物，并且钢渣中还含有碱性金属，经过适当的配比，在一定的条件下，具有催化脱硫作用。经试验和初步应用表明脱硫率可达到50%左右。而在湿法脱硫方面钢渣也被应用，将钢渣投入水中，水溶液显碱性，含 SO_2 的气体显酸性，可以通过化学反应去除尾气中的酸性气体。在这方面于同川、丁希楼等人做了深入的研究，讨论了吸收浆液的 pH 值、液气体积比、浆液浓度、气体中 SO_2 的进口体积分数等主要操作参数对脱硫率的影响。实验结果表明，进口气体温度为 200℃，钢渣浆液质量分数为 2%，液气体积比大于 4.85 的情况下，脱硫率可达到 85% 以上，钢渣中的 MgO、Fe_2O_3 对脱硫效果具有一定的促进作用。

5.2.3.7　利用钢渣生产化工产品

轻质 $CaCO_3$ 是一种很重要的无机化工原料，可以广泛应用于制药、化妆品、塑料、纸张、冶金等行业的生产中。传统轻质 $CaCO_3$ 的生产方法为煅烧石灰石，然而煅烧石灰石会释放出大量的温室气体 CO_2，还会浪费大量的煤炭资源。钢渣富含 Ca、Mg，颗粒较小，具有较高的反应活性和较快的反应速率，利用钢渣固定 CO_2，$CaCO_3$ 的研究国外进行得比较多，普遍认为钢渣能够固定的 CO_2 更多同时生产轻质。通过实验证明，以醋酸为介质提取出钢渣中的钙离子，然后固定气体 CO_2 生产轻质 $CaCO_3$，通过计算得到，CO_2 的矿物碳酸化过程的反应焓是负值，为放热反应，并且反应的 Gibbs 自由能也是负值，这就说明 CO_2 与钙镁硅酸盐之间的反应在常温常压下是可以进行的。适当提高反应温度可以提高反应速率，但是不可过高。利用这种方法可以处理大量的钢渣生产轻质 $CaCO_3$，不但不会放出 CO_2 而且还会固定大气中的 CO_2，并且节约能源和矿石资源，具有显著的经济效益和社会效益。但是本工艺消耗了大量的醋酸和氢氧化钠，使其成本过高，同时生产的轻质 $CaCO_3$ 的纯度不够高，要想推广应用，还要做大量的工作。

5.2.3.8　钢渣在医学、环保方面的应用

前苏联充分利用钢渣中硫、钙、镁、铁等化合物含量较高的特性，将钢渣溶于水中形成矿化水，用来治疗风湿性关节炎、皮肤病以及神经痛等疾病，开辟了钢渣在医学中的使用。有研究发现，钢渣碳酸固化体及附生其上的大型海藻均可吸收氮、磷等营养盐，起到

净化水质、减轻海水富营养化的作用，预防赤潮爆发。钢渣碳酸固化体还能向海水提供铁、硅等营养元素，能使海水中营养元素的浓度比更接近于海洋中浮游植物生长的最适比例，促进浮游植物生长繁殖，提高海洋初级生产力。此外，钢渣中富含氧化钙等碱性物质，利用这些物质和 CO_2、SO_2 发生化学反应来脱除烟气中的 CO_2、SO_2。还有研究发现由于钢渣的硬度高，含有硼等轻元素，对放射性污染有很好的防护作用。

5.2.4　国外钢渣的综合治理与利用现状

根据国情不同，各国钢渣的利用途径也不相同。日本和德国钢铁渣利用率达到 95% 以上。美国自 20 世纪 70 年代以来，已将每年排出的 4000 多万吨钢渣和高炉渣全部利用。美国和加拿大主要用作道路材料，尤其是沥青混凝土路面用量较大。由于钢渣中 f-CaO、f-MgO 膨胀问题，加拿大安大略省级公路已禁止沥青混凝土中使用钢渣，转而研究生产钢渣基水泥。英国目前只回收废钢，占钢渣量的 7%。印度钢渣主要返回冶金再利用和道路工程材料，占钢渣量的 30%。国外钢渣的综合利用率较高，部分国家钢渣的综合利用接近或达到排用平衡。下面对日本、德国钢渣的综合治理与利用情况做简要的介绍。

5.2.4.1　日本钢渣的利用情况

日本是重要的钢铁生产国，20 世纪 70 年代中期，日本钢铁工业蓬勃发展，传统的钢铁渣作为填埋材料已经达到了极限。为了充分利用钢铁渣，钢铁公司发展技术、维护设备和认证，日本钢铁协会和渣协会促进了日本标准的广泛采用，使钢铁渣利用率已经接近 100%。2015 年日本产粗钢 10515 万吨，每炼 1t 粗钢大约要产生 $0.11 \sim 0.12t$ 钢渣，以此计算日本 2015 年大约产生 1300 万吨左右钢渣。日本钢铁企业炼钢主要采用两种炼钢方法，其中 70% 的粗钢来自 BF-BOF-CC 法，其余 30% 来自 EAF-CC 法。日本的钢渣的利用形式较多，主要被用于道路工程、土木工程及冶金使用，利用率高。

钢渣除了上述的利用途径，目前日本还对钢渣作为营养源，以增值海洋浮游植物的光合作用并固定二氧化碳进行了研究。因为钢渣含有浮游植物所需的多种营养元素，这些成分能在海洋环境中释放出来，如 Fe，Si，Ca，P 等，促进浮游植物的生长，从而降低大气中的二氧化碳。用钢渣制备的海洋防波四脚石，与混凝土相比，表现出高的生物亲和性。

5.2.4.2　德国钢渣的利用情况

德国的钢渣主要为转炉钢渣和电炉钢渣，其中 75% 的钢渣为转炉钢渣，其余 25% 为电炉钢渣。德国的钢渣主要是作为建筑材料，尤其是广泛应用在道路工程的各层中。在水利工程方面，钢渣主要被用于：水坝和堤防；稳定河流底部；回填河底侵蚀区；稳定河岸。在德国每年大约有 40 万吨钢渣被作为骨料用于稳定河床和抗河床冲刷。另外，钢渣还可作为水泥的原料、混凝土的骨料、冶金原料及肥料等。目前德国大约有 85% 的转炉钢渣被使用，其中 42% 作为土木工程，17% 作为冶金使用，肥料和散装物料分别为 16% 和 10%。而电炉渣的利用率只有 70%，主要应用领域是 66% 的土木工程和 4% 的冶金使用。

5.3　氧化铁皮的综合治理与利用技术

氧化铁皮是轧钢厂在轧制过程中轧件遇水急剧冷却后钢材表面产生的含铁氧化物。它占所处理钢材的 3%~5% 之间，其 $w(Fe)$ 高达 80%~90%，因此对这些氧化铁皮的综合利用是非常有必要的。

5.3.1 氧化铁皮的主要成分及基本性质

钢材锻造和热轧热加工时，由于钢铁和空气中氧的反应，常会大量形成氧化铁皮。氧化铁皮的主要成分是 Fe_2O_3、Fe_3O_4、FeO。一般氧化铁皮的层次有三层：最外一层为 Fe_2O_3，约占整个氧化铁皮厚度的 10%，其性质是：细腻有光泽、松脆、易脱落；并且有阻止内部继续剧烈氧化的作用；第二层是 Fe_2O_3 和 FeO 的混合体，通常写成 Fe_3O_4，约占全部厚度的 50%；与金属本体相连的第三层是 FeO，约占氧化铁皮厚度的 40%，FeO 的性质发黏，粘到钢料上不易除掉。氧化铁皮可分为一次氧化铁皮、二次氧化铁皮、三次氧化铁皮和红色氧化铁皮。

5.3.2 氧化铁皮的成因及去除方法

5.3.2.1 氧化铁皮的形成机理

钢铁在常温下会氧化生锈，在干燥的条件下，这一氧化过程是缓慢的，到了 200~300℃ 时，表面会生成氧化膜，但如果湿度不大，这时的氧化还是比较缓慢的；温度继续升高，氧化的速度也会随之加快，到了 1000℃ 以上氧化过程开始激烈进行；当温度超过 1300℃ 以后，氧化铁皮开始熔化，氧化进行得更剧烈。氧化过程是炉气内的氧化性气体（O_2、CO_2、H_2O、SO_2）和钢的表面层的铁进行化学反应的结果。根据氧化程度的不同，生成几种不同的氧化物（FeO、Fe_3O_4、Fe_2O_3）。氧化铁皮的形成过程也是氧和铁两种元素的扩散过程，氧由表面向铁的内部扩散，而铁则向外部扩散。外层氧的质量浓度大，铁的质量浓度小，生成铁的高价氧化物；内层铁的质量浓度大，而氧的质量浓度小，生成氧的低价氧化物。

5.3.2.2 影响氧化铁皮形成的因素

影响生成氧化铁皮的因素有加热温度、时间、炉内气氛与原料的化学成分。

A 加热温度、时间对氧化铁皮形成的影响

在低温阶段加热时生成的氧化铁皮较少，当加热温度超过 850~900℃ 时，则氧化铁皮增加速度很快，温度超过 1200℃ 后，氧化铁皮则急剧增加，加热温度愈高，时间愈长，生成氧化铁皮愈厚。

B 炉内气氛对氧化铁皮形成的影响

炉气中含有氧化性气体 O_2、CO_2 和还原气体 CO、H_2 及中性气体 N_2。这些气体在数量上的比例即决定着炉气的氧化和还原能力。加热中的氧化气氛越强，越易生成氧化铁皮。在一般的加热情况下，炉内常有过剩空气，因而有助于氧化铁皮的形成。原料所含化学成分如矽、镍、铝等会促使所形成的氧化铁皮薄膜致密，因此有保护金属免于继续氧化的作用。

C 化学成分对氧化铁皮形成的影响

含 Si 量对氧化铁皮形成的影响：Si 形成铁橄榄石（$2FeO \cdot SiO_2$）粗糙的次氧化铁皮界面，使氧化铁皮附着力强难以去除。铁橄榄石在低于 1177℃ 会凝固，如果不完全除去，则导致剩余红锈及铁皮坑的形成。英国 Henry Marston 认为，与普通碳钢相比，含 1.5%Si 的钢在 1100℃ 时氧化铁皮生成较少，在 1200℃ 时，由于铁橄榄石的形成，无疑会生成更多的氧化铁皮。日专利特开平 9-103816 认为高温氧化时，钢中的 Si 为选择性氧化，在 FeO（方铁石）与铁质的界面上形成 $2FeO \cdot SiO_2$（铁橄榄石），因为铁橄榄石熔点低（1170℃），形成熔融状态后便会以楔形侵入鳞与铁质中，这样，鳞与铁质界面就形成了错综复杂的特殊结构的鳞层。有资料显示，含 Si 量大于 0.2% 的钢进行热轧时，完全防止麻点的产生是极度困难的。

$w(Ni)$ 对氧化铁皮形成的影响：钢中含 Ni 时，如果发生氧化，Ni 集中的部分就会凸起，界面形状凸凹不平，使鳞的剥离性恶化。当钢中的 $w(Ni)$ 量达到 0.2% 以上时，铁质表面凸凹严重，鳞剥离更困难。

5.3.2.3 氧化铁皮去除方法

A 高压水除鳞

高压水除鳞的简单机理如下：板坯从加热炉出来后，氧化铁皮急速冷却，炉内生成的氧化铁皮呈现网状裂纹。在高压水的喷射之下，氧化铁皮表面局部急冷，产生很大收缩，从而使氧化铁皮裂纹扩大，并有部分翘曲。经高压水流的冲击，在裂纹中高压水的动压力变成流体静压力而侵入氧化铁皮底部，使氧化铁皮从板坯表面剥落，达到了清除氧化铁皮之目的。

一般情况下，含 Si 高的钢因形成铁橄榄石（$2FeO \cdot SiO_2$）红鳞，用高压水除鳞难以去除。

B 轧制法除鳞

一种用剪切式轧制法的轧机，通过减少辊径，用机械法去除热轧板表面的氧化物。这种轧机至少有两个可沿轴向相对移动的轧辊，辊面呈现 S 形，互为反向安装。轧辊在一个确定的轴向位置时，其辊面可紧密无缝地配合，它能对热轧板的不同表面及表面状况除鳞。当两个轧辊沿同一方向作相对移动时，可使中间区增大；若使轧辊沿同一方向的轴向作相对移动时，辊面适于略微凸出的钢板表面，而以相反方向的轴向作相对移动时，辊面适于钢板中间偏薄、边缘偏厚的板面。

C 机械法除鳞

机械法除鳞是一种去除热轧板表面氧化物的设备，其设备为磨削辊或铣削辊。它能均匀有效地作用在整个钢板表面，从而能去除氧化物。为此，在轧机机架中装有带压下传动装置的磨削辊，辊中装有辊轴，辊面呈 S 形，该辊面的磨削辊能与钢板紧密配合，能与钢板两侧均匀接触，适当移动磨削辊，可保证将钢板表面的氧化物均匀去除掉。

D 化学法除鳞

热轧时采用化学法除鳞一般是针对难除鳞品种。即：将高压除鳞水设计成一种封闭式的循环水，在水池中掺入碱金属碳酸盐等，然后再用高压喷射泵将除鳞液喷射到板坯表面进行除鳞。本法能提高钢板与鳞界面的剥离性，特别对二次鳞有较好的除鳞效果。

E 气体法除鳞

出加热炉的板坯经轧制变形后，很快会在表面形成一层新的薄氧化层，而且在消除应力阶段还会多次出现氧化铁皮的形成和脱落过程。为减少氧化铁皮的形成，EP640413 专利介绍了一种减少氧化铁皮形成的方法。即在热轧钢板离开辊隙消除应力的一段路径上，把惰性气体（氮气）喷吹到离开了辊隙的钢板上。在这个路段上，钢板用一个密封装置加以屏蔽，惰性气体通入密封装置中，同时也吹入辊隙内，由于保护性气体的存在，大大减少了钢板表面氧化铁皮的形成。

综上方法，较普遍的办法就是高压水除鳞，特殊情况下是高压水除鳞加上机械法或化学法、轧制法、气体法并举。

5.3.3　氧化铁皮的综合治理与利用技术

5.3.3.1　氧化铁皮返厂利用

根据氧化铁皮在钢铁厂返回工序的不同，氧化铁皮的应用可分为烧结法、炼铁法和炼钢法。

（1）烧结法。是将氧化铁皮经简单加工之后，与其他原料一起进入混合机造球，然后进入烧结机烧结的方法。烧结法的优点是可提高烧结矿的品位，降低能耗，可利用现有烧结机，操作简单、投入少、见效快，对瓦斯泥等铁含量较低的尘泥也适用。

（2）炼铁法。炼铁法分为金属化球团法和冷固结球团法。金属化球团法是将氧化铁皮与其他含铁粉尘混合后通过圆盘造球机造球，干燥之后装入环形炉，加入一定量焦末，经煤气点火燃烧至1350℃，还原成为金属化球团。成品金属化球团直接入高炉。冷固结球团法是将氧化铁皮与其他含铁粉尘混合，加入有机或无机添加剂及水，通过压球机压球，生球经自然养护或低温焙烧形成成品球，成品球直接入高炉。

（3）炼钢法。这是一种低温蒸馏法处理含油氧化铁皮的新技术，该技术生产过程中几乎不产生二次污染，属清洁生产工艺，其所得产物为废油、水和洁净氧化铁皮，洁净氧化铁皮的全铁含量高达72%以上，优于精矿粉资源。利用轧钢氧化铁皮作转炉炼钢化渣剂，只需建一条氧化铁皮烘干生产线，将氧化铁皮烘干，使其水分含量下降到0.91%以下，即可满足炼钢要求。氧化铁皮还可经简单加工，作为炼钢中脱除磷、碳、硅和锰的氧化剂。

5.3.3.2　烧结辅助含铁原料

氧化铁皮是钢材轧制过程中产生的，$w(FeO)$最高达50%以上，是烧结生产较好的辅助含铁原料，理论计算结果表明，1kgFeO氧化成Fe_2O_3放热1972.96J，1kg金属铁氧化成Fe_2O_3放热7348.44焦，烧结混合料中配加氧化铁皮后，由于烧结过程充分，温度水平高，因此烧结矿转鼓指数提高，固体燃料消耗下降，生产率提高。根据经验，8%的氧化铁皮可增产约2%左右。宝钢就是利用氧化铁皮作为辅助材料，即在混匀矿中配加氧化铁皮。一方面氧化铁皮相对粒度较为粗大，可改善烧结料层的透气性；另一方面，氧化铁皮在烧结过程中氧化放热，可降低固体燃料消耗。

5.3.3.3　由氧化铁皮制取还原铁粉

氧化铁皮制造还原铁粉的生产过程大体上分为粗还原与精还原。在粗还原过程中，铁氧化物被还原，铁粉颗粒烧结与渗碳。增高还原温度或延长保温时间皆有利于铁氧化物还原、铁粉颗粒烧结，但会产生部分渗碳。鉴于在精还原过程中脱碳困难，在粗还原过程中，将铁氧化物还原到未渗碳的程度是必要的。还原温度约为1100℃海绵铁的$w(Fe)$ >

95%、$w(C)$ <0.5%。随后，在精还原过程中，将粗还原的海绵铁块粉碎到小于150μm，于氨分解气氛或纯氢中，在800~1000℃的温度下进行精还原，即退火与脱碳。在精还原过程中，轻微烧结的铁粉块，经粉碎、筛分、调整粒度，即制成最终产品——铁粉。原料中原来所含的难还原的氧化物等可用磁选除去。

5.3.3.4 轧钢加热炉的节能涂料

轧钢加热炉内，燃料燃烧产生的热量主要以辐射和对流两种方式传递给被加热钢锭，其中辐射传热占整个传热量的90%~95%，由炉壁辐射传递的热量又占整个辐射传热的60%。因此，增加炉壁的辐射能力是强化加热炉热交换、提高热能利用率的一条重要途径。

在轧钢加热炉内采用高温辐射涂料能增强炉壁的辐射能力。氧化铁皮节能涂料成本低，耐热温度高，最适宜在轧钢加热炉内应用。用氧化铁皮、石英砂和刚玉粉等材料配制成的涂料涂敷在轧钢加热炉内表面，烘干预热后形成1~2mm厚的辐射层可节省燃料6%以上。实际应用时，将料粉与耐火黏土按10∶1的比例混合，并用水稀释到适当的稠度，粉刷或喷涂到炉衬表面。

5.3.3.5 制造硅铁合金

冶炼硅铁合金的主要原料是钢屑，全国每年冶炼硅铁合金消耗的钢屑在200万吨左右，用氧化铁皮替代钢屑冶炼硅铁合金的工艺已经成熟并得以应用。以硅石、冶金焦炭粒、氧化铁皮为原料，在还原气氛下生成硅铁。工艺：硅石—破碎—清洗，焦炭—破碎—筛选，氧化铁皮—检片—配料搅拌—入炉。由于氧化铁皮的粒度较为均匀，与焦炭粒紧密地结合在一起，使料位降低，三相电极的插入深度大致相同，电流平衡，功率分布均匀，炉内温度场较为均衡，熔化速度提高，炉况变化波动减小，稳定了硅铁冶炼质量。由于原材料的均匀性提高了，三相电极的熔化区域扩大，增加了反应面积，提高了硅石的还原速度和数量。加之熔池降低，炉口的温度降低，热辐射相对降低，保证了低料位加料，确保炉料的及时补充，对炉前操作有利。由于用氧化铁皮替代了钢屑冶炼硅铁工艺，改变了加料方式，同时也改变了混料制度，改善了炉料在冶炼时的变化状态，减少了冶炼过程中硅酸铁的形成数量，保持了硅铁熔池具有的理想温度状态。由于新工艺有利于电极的深插，使热量集中于反应区域内，使得熔池内的熔化效率得到提高和改善，容易形成反应区域内高温，增加反应面积，提高反应速度，对加快冶炼速度和节约电能是有利的。

5.3.3.6 化工行业的利用

氧化铁皮可用于化工厂来生产氧化铁红、氧化铁黄、三氯化铁、硫酸亚铁等。其中，采用氧化铁皮为主要原料的液相沉淀法，可以生产从黄相红到紫相红各个色相的铁红。目前在国内，氧化铁皮作为烧结原料，已形成大规模工业生产。用氧化铁皮生产硅铁合金，工艺简单也有规模化生产的趋势。氧化铁皮在化工行业的应用有待于进一步的研究发展。

5.3.3.7 用氧化铁皮生产海绵铁

海绵铁作为炼钢用废钢短缺的一种补充，随着电炉产钢量的不断上升，越来越显得重要。用矿粉生产海绵铁由于设备投资大及其工艺的复杂性，目前在我国仍难以取得迅速发展。用煤粉还原氧化铁皮、转炉烟尘生产海绵铁采用 Hoganas 法，在圆形的耐火材料烧箱内进行还原。工艺流程如图 5-4 所示。

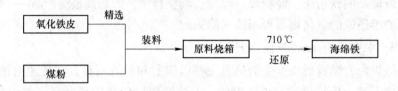

图 5-4　Hoganas 法生产海绵铁工艺流程

生产的海绵铁 $w(Fe)$ 高，含杂质量低且成分稳定，较之用矿石生产的海绵铁不含脉石杂质，可作优质废钢使用。

5.3.3.8　氧化铁皮的其他用途

电炉炼钢耗电量高，都提倡精料方针，因此对废钢铁料的要求较严，但这种废钢铁数量少、价格高，而且供应不足，无法参与市场竞争。以氧化铁皮等为主要原料的炼钢方法，以来源广泛价格低的氧化铁皮、渣钢等废料为主要原料，并且用它们来取代数量少、价格高的废钢。利用氧化铁皮作助熔剂主要用于转炉炼钢。在冶金过程中，添加一种辅助加速剂，即通常说的助熔化渣剂，来用于矿石助熔。氧化铁皮助熔化渣剂具有效果极高的冶炼助熔材料和制造工艺，能在无隐患的前提情况之下，提高炼钢效率，降低煤、焦的消耗，延长转炉炉体的使用寿命。

5.4　含铁尘泥的处理利用技术

5.4.1　炼钢过程中产生的含铁尘泥分类

（1）电炉尘泥。电炉炼钢时产生的粉尘，粒度很细，除含铁外，还含有锌、铅、铬等金属，通常冶炼碳钢和低合金钢含较多的锌和铅，冶炼不锈钢和特种钢的粉尘含铬、镍、钼等。

（2）轧钢铁皮。在钢坯轧制过程中产生的铁鳞。

（3）轧钢二次污泥。轧钢废水循环利用中沉淀池回收的污泥。

（4）转炉尘泥。转炉湿式除尘收集的粉尘，呈胶体状，很难压缩脱水且黏度很大，其氧化亚铁成分很高。

（5）电炉尘泥。电炉炼钢时产生的粉尘，粒度很细，除含铁外，还含有锌、铅、铬等金属，通常冶炼碳钢和低合金钢含较多的锌和铅，冶炼不锈钢和特种钢的粉尘含铬、镍、钼等。

（6）轧钢铁皮。在钢坯轧制过程中产生的铁鳞。

（7）轧钢二次污泥。轧钢废水循环利用中沉淀池回收的污泥。

含铁尘泥铁物相分析表明，尘泥中的磁性铁含量较高，非磁性铁次之，而硫化铁和硅酸铁含量很少。其具体的铁物相分析见表 5-3。

表 5-3 含铁尘泥的铁物相分析

尘泥分类	铁物相百分比/%				
	磁性铁	非磁性铁	硫化铁	硅酸铁	总计
高炉瓦斯灰	24.65	14.30	0.17	0.50	39.62
高炉瓦斯泥	27.03	12.83	0.23	0.53	40.62
出铁场粉尘	23.40	21.95	0.35	0.35	46.05
转炉尘泥	47.30	2.35	0.20	0.25	50.10

5.4.2 含铁尘泥的处理和利用

含铁尘泥对环境有很大的污染，主要体现在：

（1）土壤。冶金含铁尘泥的堆放占用了大量土地，毁坏了农田和森林，而且所含有的有害成分会随着雨水渗入土壤，改变土壤成分。

（2）水体。含铁尘泥中含有 CN^-、S^{2-}、As^{3+}、Pb^{2+}、Gd^{2+}、Cr^{6+} 等有害元素，具有较大的化学毒性。如韶钢瓦斯泥的综合毒性系数评价表明，其综合毒性系数达到 12.16，超过鉴别有害有毒物质规定的 11.16 倍。这些堆积物在雨水的作用下，往往会将有害成分浸入地下，造成对地下水的污染。位于长江流域的钢铁企业，常常将有些固体废弃物直接排入江河湖海之中，造成对地表水的污染。

（3）大气。含铁尘泥粒度很细，微细粒粉尘飘散于大气中，严重污染周围的环境；另外含铁尘泥中含有较多粒径小的低沸点碱金属，与空气接触时易与空气中的氧反应，产生自燃（氧化反应），生成有害气体，从而造成对大气的污染。目前，国外含铁尘泥的主要利用方法有：对于 Pb、Zn 等有色金属杂质含量低的含铁尘泥，基本上全部采用烧结法和球团法生产烧结矿和球团矿，用于炼铁和炼钢；对于 Pb、Zn 等有色金属杂质含量较高的含铁尘泥，多采用金属化球团法或直接还原法生产金属化球团或还原铁，用于炼铁或炼钢，同时又回收了尘泥中的 Pb、Zn 等有色金属。

日本多年来相继建成了各种类型的尘泥处理厂，现在已实现含铁尘泥全部利用；美国和加拿大已有 25 家钢铁联合企业将电炉、转炉、烧结尘泥与厂内各种集尘造球利用；15 家生产特殊钢的企业处理电炉和转炉尘泥；大约 20 个小钢厂都装有多台造球机，处理利用尘泥。美国、德国、瑞典等国也开始采用直接还原技术处理利用含铁尘泥。

5.4.2.1 含铁尘泥利用途径

A　烧结法

将含铁尘泥作为原料的一部分配入烧结混合料中，这是一种最简单的方法。目前，含铁尘泥的主要利用途径是返回烧结，根据我国的实际情况，今后仍以直接返回烧结为主。烧结法又分为直接烧结法和小球烧结法。直接烧结法是利用比较粗的尘泥，作为烧结原料配料。小球烧结法是国外主要采用的方法，将含铁尘泥制成 2~8mm 小球，再作为烧结矿配料进行烧结，可以防止由于尘泥过细而影响烧结矿质量。

B　炼铁法

含铁尘泥经浓缩、过滤、干燥后，再粉碎、磨细，加入添加剂造球，干燥后，由回转窑焙烧制成金属化球团块，然后返回高炉处理。这是国外处理含铁尘泥比较普遍采用的方法，目前国内应用得很少。制造金属化球团的方法包括：

1）冷粘球团法。将含铁尘泥与黏结剂混合，在圆盘造粒机上制成 10~20mm 生球，固结后成品球抗压强度可达 1kN/球以上，达到入高炉的强度要求。

2）热压球团法。将粉尘经过若干台热交换器，在炉中利用部分原料中碳的氧化来加热，然后压球，冷却后筛分制得成品球团。

3）氧化球团法。将含铁尘泥同其他粉矿和难以烧结的铁砂混合制成生球团，经链算机回转窑焙烧后，冷却而成，产品送往高炉。

4）金属化球团。湿粉尘直接与干粉尘混合，使其达到造球要求的水分，造成生球，经链算机预热到炽热状态后，与还原剂（焦炭）一起加入回转窑内，在窑内生球与焦炭向排料端滚动，同时喷入重油助燃。生球被加热到 1050~1150℃完成还原焙烧。

C　炼钢法

利用尘泥中含有一定的 CaO、FeO，在炼钢过程中可以作为造渣剂和助熔剂。因此将含铁尘泥造块返回炼钢工艺，用做炼钢的添加剂。国内许多企业已使用这种方法（表5-4）。

表5-4　含铁尘泥主要处理方法的优缺点

处理方法	优　点	缺　点
烧结法	投入少、见效快；对瓦斯灰、瓦斯泥等铁品较低的尘泥也能作为烧结原料使用	各种含铁尘泥料化学成分复杂，智能粗放利用
炼铁法	尘泥能全面利用，同时可去除尘泥中的有色金属（铅、锌）氧化锌去除率达90%以上	含铁尘泥生产金属化球团所需的设备复杂，初期投资大
炼钢法	对尘泥块的强度要求相对较低	要求铁品位较高，部分含铁低的尘泥无法利用

5.4.2.2　高炉瓦斯泥（灰）的综合利用

我国钢铁企业对瓦斯泥、瓦斯灰处理方法大致有三种：一是直接外排堆存，这种方法易造成环境的污染，且造成资源和能源的浪费；二是直接利用，通常是作为烧结配料或建筑材料的原料。一般瓦斯灰全部进入烧结配料，而瓦斯泥少量被利用，大部分被堆存；三是综合回收，常采用物理方法或化学方法对其中的铁、碳、有色金属等有用矿物进行回收，该方法是处理瓦斯泥、瓦斯灰的最有效的方法，有效地回收了二次资源与能源。

A　回收铁

铁矿物是瓦斯泥、瓦斯灰的主要成分，生铁含量为 30%~50%，可直接用于烧结矿，但使用量太少；亦可采用选矿方法回收高炉瓦斯泥、瓦斯灰中的铁。对于不同的瓦斯泥，因矿物组成差异较大，采用的选矿方法也不尽相同。含强磁性矿物较多的瓦斯泥（灰），一般采用弱磁选方法进行分选。磁铁矿含量较少的瓦斯泥（灰），采用单一的磁选和浮选方法均得不到高品位精矿，采用摇床分选效果较好。

B　炭的回收

有的瓦斯泥、瓦斯灰的含炭量高达 20%左右，所含炭粉多以焦粉、煤粉形式存在。炭粉表面疏水，比重轻，可浮性好，采用浮选方法极易与其他矿物进行分离。

C 有色金属的回收

有色金属的回收多采用化学方法。在含量偏低的情况下，可采用选矿方法进行预富集。然后采用浸提、火法富集等方法回收锌、铜、铅等。

5.4.2.3 炼钢尘泥的特性及综合利用

炼钢过程中产生的烟尘通过除尘处理后得到炼钢尘泥。其组成主要有铁矿物、CaO、SiO_2、MgO、Al_2O_3、C 及少量的 Zn、Pb 等。与高炉瓦斯泥（灰）相比，炼钢尘泥含铁量较高，CaO 含量也比较高，可以达到 20%。炼钢尘泥包括转炉尘泥、电炉尘泥等。转炉和电炉尘泥铁品位小于 60%；另外电炉尘泥中含有 Cr、Ni、Pb、Mn 等重金属元素。

炼钢尘泥具有 4 个特性：

（1）粒径小，分散后比表面积较大，炼钢尘泥中 74μm 含量大于 70%；45μm 含量占 50% 以上，由于尘泥粒度较细，表面活性大，易黏附，干燥后易扬尘，会严重污染周围环境。

（2）TFe 含量高，杂质少。绝大多数炼钢尘泥组成简单，铁矿物含量高，杂质相对较少，有利于综合回收利用，若适当处理，可以制备成各种化工产品。

（3）强烈腐蚀性，炼钢尘泥中含有较多的 CaO、MgO，一些尘泥中还含有较多的 K_2O、Na_2O，这些氧化物吸水后生成呈强碱性的氢氧化物，造成周围水体和土壤的 pH 值偏高。

（4）电炉尘泥的毒性较大。由于电炉炼钢的特殊性，其粉尘中含有较高的 Zn、Pb、Ni、Cr 等重金属元素，且一般以氧化物的形式存在，露天堆放过程中，易受雨水的浸蚀而溶出，造成水体和土壤的重金属污染。

根据炼钢尘泥的特性，其综合利用主要有以下几个方面：

（1）回收有价金属炼钢尘泥中有价金属回收的方法有氯化法、还原法、硫酸浸出法、氯盐浸出法等。如该尘泥中铁矿物较多时，可采用选矿方法进行回收，同时也富集了有价金属，减少了用化学方法处理的数量，可大大降低回收成本。

（2）直接利用将炼钢尘泥或与其他干粉及烧结返矿等配料、混合，作为烧结原料予以利用；或将含铁尘泥金属化球团后送入回转窑还原焙烧，作为高炉炼铁原料；或将含铁尘泥混合料直接送入回转窑进行还原焙烧，制成海绵铁。

（3）制备氧化铁红。炼钢尘泥中的铁矿物以 Fe_2O_3 和 Fe_3O_4 为主，杂质以 CaO、MgO 等碱性氧化物为主。用转炉或电炉烟尘为原料时则需煅烧除碳，然后经酸浸除杂、过滤、燃烧氧化后制得氧化铁红，可用作磁性材料。在该工艺中，过滤的滤液可以用于制备氯化铁。

（4）制聚合硫酸铁（PFS）。聚合硫酸铁是一种六价铁的化合物，在溶液中表现出很强的氧化性，因此是一种集消毒、氧化、混凝、吸附为一体的多功能无机絮凝剂，在水处理领域中有广阔的应用前景。其制备步骤是以炼钢尘泥、钢渣、废硫酸和工业硫酸为原料，经过配料、溶解、氧化、中和、水解和聚合等步骤，就可以得到聚合硫酸铁。

（5）制备还原铁粉。炼钢尘泥中的铁绝大多数以氧化物的形式存在，可采用直接还原方法处理炼钢尘泥，把铁的氧化物还原成金属铁，然后分离金属铁制得还原铁粉。

（6）制作化渣剂。利用炼钢尘泥可以加工炼钢化渣剂，它在冶炼时可起到冷却、化渣、脱磷、脱硫等效果，是目前炼钢尘泥利用的主要方向。作炼钢化渣剂的加工方式是将粉尘做成具有一定强度的球团，然后再投入炼钢炉中应用。从成球的方法上来看，主要有碳酸化球团法、水泥冷固结球团法、转窑烧结法、热压块法、冷压球团法等。安阳钢铁公司突破了炉料常规和炼钢操作工艺，采用压团中温固结的方法将转炉尘泥制作成团块状化渣剂，这种化渣剂可以部分取代铁矿石和石灰，同时又可以充分回收含铁资源，降低转炉炼钢的成本。

5.4.2.4　尾泥的利用

回收了各种有用元素后的含铁尘泥，还会残留 20%～60% 的尾泥，这部分尾泥的存在，仍将对周围环境产生二次污染，也需要对其处理利用。方法有：做水泥厂铁质校正剂、制砖和作其他建筑材料。

综上所述，冶金含铁尘泥资源化既消除了含铁尘泥对周围环境的污染，又缓解了日益枯竭的矿产资源与迅速增长的经济之间的矛盾。冶金含铁尘泥的开发利用不仅是保证资源再回收的现实选择，也是提高企业经济效益、促进经济增长方式转变的有效途径和治理污染、改善环境的重要措施。

6 噪声与振动控制技术

6.1 绪 论

6.1.1 噪声的定义及分类

6.1.1.1 噪声的定义

人们一般把声音分成乐声和噪声。物理学的观点是把节奏有调、听起来和谐的声音称为乐声，而把杂乱无章、听起来不和谐的声音称为噪声。心理学的观点认为噪声和乐声是很难区分的，它们会随着人们主观判别的差异而改变。因此，人们将使人烦躁、讨厌、不需要的声音都称之为噪声。

噪声是声的一种，它具有声波的一切特性，通常我们把能够发声的物体称为声源，产生噪声的物体或机械设备称为噪声源，能够传播声音的物质称之为传声媒质。人对噪声吵闹的感觉，同噪声的强度和频率有关，频率低于20Hz的声波称为次声，超过20000Hz的称为超声，次声和超声都是人耳听不到的声波。人耳能够感觉到的声音（可听声）频率范围是20~20000Hz。物理学上通常用频率、波长、声速、声压、声功率级及声压级等概念和量值来描述声的一般特性。

衡量噪声强弱或污染轻重程度的基本物理量是声压、声强、声功率。由于正常人的听觉所能感觉的声压或声强变化范围很大，因此采用了以常用对数作相对比较的"级"的表述方法，分别规定了"声压级"、"声强级"、"声功率级"的基准值和测量计算公式。它们的通用单位计为"分贝"，记作"dB"。在这个基础上，为了反映人耳听觉特征，附加了频率计权网络，如常用的A计权，记作dB（A）。对于非稳态的噪声，目前一般采用在测量采样时间内的能量平均方法，作为环境噪声的主要评价量，简称等效声级，记作"Lep-dB（A）"。

6.1.1.2 噪声的分类

一般情况下，按噪声的强度可分为过响声、妨碍声、不愉快声、无影响声等；按噪声源的不同分为城市环境噪声、工业噪声和交通噪声3种。

（1）工业噪声污染源。工业噪声是指在工业生产过程中，由机械设备运转、工业操作和物料传输等发出的噪声。工业噪声大都会在75~95dB（A）左右，有一些机械的噪声级甚至可达到120dB（A）以上，是我国目前城市环境噪声污染的主要来源之一。与交通噪声、建筑施工噪声、社会生活噪声相比，工业噪声具有长期固定的作用地点和时间，因而很容易引起厂群矛盾。

噪声污染是一种能量污染，由发声物体的振动向外界辐射的一种声能。若声源停止振动发声，声能就失去补充，噪声污染随之终止。工业噪声没有污染物的积累。工业噪声的分类大致有以下 3 种：

1）按噪声的频率特性和时间特性分：

①高频噪声、低频噪声。

②宽频噪声、窄频噪声。

③稳态噪声、非稳定、不连续噪声和脉冲噪声等。

2）按噪声源的发声机理分：

①空气动力性噪声。由于气体振动产生，气体的扰动和气体与物体之间的相互作用产生这种噪声。如鼓风机、空压机、燃气轮机、高炉和锅炉等设备气体放空时所产生的噪声。

②机械噪声。由于撞击、摩擦、交变机械应力等作用而产生的噪声。如球磨机、轧机、粉碎机、机床以及电锯等所产生的噪声。

③电磁噪声。由于交变电磁场产生周期性的交变力，引起振动时产生的噪声。如电动机、发电机和变压器所产生的噪声。

3）按行业性质分：机械制造、矿山冶金、纺织轻工、石油化工、航空航天、建筑建材、发电、造船等。在许多行业中，如供热、供电、供水、供气等部门的噪声问题具有一定的共性。但是，不同的行业生产工艺和设备不同，噪声问题会表现出不同的特点，从而发展了多种多样的治理技术措施。

（2）交通运输噪声污染源包括启动和运行中的各种汽车、摩托车、拖拉机、火车、飞机、轮船等。交通噪声强度与行车速度有关，车速加倍，噪声级平均增加 7～9dB；车流量增加 1 倍，噪声级平均增加 2.7dB。不同交通运输工具的噪声差别也大，载重车的噪声级可达 90dB（A），而飞机起飞时在测点上的噪声达 100dB（A）以上。交通噪声主要来源于发动机壳体的振动噪声、进排气声、喇叭声以及轮胎与路面之间形成的噪声。交通噪声是一种不稳定的噪声，声源具有流动性，影响面较广，约占城市噪声源的 40%。

（3）建筑施工噪声污染源包括运转中的打桩机、打夯机、挖掘机、混凝土搅拌机、准土机、吊车和卷扬机、空气压缩机、凿岩机、木工电锯、运输车辆以及敲打、撞击、爆破加工等，在距声源 15m 外，噪声级高达 80～105dB（A）。建筑施工噪声具有多变性、突发性、冲击性、不连续性等特点，不仅对附近居民干扰大，而且对现场操作人员的危害也很大。

（4）社会生活噪声污染源包括冷却塔、空调器、水泵、风机、排油烟机、高音喇叭、音响设备以及商业、交际和娱乐等社会活动和广泛使用的家用电器等。虽然社会生活噪声户外平均声级不是很高（55～65dB），但给居民造成的干扰很大，城市中影响环境质量的主要污染源，其所占比例近 50%。

6.1.2 噪声的危害

噪声对人体的影响是多方面的，首先是在听觉方面。噪声强度在 70dB 以上时，对人体的健康将有危害，最常见的是听觉的损伤。人们在较强的噪声环境工作和生活时会感到刺耳难受，时间久了会使听力下降和听觉迟钝，甚至引起噪声性耳聋。

噪声不仅影响人们正常工作，妨碍睡眠和干扰谈话，而且还能诱发多种疾病。噪声作用于人的中枢神经系统使大脑皮质的兴奋与抑制机能失调，导致条件反射异常，会引起头昏脑胀、反应迟钝、注意力分散、记忆力减退，是造成各种意外事故的根源。

噪声还影响人的整个器官，造成消化不良、食欲不振、恶心呕吐，致使胃溃疡发病率增高。长期在高噪声车间工作的工人中有高血压、心动过速、心律不齐和血管痉挛等症状的可能性，要比无噪声时高 2~4 倍。噪声对视觉器官也会造成不良影响。

此外，强烈的噪声影响会使仪器设备不能正常运转，灵敏的自控、遥控设备会失灵或失效。特强的噪声还能破坏建筑物。

6.1.3　噪声控制的基本途径

声学系统的主要环节是声源、传播途径、接受者。因此，控制噪声必须从这三方面系统综合考虑，采取合理措施，消除噪声影响。

6.1.3.1　噪声源治理

噪声源控制是最根本、最有效的手段，可以彻底消除噪声。但从声源上根治噪声是比较困难的，而且受到各种环境和条件的限制。然而，对噪声源进行必要的技术改造还是可行的。

（1）改进机械设备结构，运用各种新材料、新工艺生产出一些内摩擦较大、高阻尼合金、高强度塑料、陶瓷生产机械及零部件。

（2）改革工艺和操作方法。例如，用低噪声焊接代替高噪声铆接，采用液压装置代替机械传动等。

（3）提高零部件加工精度，使机件之间尽量减少摩擦；提高装配质量，减少重心偏移，可减小偏心振动。

6.1.3.2　在噪声传播途径上的降噪

当在噪声源上治理效果不理想时，可考虑在噪声传播途径上采取措施，主要包括吸声技术、隔声技术、消声技术、阻尼技术等。

除此之外，还要注意以下几种方式的应用：

（1）利用地形和声源的指向性降低噪声。

（2）利用绿化降低噪声。

（3）利用噪静分开的方法降低噪声。

6.1.3.3　接受者保护

在机械多而人员少或机械噪声控制不理想、不经济的情况下，控制噪声还可以采取对接受者进行个体防护的措施，这是一种经济而有效的措施。常用的防声器具有耳塞、耳罩、头盔、防声棉等，它们主要是利用隔声原理来阻挡噪声传入人耳。

6.2　噪声的基本特征

6.2.1　噪声物理特征

6.2.1.1　声音的产生

声音来源于物体的振动，"制造"声音的振动着的物体称为声源。这里需要指出的是，声源不一定是固体，液体和气体振动同样可以发出声音，如海浪声、汽笛声就是由这些流体发出的。

声源发出的声音必须通过中间媒质才能传播出去。声源的振动带动了与它相邻近的空气层中的气体分子（质点），使它们产生压缩和膨胀运动。由于这些气体分子之间有一定的弹性，这一局部区域的压缩和膨胀，又会促使下一邻近空气层气体分子发生同样的压缩和膨胀运动。如此周而往复，由近及远相互影响，就会使振动以一定速度沿着媒质向各个方向传播出去。当这种振动传播到人耳时，引起人耳的鼓膜的振动，通过听觉机构的振动，刺激人的听觉神经而使人有了声音的感觉。这种向外推进着的空气振动称为声波，也就是说，声波是依靠介质的质点振动向外传播声能，而介质的质点只是振动但不移动，是振动的传递，所以声音是一种波动。有声波传播的空间叫声场。在声场中人们最熟悉的传声媒质是空气，除此以外，液体和固体也都能传播声音。

声波传播过程中，若媒质质点的振动方向与声波的传播方向相平行，称为纵波。若媒质质点的振动方向与声波的传播方向垂直，则称为横波。

6.2.1.2　频率、波长与声速

物体振动产生声音，如果物体是周期性振动，那么媒质质点的振动状态也呈周期性变化。我们把质点振动状态相同的两个相邻层之间的距离称为声波的波长，记作 λ，单位是米（m）。

振动状态的传播需要一定的时间，这种振动状态（或能量）在媒质中自由传播的速度称声速，记作 c，单位是米/秒（m/s）。而周期性物体每振动一次所经历的时间称为周期，记作 T，单位是秒（s）。而物体在 1s 内振动的次数称为频率，记作 f，单位是赫兹（1Hz＝1 次/秒），$1Hz＝1s^{-1}$，它是周期的倒数，即 $f＝1/T$。该式表明，每秒钟振动的次数越多，频率越高，人耳听到的声音就越尖，或者说音调越高。

如果媒质质点振动的频率是 f，则有 $c＝\lambda \cdot f$，表明媒质质点每振动一次，声波就向前移动一个波长 λ，在 1s 内质点振动了 f 次，因而 1s 内声波向前移动了 $\lambda \cdot f$ 的距离，这也就是声波的传播速度。另外还表明，声波波长与频率成反比，频率愈高，波长愈短；频率愈低，波长愈长。也就是说，声波的频率或声源振动的频率决定了声波的波长。人耳听阈的频率范围 20～20000Hz，相应的波长从 17m 到 1.7cm。由此可见，如此宽的频率范围，给噪声控制带来很大的困难。

必须指出，声速不是质点振动的速度，而是振动状态传播的速度。它的大小与振动的常性无关，而与媒质的弹性、密度以及声场的温度有关。通常室温下（15℃）声音在空气中的传播速度为 340m/s，100～4000Hz 的声音的波长范围约在 3.4～8.5cm 之间，次声和超声不能使人产生听觉。

6.2.1.3　声压、声强和声功率

A　声压与声压级

当没有声波存在，大气环境处于相对静止状态时，空气每一媒质质点的压强为一个标准大气压 Pa。当有声音传入时，局部空气产生压缩和膨胀，在压缩的媒质层上压强增加，在膨胀的媒质层上压强减小。这样就在原来的大气压上又叠加一个压强的变化。这个叠加上去的压强变化是由声波的存在而引起的，所以被称为声压，用 p 表示，单位是帕斯卡

（Pa），$1p=1N/m^2$。在一个声场里任一媒质层质点的声压都是随时间变化而变化的，每一时间点（瞬时）的声压称为瞬时声压，某段时间内声压的均方根值称为有效声压，用 p_e 表示。

空气中传播的声波，在 1000Hz 时，正常人的听阈声压为 $2×10^{-5}Pa$，痛阈声压为 20Pa，由于正常人的听阈的声压与痛阈的声压大小之间相差 100 万倍，不方便表达和应用，因此采用了以常用对数作相对比较的"级"的表述方法。用对数表示的声压就称为声压级，用 L_p 表示。若把声压以 10 倍为一级划分，那么从听阈到痛阈可划分 10^0、10^1、10^2、10^3、10^4、10^5、10^6 七个级数。此时各声压的比值是 10^n 形式，级就是 n 的数值，但数值过少，所以都乘以 20，这时声压的变化范围为 $0\sim120$，即 $L_p=20lg(p/p_0)$，表明声压每变化 10 倍，相当于声压级变化 20dB。

B 与声强级

声波的强弱有多种不同的描述方法，可以测量振动位移、振动速度等，但最方便的是测量声波的声压。除此之外，往往还需要知道声源振动发出噪声的声功率，这时就要用到声能量和声强来描述。

任何运动的物体包括振动物体都能够做功，声音的产生与传播也必定伴随着振动能量的传递。当声波向四周传播时，振动能量也跟随转移。我们把声音传递的振动能量叫做声能量。在声波传播方向上单位时间垂直通过单位面积的声能量，称为声强，用 I 表示，单位是瓦特/平方米（W/m^2）。声强也是衡量声波在传播过程中声音强弱的物理量。

与声压一样，声强也可以用级来表示，即声强级 L_1，单位是分贝（dB），定义为两个声强之比的对数，再乘以 10，即 $L_1=lg(I/I_0)L_1$。

C 声功率与声功率级

所谓的声功率是指声源在单位时间内辐射的总能量，通常用 W 表示，单位是瓦特（W）。声强与声源辐射的声功率有关，声功率愈大，在声源周围的声强相对也就愈大，两者成正比关系。

声功率是衡量噪声声源声能输出大小的基本量。声功率不受距离、方向、声场条件等因素影响，所以被广泛用于鉴定和比较各种声源。在一般声学测量中，直接测量声强和声功率的设备比较复杂和昂贵，常常在某种条件下可以通过利用声压测量的数据计算得到。

声功率也可以用声功率级 L_w 表示，单位是分贝（dB）。若声源功率为 W，其声功率级为：

$$L_w=10lg(W/W_0)$$

式中，W_0 为基准声功率，$W_0=10^{-12}W$。

D 噪声级的叠加

如果有多个不同的声源同时在同一个声场中，若它们在离声源相同距离的某一点上所产生的振动时而加强，时而减弱，其结果与它们没有相互发生作用时一样，这样的声波称不相干波。我们平常所遇到的噪声大多是不相干波。根据能量叠加的法则，n 个不相干波叠加后的总声压（有效声压）的平方是各声压平方的和。两个数值相等的声压级叠加时，比原来增加 3dB，而不是增加一倍。

6.2.1.4 噪声的频谱与声源的指向性

A 噪声的频谱

一个单一频率的简谐声信号称纯音。如果声压随时间变化都是呈正弦曲线形式，那么这声音一定是只含有单一频率的纯音。只有音叉、音频振荡器等少数声源才能发出纯音，而一般我们听到的其他声音，尤其是噪声，都是由多种频率声波组成的复合声波。组成复合声波的频率成分及各个频率成分上的能量分布是不同的，我们把频率成分与能量分布的综合量称为声音的频谱。

噪声的频率特性，常用频谱来描述。而描述方法通常是坐标法，即用横轴代表频率，纵轴代表各频率成分的强度（声压级、声强级和声功率级），这样绘出的图形称为频谱图。频谱图能反映噪声能量在各个频率上的分布特性。在作频谱分析时，为方便起见，将噪声的频率范围分成若干个相连的小段，每一小段叫做频带或频程。根据精度要求，频带的带宽可窄可宽，且每一小段内声能量被认为是均匀的。

B 噪声源的指向性

在自由声场中，噪声源辐射强度的分布情况称为噪声源的指向性。当声源的尺寸大小比波长小很多时，可以看作噪声源是无指向性的点声源，即在距声源中心等距离处的声压级相等。

当声源的尺寸大小与波长相近或更大时，则噪声源被认为是由许多点声源组成的，在距声源中心等距离不同方向的空间处的声压级不相等。因而叠加后各方向的声能辐射量各异，具有指向性。声源的尺寸大小与波长之比越大，指向性就越强。

通常用极坐标图来表示声源的指向性：在同一极坐标图中，同一曲线上的各点具有相同的声压级。指向性愈强，声能就愈集中于声源辐射的轴线附近。室内建筑设计、音响布置等，都要考虑声源的指向性。还要强调的是，频率愈高，指向性愈强。

6.2.2 噪声的声学特征

6.2.2.1 等响曲线与响度级

人耳对于不同频率声音的主管感觉是不同的，为了使人耳对频率的感觉与客观声压级联系起来，人们采用响度级来定量地描述这种关系，它是以1000Hz纯音为基准，通过试听比较的方法来定出声音的响度级。

响度级的定义是以频率1000Hz的纯音的声压级为其响度级。对频率不是1000Hz的纯音，则用1000Hz的纯音与之进行试听比较，调节1000Hz纯音的声压级，使它和待定的纯音听起来一样响，这时的1000Hz的声压级就是这一纯音的响度级记为L_N，单位是"方"，符号为phon。

把各个频率的声音都作这样的试听比较，再把听起来同样的响应声压级按频率大小连成一条条曲线，这些曲线被称为等响曲线。在同一条曲线上的每个频率的声音感觉一样响，它们的响度级都是这条曲线上1000Hz处的声压级值。由等响曲线可以得出各个频率的声音在不同声压级时，人们主观感觉出的响度级是多少。

由定义可知，响度级也是一种对数标度单位。不同响度级的声音不能直接进行比较。比如：响度级由20phon增加到40phon，并不意味着40phon声音比20phon声音加倍响。

6.2.2.2 响度

响度级只反映了不同频率声音的响度感觉，且其单位"方"仍基于客观量"分贝"，还不能表达出一个声音比另一个声音响多少倍的那种主观感觉。而响度就是人们用来描述声音的主观感觉的量，用 N 表示，单位是"宋"，符号为 sone。它的定义是 1000Hz 纯音，声压级为 40dB 的响度为 1sone。2sone 的声音是 40phon 声音响度的 2 倍，0.5sone 的声音是 40phon 声音响度的 1/2，…对许多人来讲，大约响度级每改变 10phon，响度感觉就增减一倍。响度涉及人的主观感受，所以两个声音叠加时，不能将响度值作代数相加，而是需要借助实验得出的频率加以修正，才能得到总响度。

6.2.2.3 斯蒂文斯响度

如果有两种声音同时存在，它们就会相互干扰，使人分辨不清。其中一个声音感觉会因为另一个声音所干扰，使该声音听阈提高，这种现象称为掩蔽效应，提高的分贝数值称为掩蔽阈。假定对声音 A 的阈值已经确定为 50dB，若同时又听到声音 B，人们发现，由于声音 B 的存在使声音 A 的阈值提高到 64dB，即比原来的声音提高 14dB 才能被听到。一个声音的阈值因另一个声音的出现而提高听阈的现象称为听觉掩蔽。上例中，声音 B 称为掩蔽声，声音 A 称为被掩蔽声，14dB 称为掩蔽阈。

注意：掩蔽效应与听觉传导系统无关，它是神经系统判断的结果。

对于宽频带的连续谱噪声的响度计算方法，国际标准化组织推荐斯蒂文斯（Stevens）和茨维克（Zwicker）方法（ISO532）。两种方法的计算结果比较接近，一般后者比前者高 5dB，茨维克法的精确度高一些，但计算方法复杂得多，在欧洲使用较多，而在我国通常采用斯蒂文斯法。斯蒂文斯法考虑到不同频率噪声之间会产生掩蔽效应，得出了一组等响度指数曲线，并认为响度指数最大的频带贡献最大，而其他频带由于前者的掩蔽而贡献减小。

6.2.3 平面波、球面波和柱面波

6.2.3.1 声音的衰减

声源的振动在传播过程中，其声压、声强随着传播距离的增加而逐渐衰减。造成这种衰减的原因有两个：一个是传播衰减；另一个是空气对声波的吸收。

（1）传播衰减。声波在传播过程中波振面不断扩展，距声源的距离愈远，波振面的面积愈大，这样在声能不变的情况下，通过单位面积的能量就相应减少。像这样由于波振面扩展而引起的声强随距离增加而减弱的现象称为传播衰减。

（2）空气对声波的吸收。在噪声传播过程中，空气也能对声波能量产生吸收作用而引起声强的减小，距离越远，声能被吸收得越多。高频声波比低频声波衰减得快，当传播距离较大时其衰减值是很大的，因此，高频声波是传不远的。在远处听到的强噪音（如飞机、枪炮声等）都是比较低沉的，这是因为在传播过程中高频成分被吸收衰减较快的缘故。

除了空气能吸收噪声外，其他一些材料例如泡沫塑料、玻璃棉、毛毡等也会吸收声音，称为吸声材料。当声波通过这些多孔性吸声材料时，由于材料本身的内部摩擦和材料小孔中的空气与孔壁之间的摩擦，使得声能受到很大的吸收而衰减，所以这种吸声材料能有效地吸收入射到它上面的声能。

6.2.3.2 声音的反射、干涉、折射、绕射

（1）声波的反射。声波在传播过程中经常会遇到障碍物，由于这两种媒质的声学性

质不同，一部分声波透射到障碍物里去，另一部分从障碍物表面反射回去。利用媒质不同的特性阻抗可以达到减噪的目的。例如，由于在室内安装的机器的噪声会从墙面、地面、天花板及室内各种不同物体上多次反射，这种反射声的存在，相当于噪声源声压级提高10~15dB。为了减少室内反射声波的影响，可以考虑在室内墙壁上覆盖一层吸声性好的材料，这样就可以大大降低反射声。

（2）声波的干涉。多个声波同时在一种媒质中传播，当它们相遇时，在相遇区内任意一点上的振动是两个或多个声波引起的振动合成。振幅、频率和相位都不同的声波，在叠加时比较复杂。如果是两种声波的频率相同，振动方向相同，相位相同或相位差固定，那么这两列波叠加时，在空间某些点振动加强，另一些点振动减弱或抵消，这种现象称为声波的干涉现象。产生干涉现象的声源称为相干声源。干涉现象在噪声控制技术中被用来抑制噪声。

（3）声波的折射。声波在传播途中遇到不同媒质的分界面时，除发生反射外，还会发生折射，声波折射时方向将会改变，声波从声速大的媒质折射入声速小的媒质时，声波传播方向折向分界的法线；反之，声波从声速小的媒质折射入声速大的媒质时，声波传播方向折离法线。由此可见，声波的折射是由声速决定的，即使在同一媒质中，如果存在着速度梯度时各处的声速不同，同样会发生折射。如白天地面温度较高，因而声速较大，声速随离地面高度的增加而降低；反之，夜间地面温度较低，因而声速较小，声速随离地面高度的增加而增加。这种现象可以用来解释声音在晚上要比在白天传播得远一些。此外，当大气中各点风速不同时，也会影响噪声传播方向。

（4）声波的绕射。当声波遇到障碍物时，除发生反射和折射外，还会发生绕射现象。绕射现象与声波的频率、波长及障碍物的大小有关。如果声波频率较低，波长较长，而障碍物的大小比波长小得多，这时声波能绕过障碍物，并在障碍物的后面继续传播。

如果声波频率较高，波长较短，而障碍物又比波长大得多，这时绕射现象不明显，到达障碍物后面的声波就较少，形成一个明显的"影区"。

6.3 吸声和室内声场

6.3.1 吸声系数和吸声量

6.3.1.1 吸声系数

声波在传播过程中遇到各种固体障碍物时，一部分声波反射，另一部分声波进入到固体障碍物内部被吸收，还有很少一部分能透射到固体障碍物的另一侧。吸声系数是用以表征材料和结构的吸声能力的参数，用 α 表示。α 的取值在 0~1 之间。当 $\alpha=0$ 时，表示声波全部被反射，材料不吸声；当 $\alpha=1$ 时，表示声波被全部吸收，没有反射；当 $0<\alpha<1$ 时，吸声系数 α 取值愈大，表明材料吸声性能愈好。通常把 $\alpha>0.2$ 的材料称为吸声材料，则 $\alpha>0.5$ 的材料就是理想的吸声材料。吸声系数的大小除与材料的物理性质如密度、厚度有关外，还与声波的频率、入射角度和材料的安装条件有关。

根据声波的入射角度，可将吸声系数分为垂直入射吸声系数、斜入射吸声系数和无规则入射吸声系数。实际应用时采用无规则入射吸声系数。

同一材料对不同频率的声波，其吸声系数不同，在工程中采用 125Hz、250Hz、500Hz、1000Hz、2000Hz、4000Hz 六个倍频带的中心频率的吸声系数的算术平均值来表示某一材料的平均吸声系数。有时把 250Hz、500Hz、1000Hz、2000Hz 四个频率吸声系数的算术平均值，取 0.05 的整数倍，称为降噪系数（NRC），用降噪系数可粗略地比较和选择吸声材料。

6.3.1.2 吸声量

吸声量是表征具体吸声构件的实际吸声效果的量，用 A 表示，单位是 m^2，它与构件的尺寸大小有关。

6.3.2 吸声原理

6.3.2.1 多孔吸声材料的吸声原理

多孔材料内部具有无数细微孔隙，孔隙间彼此贯通，且通过表面与外界相通，当声波入射到材料表面时，一部分在材料表面上反射，一部分则透入到材料内部向前传播。在传播过程中引起孔隙中的空气运动，与形成孔壁的固体筋络发生摩擦，由于黏滞性和热传导效应，声能转变为热能而耗散掉。声波在刚性壁面反射后，经过材料回到其表面时，一部分声波透回空气中，一部分又反射回材料内部，声波的这种反复传播过程，就是能量不断转换耗散的过程，如此反复，直到平衡，这样材料就"吸收"了部分声能。

由此可见，只有材料的孔隙对表面开口，孔孔相连，且孔隙深入材料内部，才能有效地吸收声能。有些材料内部虽然也有许多微小气孔，但气孔密闭，彼此不相通，当声波乳射到材料表面时，很难进入到材料内部，只是使材料作整体振动，其吸声机理和吸声特性与多孔材料不同，不应作为多孔吸声材料来考虑。

在实际工作中，为防止松散的多孔材料飞散，常用透声织物缝制成袋，再内充吸声材料，为保持固定几何形状并防止对材料的机械损伤，可在材料间加筋条（龙骨），材料外表面加穿孔护面板，制成多孔材料吸声结构。

6.3.2.2 共振吸声结构的吸声原理

在室内声源所发出的声波的激励下，房间壁、顶、地面等围护结构以及房间中的其他物体都将发生振动。振动着的结构或物体由于自身的内摩擦和与空气的摩擦，要把一部分振动能量转变成热能而消耗掉，根据能量守恒定律，这些损耗掉的能量必定来自激励它们振动的声能量。因此，振动结构或物体都要消耗声能，从而降低噪声。结构或物体有各自的固有频率，当声波频率与它们的固有频率相同时，就会发生共振。这时结构或物体的振动最强烈，振幅和振动速度都达到最大值，从而引起的能量损耗也最多。因此，吸声系数在共振频率处最大。利用这一特点，可以设计出各种共振吸声结构，以更多地吸收噪声能量，降低噪声。

6.3.3 吸声材料和结构

吸声材料和结构的种类很多，按其材料结构状况可分为多孔吸声材料、共振吸声结构、特殊吸声结构等，其中多孔吸声材料又分为纤维状、颗粒状和泡沫状；而共振吸声结构又分为单个共振器、穿孔板共振吸声结构、薄膜共振吸声结构、薄板共振吸声结构等。

从其吸声特性上看，几种材料或结构的吸声系数的变化规律各不相同，但在噪声控制和厅堂音质设计方面具有相同的作用：

（1）缩短和调整室内混响时间，消除回声以改善室内的听闻条件。

（2）降低室内的噪声级。

（3）作为管道衬垫或消声器件的原材料，以降低通风系统的噪声。

（4）在轻质隔声结构内和隔声罩内作为辅助材料，以提高构件的隔声量。

在噪声控制工程上选择吸声材料或结构时，除了要考虑它的声学特性外，同时还必须从其他一些方面进行综合评价。不同的吸声材料的吸声特性不同，而同种吸声材料由于使用发放不同，吸声性能也有变化，因此须根据不同的使用要求或侧重某一方面进行选用。

一般选择吸声材料（或结构）时应着重考虑：

（1）在宽频带范围内吸声系数要高，吸声性能要长期稳定。

（2）有一定的力学强度，在运输、安装和使用过程中，要结实、耐用、不易老化、防潮、防蛀性能好，不易发霉，不易燃烧。

（3）表面易于装饰，容易清洗，不散发有害气体和特殊气味。

（4）易于维修保养。

（5）不因自重下沉，不因发脆而掉渣。

（6）价格性能比较合理。

6.3.3.1　多孔吸声材料

（1）结构特征。多孔材料内部具有无数的微孔和间隙，孔隙间彼此贯通，且通过表面与外界相通。

（2）吸声原理：

主导机制。声能入射到多孔材料上，进入通气性的孔中引起空气与材料振动，材料内摩擦与黏滞力的作用使声振动能转化成热能而散耗掉。

次要机制。声能入射到多孔材料上，进入通气性的孔中引起空气与材料振动，由于媒质振动时各处质点疏密不同，这种压缩与膨胀引起它们的温度不同，从而产生温度梯度，通过热传导作用将热能散失掉。

（3）影响吸声特性的因素。空气流阻特性，材料层厚度，材料密度（容重），吸声材料背后的空腔，护面层，温度和湿度。

（4）空间吸声体。把吸声材料或吸声结构悬挂在室内离壁面一定距离的空间中，称为空间吸声体。由于悬空悬挂，声波可以从不同角度入射到吸声体，其吸声效果比相同的吸声体实贴在刚柱里面的要好得多。因此，采用空间吸声体，可以充分发挥多孔吸声材料的吸声性能，提高吸声效率，节约吸声材料。空间吸声体大致可分为3类：

1）大面积的平板体。如果板的尺寸比波长大，则其吸声情况大致上相当于声波从板的两面都是无规入射的。

2）离散的单元吸声体。可以设计成各种几何形状，如立方体、圆锥体、圆柱体、菱柱体或球体及瓦棱板等，其吸声机理比较复杂，因为每个单元吸声体的表面积与体积之比很大，所以单元吸声体的吸声效率很高。

3）吸声尖劈。它是一种特殊的高效楔状吸声体，由基部、尖部及失劈性面间的空腔组成，尖部表面是它的主要吸声面。当尖劈的长度等于入射波长的 1/4 时，吸声系数达到 0.99。

空间吸声体彼此按一定间距排列悬吊在天花板下某处，吸声体朝向声源的一面，可直接吸收入射声能，其余部分声波通过空隙绕射或反射到吸声体的侧面、背面，使得各方向的声能都能被吸收。空间吸声体装拆灵活，工程上常把它制成产品，用户只要购买产品，按需要悬挂起来即可。空间吸声体适用于大面积、多声源、高噪声车间，如织布、冲压钣金车间等。

6.3.3.2 共振吸声结构

利用共振原理设计的共振吸声结构一般分为两种：一种是空腔共振吸声结构；另一种是薄膜或薄板共振吸声结构。

（1）薄膜、薄板共振吸声结构。皮革、人造革、塑料薄膜等材料具有不透气、柔软、受拉伸时有弹性等特点。这些材料可与背后封闭的空气层形成共振系统。共振频率与薄膜面积、薄膜背后空气层的厚度和薄膜的张力大小有关。薄板和其后的空气层如同质量块和弹簧一样组成一个单自由度振动系统，当入射声波频等于系统的固有频率时，系统产生共振，导致薄板（膜）产生最大弯曲变形，由于板的阻尼和板与固定点间的摩擦而将振动能转化成热能耗散掉，起到吸收声波能量的作用。

（2）穿孔板共振吸声结构。空腔共振吸声结构是结构中间封闭有一定体积的空腔，并通过有一定深度的小孔与声场空间连通，其吸声机理可以用亥姆霍兹共振器来说明。当小孔深度和小孔直径比声波波长小得多时，孔颈中的空气柱的弹性变形很小，可以当做整体处理。封闭空腔的体积比孔颈大得多，起着空气弹簧的作用。当外界入射声波频率和系统固有频率相等时，孔颈中的空气柱就由于共振而产生剧烈振动，在振动中空气柱和孔颈侧壁摩擦而消耗声能。

通常的空腔共振吸声结构有穿孔的石膏板、石棉水泥板、胶合板、硬质纤维板、钢板、铝板等。穿孔板吸声结构相当于许多并列的亥姆霍兹共振器，每一个开孔和背后的空腔对应。各种穿孔板、狭缝板背后设置空气层形成吸声结构，也属于空腔共振吸声结构，这类结构取材方便，并有较好的装饰效果，使用较广泛。

6.3.3.3 微穿孔板吸声结构

由于穿孔板的声阻很小，因此吸声频带很窄。为使穿孔板结构在较宽的范围内有效地吸声，必须在穿孔板背后填充大量的多孔材料或敷上声阻较高的纺织物。但是，如果把穿孔直径减小到 1mm 以下，则不需另加多孔材料也可以使它的声阻增大，这就是微穿孔板。

在板厚度小于 1mm 薄板上穿以孔径小于 1mm 的微孔，穿孔率 1%～5%，后部留有一定厚度（如 5～20cm）的空气层，空气层内不填任何吸声材料，这样就构成了微穿孔板吸声结构，常用的多是单层或双层微穿孔板结构形式。微穿孔板吸声结构是一种低声质量、高声阻的共振吸声结构，其性能介于多孔吸声材料和共振吸声结构之间，其吸声频率宽度可优于常规的穿孔板共振吸声结构。

微穿孔板可用铝板、钢板、镀锌板、不锈钢板、塑料板等材料制作。由于微穿孔板后的空气层内无需填装多孔吸声材料，因此它不怕水和潮气，不霉、不蛀、防火、耐高温、耐腐蚀、清洁无污染，能承受高速气流的冲击。微穿孔板吸声结构在吸声降噪和改善室内音质方面有着十分广泛的应用。

6.3.4　室内声场和吸声降噪

吸声降噪是对室内顶棚、墙面等部位进行吸声处理，增加室内的吸声量，以降低室内噪声级的方法。如在一封闭的室内有一噪声源，则在室内任意点处除来自噪声源的直达声外，还有来自各边界面多次反射形成的混响声，直达声与混响声的叠加，使室内的噪声级比同一声源在露天场所的声压级要高。其增加量即混响声强弱与室内的吸声能力有关。在室内的边界面上设置吸声材料和吸声结构以及悬挂空间吸声体等，增加室内吸声量措施可以减弱混响声，从而使室内的噪声级降低，这种方法是噪声控制技术的一个重要方法。

由于吸声降噪只能降低室内混响声，而不能降低噪声源的直达声，降噪效果还与室内原有的吸声量、接受者位置等因素有关。因此，在实施吸声降噪之前，必须对现场条件作具体分析。

实施吸声降噪必须满足以下条件：

（1）如果室内顶棚和四壁是坚硬的反射面，且没有一定数量的吸声性强的物体，室内混响突出，则吸声降噪效果明显。反之，如果室内已有部分吸声量，混响声不明显，则吸声降噪效果不大。

（2）当室内均匀布置多个噪声源时，直达声起主要作用，此时吸声降噪效果不明显。当室内只有一个或较少噪声源时，接受者在离噪声源距离大于临界距离的位置，其吸声降噪效果比距离较近的位置有显著提高。

（3）当要求降噪的位置距离声源很近，直达声占主要时，吸声降噪的效果不大。此时若在噪声源附近设置隔声屏则会有一定效果。

（4）由于吸声降噪的作用只能降低混响声而不能降低直达声，因此吸声降噪使混响声降至直达声相近水平较为合理，超过这个限度，降噪效果不大，而且造成浪费。因为吸声降噪量与吸声材料的用量是对数关系，而不是正比关系，并不是吸声材料用得越多，吸声效果越好。

（5）吸声降噪量一般为3~8dB，在混响声十分显著的场所可降10dB。当要求更高的降噪量时，需采用隔声或其他综合措施。

6.4　隔声与隔声结构

隔声是噪声控制中最常用的技术之一，主要是用隔声构件使声源和接受者分开，阻断空气声的传播，从而达到降噪目的的噪声控制技术。

6.4.1　隔声结构

6.4.1.1　单层均匀密实隔声墙

单层均匀密实隔声墙的隔声性能和入射声波的频率有关，其频率特性取决于墙体本身的单位面积质量、刚度、材料的内阻尼以及墙的边界条件等因素。从低频开始，隔声量随频率增加而降低，在某些频率产生共振现象。这时隔声墙振动幅度最大，隔声量出现最小值，大小取决于隔声墙的阻尼，称为阻尼控制。当频率继续增高，则质量起主要作用，这时隔声量随频率增加而增加，而在吻合临界频率处，隔声量有一个较大的降低，通常称为

"吻合谷"。

6.4.1.2　双层隔声墙

由两层均质墙与中间所夹一定厚度空气层所组成的结构称为双层隔声墙或双层隔声结构。为提高墙板的隔声量，用增加单层墙体的面密度或增加厚度或增加自重的方法，作用不明显，而且耗材大。如果在两层墙体之间夹以一定厚度的空气层，其隔声效果大大优于单层实心结构。双层隔声结构的隔声机理是，当声波依次透过特性阻抗完全不同的墙体与空气介质时，在 4 个阻抗失配的界面上造成声波的多次反射，发生声波的衰减，并且由于空气层的弹性和附加吸收作用，使振动能量大大耗减。

6.4.1.3　复合墙与多层轻质复合隔声结构

按照质量定律，把墙的厚度或面密度增加一倍，隔声量只能提高 6dB，通常在实用上很不经济。采用多层墙结构，一般可以明显地提高隔声量，但它往往受到机械结构性能和占用空间方面的限制。利用多种不同材料把多层结构组成一个整体，使其成为一种复合墙或多层轻质复合隔声结构，是切合实用要求的有效措施。

A　复合墙隔声性能主要影响因素

（1）附加弹性面层。如果在厚重的隔声墙上附加一薄层弹性面层，可以得到一种隔声性能远优于单纯增加厚度单层匀质墙的复合墙隔声结构。弹性面层通常由一块较柔软的薄板材料制作，它对隔声性能的提高取决于面层和墙间的耦合程度。为了获得最佳的隔声效果，面板应密实不透气。以免声波通过气孔直接作用于墙体。面层和墙体之间最好有空隙，内部应充满吸声材料，这样可以减轻面层、墙体和空隙空气层组成的共振系统对复合墙隔声性能的不利影响。面层应该尽量避免和墙板的刚性连接，以减弱声桥的传声作用。

（2）多层复合板。双层或多层不同材质的板材胶合在一起，就成为多层复合板隔声材料。复合板的面密度为各层材料面密度之和，复合板的弯曲劲度和阻尼等影响隔声性能的参数比较复杂，和板与板的连接情况有关。

（3）加肋板。在隔声板材上加肋板或用波纹板的目的往往不是为了改善板的隔声性能，而是为了增加板的刚度和承受负载的能力，加强薄板结构，但需要考虑加肋板后隔声性能的变化。由于加了肋板后面密度增加不多，对质量控制区板的隔声量影响不是很大。对于一块平面板材，加了肋板后等于把平板划分成许多小平板，增加了板的劲度，结果是改变了板的共振频率，改变了阻尼控制区的频率范围。这类复合板存在多个共振频率，包括板整体决定的共振频率，和小板决定的共振频率。劲度增加使得共振区向中频方向移动，板在多个共振频率附近隔声量下降，随后隔声量按质量作用定律揭示的规律变化，复合板也存在由于吻合效应引起的隔声量下降现象。

（4）隔声软帘（软质隔声结构）。这是一种比较特殊的隔声构件，它是由多层软性材料缝制而成的，包括一些密实不透风的材料和多孔纤维吸声材料，所以也可以归于多层复合隔声材料。由于使用方便，易于制作、运输和安装，常用于需要隔声而又要求方便出入，需要对噪声源进行临时隔声的地方，以及用作室内隔声屏上的隔声材料。这种隔声复合材料和隔声板性质上有不少差别，由于材料的柔软性，在低频段不出现共振频率，在高频段不出现吻合效应，隔声特性曲线接近直线，基本符合质量作用定律。但是，由于面密度有限，隔声量不大，而且对声源的围挡往往很难完全彻底，常出现漏声现象，对隔声效果易产生不利影响。

B　多层轻质复合隔声结构

多层轻质复合隔声结构是由不同材质分层（硬层和软层、阻尼层、多孔材料层等轻型材料）交错排列组成的隔声结构。隔声原理：由阻抗差别大的吸声层、阻尼层、高面密度层等复合组成，阻抗失配界面多，反射强，透射小；阻尼层和吸声层又可显著使声能衰减，并减弱共振与吻合效应的影响；各层的共振频率互相错开，改善共振区和吻合区的隔声低谷效应，因而可在总重量大为减少的情况下，使总的隔声性能大大提高。

6.4.2　隔声装置

6.4.2.1　隔声墙

在一间房子中用隔墙把声源与接收区隔开，是一个最简单而实用的隔声措施。噪声降低的效果不仅与隔墙有关，也和室内声学环境有关。在稳态时，声源室内向隔墙入射的声波，一部分反射，一部分透过隔墙进入接收室。

6.4.2.2　隔声罩

隔声罩是一种将噪声源封闭（声封闭）隔离起来，以减小向周围环境的声辐射，而同时又不妨碍声源设备的正常功能性工作的罩形壳体结构。吸声罩将噪声源封闭在一个相对小的空间内。罩壁由罩板、阻尼涂层和吸声层及穿孔护面板组成。根据噪声源设备的操作、安装、维修、冷却、通风等具体要求，可采用适当的隔声罩形式。常用的隔声罩有固定密封型、活动密封型、局部敞开型等形式。

隔声罩常用于车间内如风机、空压机、柴油机、鼓风、球磨机等强噪声机械设备的降噪。其降噪量一般在10~40dB之间。各种形式隔声罩A声级降噪量是：固定密封型为30~40dB；活动密封型为15~30dB；局部开敞型为10~20dB；带有通风散热消声器的隔声罩为15~25dB。

6.4.2.3　声屏障

用来阻挡噪声源与受声点之间直达声的障板或帘幕称为隔声屏（帘）或声屏障，在屏障后形成低声级的"声影区"，使噪声明显减小：声音频率越高，声影区范围越大。

对于人员多、强噪声源比较分散的大车间，在某些情况下，由于操作、维护、散热或厂房内有吊车作业等原因，不宜采用全封闭性的隔声措施，或者在对隔声要求不高的情况下，可根据需要设置隔声屏。此外，采用隔声屏障减少交通车辆噪声干扰，已是常用的降噪措施。一般沿道路设置5~6m高的隔声屏，可达10~20dB（A）的减噪效果。

6.5　消声技术

消声是一种技能允许气流顺利通过，又能有效阻止或减弱声能向外传播的装置，是降低动气动力性噪声的主要技术措施，主要安装在进、排气口或气流通过的管道中。

6.5.1　消声器的分类

消声器根据原理和结构不同，大致上可分为4类，每一类中又有多种形式，详见表6-1。

表 6-1 消声器的类型

类型与原理	形 式	消声性能	主 要 用 途
阻性消声器 （吸声）	片式、直管式、蜂窝式、列管式、折板式、声流式、弯头式、百叶式、迷宫式、盘式、阅环式、室式、弯头式	中高频	通风空调系统管道、机房进排风口、空气动力设备进排风口
抗性消声器 （阻抗失配）	扩张式 共振腔式 微穿孔板式 无源干涉式 有源干涉式	低中频 低频 宽频带 低中频 低中频	空压机、柴油机、汽车或摩托车发动机等以低中频噪声为主的设备排气噪声
阻抗复合型 消声器	阻性及共振复合式、阻性及扩张复合式、抗性及微穿孔板复合式、喷雾式、引射掺冷式等	宽频带	各类宽频带噪声源
喷注耗散型消声器 （减压扩散）	小孔喷注式、多孔扩散式、节流减压式	宽频带	各类排气放空噪声

6.5.2 阻性消声器

阻性消声器是利用气流管道内的不同结构形式的阻性材料（多孔吸声材料）吸收声波能量，以降低噪声的消声器。阻性消声器是各类消声器中形式最多，应用最广的一种消声器，阻性消声器具有较宽的消声频率范围，尤其是在中、高频率消声性能更为明显，影响阻性消声器性能的主要因素有消声器的结构、吸声材料的特性、气流速度及消声器管道长度、截面积等。

阻性消声器一般分为管式消声器、片式消声器、蜂窝式消声器、折板式消声器和声流式消声器等几种。

（1）管式消声器。阻性消声器结构中最简单的一种，它是在气流道内壁加衬一定厚度的吸声材料构成的一种阻性消声器。其管道可以是圆形管、方形管或矩形管，适用于通风量很小（≤5000m³/h），尺寸较小的管道。

（2）片式消声器。是在大尺寸的风管内设置一排平行的消声片，构成多个扁形消声通道。每个通道相当于一个矩形管式消声器。这种消声器的特点是结构简单，中高频率消声效果好，通风量大（风量 5000m³/h～8000m³/h），使用范围广。

（3）蜂窝式消声器。是由许多平行的小管式消声器并列组合而成的，其消声性能与单个管式消声器基本相同。因为每个小管都是并列排列，所以只需计算出一个单元小管的消声量，就可以表示整个消声器的消声量。一般蜂窝式消声器的单元通道应控制在200mm×200mm 以内。蜂窝式消声器的特点是通风量大，适用于中高频率噪声，气流阻力大，结构复杂。在阻力要求不严格时，蜂窝式消声器适用于控制大型鼓风机的气流噪声。

（4）折板式消声器。是将片式消声器的平直气流改成折板式，由于声波在消声器内多次弯折，可以加大声波相对吸声材料的入射角，从而提高吸声效率。与片式消声器相比，气流阻力明显提高。为减小气流阻力损失，折角应小于20°。折板式消声器适用于压力和噪声较高的噪声设备。

（5）声流式消声器。是折板式消声器的一种改进型。自正弦波形、弧形、菱形等弯曲吸声通道及沿吸声通道吸声材料厚度的连续变化来达到消声性能的目的。其具有消声性能高、消声频带宽、气流阻力小的优点，但同时又有结构复杂、制作要求高、造价高的缺点。

6.5.3　抗性消声器

抗性消声器与阻性消声器的消声机理完全不同，它没有敷设吸声材料，因而不能直接吸收声能。抗性消声器是通过管道内声学特性的突变引起传播途径的改变，以此达到消声目的的。

抗性消声器的最大优点是不需用多孔吸声材料，因此在耐高温、抗潮湿、对流速较大、洁净度要求较高的条件方面均比阻性消声器有明显优势。抗性消声器用于消除中、低频率噪声，主要包括扩张室式消声器和共振式消声器两种类型。

（1）扩张室式消声器。也称膨胀式消声器，是抗性消声器最常用的结构形式。它是由管和室组成的，其最基本的形式是单节扩张室消声器。声波在管道中传播，管道截面积的突变会引起声波的反射而有传递损失。

（2）共振式消声器。共振式消声器实质上是共振吸声结构的一种应用，其基本原理为亥姆霍兹共振器。管壁小孔中的空气柱类似活塞，具有一定的声质量；密闭空腔类似于空气弹簧，具有一定的声频，二者组成一个共振系统。当声波传至颈口时，在声波作用下空气柱便产生振动，振动时的摩擦阻尼使一部分声能转换为热能耗散掉。同时，由于声阻抗的突然变化，一部分声能将反射回声源。当声波频率与共振腔固有频率相同时，便产生共振，空气柱的振动速度达到最大值，此时消耗的声能最多，消声量也应最大。

6.5.4　阻抗复合式消声器

阻性消声器在中高频率范围有较好的消声效果，而抗性消声器在中低频率范围消声效果较好。若结合两种消声器结构的优点，把阻性和抗性按一定方式结合起来，就会在更宽的频率范围内达到令人满意的消声效果，这就是阻抗复合式消声器的设计思路。但是，由于声波的波长较长，消声器以阻抗复合在一起时，会出现声的耦合作用而相互干涉。声波在这种情况下传播的衰减机理十分复杂，因此，消声量不能看作简单的叠加关系。在实际应用中，根据阻性和抗性两种消声原理，可以组合出多种阻抗复合式消声器，如阻-扩复合式、阻-共复合式、阻-共-扩复合式等。

6.6　隔振和阻尼

6.6.1　隔振

6.6.1.1　隔振与隔振原理

A　隔振

振动是一种周期性往复运动，任何一种机械都会产生振动，而机械振动产生的主要原因是机械本身的旋转或往返运动部件的不平衡、磁力不平衡和部件的相互碰撞。振动产生的振动能量以两种方式向外传播而产生噪声：一种方式是由振动机械直接通过空气向空间辐射，称为空气声；另一种方式则是通过承载机械的基础，向地层或建筑物结构内传递。在固体表面，振动以弯曲波的形式传播，因而能激发建筑物地面、墙面、门窗等结构振动，产生声波再向空间辐射噪声，这种通过固体传导的声波叫固体声。

振动的危害是多种多样的：（1）能激发噪声。（2）振动作用于仪器设备，会影响其精度、功能和正常使用寿命。（3）作用于建筑物使之开裂、变形甚至坍塌。（4）作用于飞机的发动机和机翼使之异常，会造成飞行事故。（5）作用于人体，会对人的身心健康产生危害，如雷诺氏综合征等。

振动是环境物理污染之一，从噪声控制角度研究隔振，只是研究如何降低空气声和固体声。将振源（即声源）与基础或其他物体的近于刚性连接改成弹性连接，防止或减弱振动能量的传播，这个过程叫隔振或减振。

B　隔振原理

若将一台机械设备直接安装在钢筋混凝土基础上，当设备运转时产生一个周期性的作用于自身的合力（干扰力），使机械设备产生共振。由于设备与基础是刚性体且是刚性连接，受力时变形极小，因此可以认为设备承受的干扰力几乎全部作用于基础上，此时基础也发生振动。这样的相互作用，使振动的能量沿基础的连续结构迅速传播出去。

若在设备与基础之间设置一个由弹性衬垫材料（如弹簧、橡胶、软木等）组成的弹性支座，原来的刚性连接变成弹性连接。由于支座受力可以在一定范围内发生弹性变形，起到一定的缓冲作用，在一定程度上减弱了设备振动对基础的冲击力，使基础产生的振动减弱。同时由于支座弹性材料本身的阻力，使振动能量消耗，同样可以减弱设备传递给基础的振动，从而使噪声的辐射量降低，这就是隔振降噪的基本原理。隔振时使用的弹性支座称为隔振器。

隔振通常分为两类：一是将隔振器设置在振源与基础之间，阻断从振源到基础的振动称作积极隔振，也称主动隔振；二是将隔振器设置在人、仪器仪表与振源、基础之间，隔断振源、基础传到人、仪器仪表上的振动，称作消极隔振，或被动隔振。

6.6.1.2　隔振元件

A　隔振器

隔振器是一种弹性支撑元件，是经专门设计制造的具有单个形状、使用时可作为机械零件来安装的器件。最常见的隔振器包括弹簧隔振器（包括金属碟形弹簧隔振器、金属螺旋弹簧隔振器、不锈钢丝弹簧隔振器）、金属丝网隔振器、橡胶隔振器、橡胶复合隔振器以及空气弹簧隔振器等。

（1）金属弹簧隔振器。该隔振器是目前应用最为广泛的隔振器，它的适用频率在$1.5 \sim 12Hz$之间，其中以螺旋弹簧隔振器最为常见。金属弹簧隔振器主要由钢丝、钢板、钢条等制造而成，通常在静态压缩量大于5cm情况下，或在温度和其他条件不允许使用橡胶等材料的情况下使用。金属弹簧隔振器的优点是弹性好、耐高温、耐腐蚀、耐油、寿命长、固有频率低、阻尼性能高、承载能力高等。缺点是对于一些阻尼系数较小的隔振器，容易发生共振，致使机械设备受损；另一缺点是金属弹簧的水平刚度比垂直刚度小，容易发生晃动，因而需附加一些阻尼材料。

（2）橡胶隔振器。该隔振器适用于中小型机械设备的隔振，适用频率范围是 4～15Hz。橡胶隔振器不仅在纵向，而且在横向和回转方向均具有良好的隔振性能。其优点是由于橡胶内部阻力比金属大得多，所以对高频振动隔振好，隔声效果也很好；橡胶成型容易，能与金属牢固粘接，可以设计出各种形状的隔振器；质量轻，体积小，价格低，安装方便，易于更换等。橡胶隔振器的缺点是耐高温、低温性能差，易老化，不耐油污，承载能低。橡胶隔振器的性能与质量取决于橡胶的成分与工艺。

（3）橡胶空气弹簧隔振器。该隔振器与前者不同，它是靠橡胶气囊中的压缩空气的压力变化取得隔振效果的，工作的固有频率为 0.1～5Hz，共振阻力性能好。缺点是承载力有限、造价高等。目前国内产品较少，且在阻力性能等多方面与国外产品相比性能相差很远。

B　隔振垫

隔振垫由具有一定弹性的软质材料如软木、毛毡、橡胶垫、海绵、玻璃纤维及泡沫塑料等构成。由于弹性材料本身的自然特性，除橡胶垫外，一般没有确定的形状尺寸，可在实际应用中根据需要来加工剪切。目前在广泛应用的主要是专用橡胶隔振垫。

（1）橡胶隔振垫。该隔振垫的性能与橡胶隔振器相似，主要优点是具有持久的高弹性和良好的隔振、隔冲击和隔声性能；能满足刚度和强度要求；具有一定的阻力性能，可以吸收部分机械能，尤其是对高频振动；造型压制工艺简单；能与金属牢固粘接，易于安装和更换；还可以利用多层叠加减小刚度，改变其频率范围。其缺点与橡胶隔振器相似。频率范围在 10～15Hz 之间，多层叠加可低于 10Hz。橡胶垫的性能是由橡胶的硬度、成分以及形状决定的。

（2）毛毡。毛毡的适用频率范围是 30Hz 左右。变形在 25% 以内时载荷特性为线性，超过 25% 时急剧变为非线性，刚度是橡胶隔振垫的 10 倍。其优点是造价低廉，容易安装，可任意剪裁，能与金属表面黏接；缺点是毛毡是由天然原料制成的，防火和防水性能差，但抗老化、防油性能较强。

（3）玻璃纤维。玻璃纤维对于机械设备和建筑物基础的隔振均能适应。用树脂胶结的玻璃纤维板是新型隔振材料，当载荷为 1～2N/cm² 时，其最佳厚度为 10～15cm，固有频率约为 10Hz。玻璃纤维的优点是在其弹性范围内加以重量载荷，不易变形；温度变化时，弹性稳定；能防火，耐腐蚀。缺点是受潮后，会影响隔振效果。

（4）海绵橡胶和泡沫塑料。经过发泡处理的橡胶和塑料称为海绵橡胶和泡沫塑料。由海绵橡胶和泡沫塑料所构成的弹性支撑系统的优点是柔软性好，裁剪容易，便于安装。而缺点是载荷特性表现为非线性。

C　其他隔振元件

除了上述几种隔振元件外，隔振元件还有其他类型，如管道柔性接管、吊式隔振器、弹性管道支撑、油阻力器、动力吸振器等。

6.6.2　阻尼

降低噪声振动的方法之一是当振动系统本身阻尼很小，而声波辐射频率很高时，提高刚性，改变系统结构的固有频率；方法之二是当系统固有频率不可变动，或可变动但又引起其他构件的振动加大。这时普遍采用的是在振动的构件上铺设或喷涂一层高阻尼材料，或设计成夹层结构，这种方法称减振阻尼，简称阻尼。这种方法广泛应用在机械设备和交通工具的噪声振动中，如输气管道、机械防护壁、车体、飞机外壳等。

6.6.2.1 阻尼原理

当金属板（或混凝土板）被涂上高阻尼材料后，金属板振动时，阻尼层也随之振动，一弯一直使得阻尼层时而被拉伸，时而被压缩，阻尼层内部的分子不断产生位移，并由于内摩擦阻力，导致振动能量被转化为热量而不断消耗，同时因阻尼层的刚度阻止金属板的弯曲振动，从而降低了金属板的噪声辐射。

描述阻尼大小通常用阻尼系数（损耗因子）表示，它的定义为每单位弧度的相位变化的时间内，内损耗的能量与系统最大弹性势能之比。它表征了板结构共振时，单位时间振动能量转变为热能的大小，阻尼系数越大，其阻尼特性越好。

6.6.2.2 阻尼材料

常用的阻尼材料除沥青、软橡胶外，还有阻尼浆，阻尼浆是由多种高分子材料配合而成的，主要分基料、填料、溶剂三部分。其中起阻尼作用的主要材料称作基料；如橡胶、沥青等；帮助增加阻尼，减少基料用量以降低成本的辅助材料称为填料，如软木粉、石棉纤维等；防止开裂的辅助材料称为溶剂，如矿物质、植物油等。

对金属进行阻尼处理一般有两种方式：一种是采用自由阻尼涂层，它是将阻尼材料直接粘贴或喷涂在需要减振的构件上；另一种方式是采用约束阻尼，即在金属板先粘贴一层阻尼材料，其外再覆盖一层金属薄板（约束板），金属结构振动时，阻尼层也随之振动，但要受外层金属薄板的约束。

6.7 钢铁行业的噪声控制

6.7.1 钢铁行业的噪声来源

钢铁企业按照生产工艺设置有矿山、烧结球团、炼铁、炼钢、轧钢、焦化、氧气站、耐火及铸造等部门。多部门生产采用不同的主要机械设备，噪声的治理方法也不同。

6.7.1.1 矿山噪声的来源

矿山主要负责矿石的开采工作和选矿工作。矿石开采分井下开采和露天开采，井下开采主要噪声源为凿岩机、局扇风机和主扇风机。露天开采的主要噪声源为自卸汽车、穿引机及选矿用的球磨机、破碎机、筛分机等，这些设备的声功率级一般在105~120dB（A）之间，属强噪声源。港务原料场由于承担原料的堆取料破碎、混匀等运转工作，主要的噪声源有破碎机、振动机、通风机及筛分机，这些设备产生的噪声属中低噪声。

6.7.1.2 烧结、炼铁、炼钢生产中的噪声来源

烧结生产的主要噪声来源有破碎机、筛分机、鼓风机或压缩机等强噪声源，其声功率级一般为105~115dB（A）。炼铁过程中噪声主要有高炉鼓风机站的鼓风机、蒸汽发电机、高炉放风阀等。炼钢生产主要噪声来源于炉头压缩空气喷头、空压机、鼓风机、燃料燃

烧、天车、加料机、锻锤循环泵、气泵、电炉等。电炉噪声功率级一般都在 110~126dB（A），氧气转炉车间主要噪声源产生的噪声功率级在 105~117dB（A）。

6.7.1.3　铸造工序的噪声来源

铸造工序的噪声来源有造型机、落砂机、球磨机、清砂滚筒、抛砂机、气锤、振动筛，其声功率级在 105~117dB（A）。

6.7.1.4　轧制过程中噪声的来源

轧制过程的生产车间有初轧、大型轨梁、无缝钢管、多种板材、线材及其他型材车间，噪声以机械噪声为主并伴随有空气动力性噪声。机械噪声主要是轧机运转、钢材轧制、钢材与辊道和冷床摩擦及碰撞、热锯切割钢材、人工精整钢板及翻板等形成的。轧制过程中还存在空压机、加热炉鼓风机、电动机、蒸汽排气等原因产生的空气动力噪声。噪声的功率级在 105~120dB（A）。

6.7.1.5　耐火材料、金属制品、焦化工厂的噪声来源

上述工序的主要噪声来源有球磨机、破碎机、电炉、振动筛、螺栓压力机、自动切边机、自动冷镦机、拔丝机、制钉压力机、包装机、水泵、鼓风机等，上述设备属强噪声源。其声功率级都在 105~115dB（A）。

钢铁企业的噪音危害巨大，必须对钢铁企业的噪音污染进行控制。在钢铁生产中，多生产工序产生的噪声不太一致，治理方法也不尽相同。

6.7.2　冶金企业部分噪声控制

6.7.2.1　风机噪声控制

A　风机的噪声源分析

风机在运行过程中会产生高强度噪声，影响环境。其主要表现为空气动力性噪声、机械噪声以及配用电机的噪声等。

（1）空气动力性噪声。主要有旋转噪声和涡流噪声，而主要声源部位是蜗壳与叶片风舌。叶片式风机的旋转噪声是叶轮转动时形成的周向不均匀气流与蜗壳，特别是与风舌的相互作用引起的噪声。在叶轮旋转时，叶片出口处沿周向气流的速度和压力都不均匀，从而在蜗壳上随时间产生压力脉动，形成一个噪声源，且不均匀性愈大，噪声愈强。同时。由于风舌的存在，风舌的压力脉动性反过来又作用影响到叶轮的叶片，形成第二个噪声源。这些噪声源都是由叶轮转动引起的，故称之为旋转噪声。

涡流噪声是由于叶轮在高速旋转时，周围气流骈生的涡流，由于空气黏滞力的作用，涡流又分裂成一系列小涡流，从而使空气发生扰动，产生噪声。

旋转噪声频谱呈现中低频特性，在功率较大、圆周速度较高的大型鼓风机中较为明显；涡流噪声为连续谱，呈中、高频特性，在通风机中要比鼓风机较为明显。

风机的空气动力性噪声通过敞开的风机进风口或出风口以及风机的机壳向外界辐射出的噪声。

（2）机械噪声。风机的机械噪声主要是由轴承、皮带传动时的摩擦以及支架、机壳、联结风管振动而产生的噪声。此外，风机发生故障，如叶轮转动不平衡，支架、地脚螺栓、轴承的松动、轴的弯曲等都会产生强烈的噪声。

（3）配用电机噪声。风机配用的电机的噪声主要有空气动力性噪声、电磁噪声和机械噪声。空气动力性噪声是由电机的冷却风扇旋转产生的空气压力脉动引起的气流噪声。电磁噪声是由定子与转子之间的交变电磁引力、磁致伸缩引起的。机械噪声主要是轴承噪声以及转子不平衡产生振动引起的。电机噪声中以空气动力性噪声为最强。

风机在正常运行时，空气动力性噪声是其噪声中最重要的组成部分，机械噪声、电机噪声也是不容忽视的一部分。

B 风机噪声治理措施

风机噪声的治理应首先从降低声源噪声的积极措施着手，如选用低噪声风机、电机，提高风机的安装精度，做好风机的平衡调试等；然后再根据风机噪声的强度、特性、传播途径以有其不同场所的要求，采取相应的措施予以治理。

（1）进、出风口噪声的治理。风机在用作鼓（送）风时，进风口敞开在外，出风口与送风管连接，此时，进风噪声是主要的；风机用作排风时，进风口与风管连接，与上述相反，排风噪声是主要的。风机的进、排风噪声治理，可设置消声器予以解决。在一些环境噪声要求较高的场合，气流再生噪声也值得注意。

（2）机壳噪声和电机噪声的治理。消声器仅能降低空气动力性噪声，风机的进、排风口安装了消声器后，可使进、排风口噪声降低 20~30dB，而风机的机壳噪声和电机噪声均没有降低。目前，控制机壳噪声主要采取隔声措施。实际上风机除了维修、调节风量外，一般不需要操作人员长时间在机旁工作，这就为风机的隔声措施提供了可行的条件，也可将多台风机集中在砖砌隔声房内；单台、较分散的风机可采用钢结构隔声罩予以解决。风机采取隔声处理后，须注意电机的冷却降温，以保证电机的正常运行。

（3）固体声传声治理。控制风机的固体声传声是通过基础和管道隔振实现的。欲降低风机的管道噪声，应先采取隔振处理。风机与进、排风管要采用柔性接管连接。中、低压系统采用帆布或橡胶制软接头；高压系统宜采用橡胶柔性接管，以防止风机的振动传递到管道上。管道隔振可减少噪声对外界辐射 4~7dB。柔性接管的隔声性能较差，应处于隔声罩（室）内，否则要作特殊处理。然后再对管道进行包扎。如果进、排风管已设置了消声器，一般就不必再作管道包扎，即可达到要求。

风机的设置宜直接坐落在地面上，尽量避免设置在刚度较低的楼板，尤其是钢平台上。否则轻薄的钢平台和楼板极易被"激发"，产生强烈噪声和固体声传导，污染环境。

风机基础的隔振，首先要尽可能增加机座惰性块的重量，一般以 2~3 倍为宜（它可按设备设置的部位和要求而定），这样可使风机的重心降低，相对地减少风机重心偏移的影响，增加了稳定性，使隔振器受力均匀，风机运行时的振幅得以控制，也防止了出现风机通过共振转速时振幅过大的现象。

6.7.2.2 冷却塔噪声控制

A 冷却塔的噪声源分析

冷却塔噪声产生机理是随着形式的不同而各异，而其中以机械通风冷却塔的发声部位较多，故以其为例，叙述冷却塔噪声的产生机理。

（1）机械噪声。冷却塔的机械噪声，大致有皮带传动或齿轮传动及传动机械中的轴承所发生的噪声。带传动较多采用三角带，目前也有采用同步带传动，但其发生的噪声不大，一般可不予考虑。

由于电机转速较高，冷却塔一般采用直角形减速齿轮组以带动风机。齿轮啮合时，轮齿撞击和摩擦产生振动与噪声。另外，轴承主要是滚动轴承，也会发生较高的噪声，通常属低频声，传播距离较远且影响较大，应予以特别重视。

（2）电动机噪声。电动机噪声主要由电磁力引起。磁力作用在定子与转子之间的气隙中，其力波在气隙中是旋转的或是脉动的，力的大小与电磁负荷、电机有效部分的某些结构和计算参数有关。为了降低塔的噪声，应选用低噪声电动机。

（3）淋水噪声。冷却塔的淋水噪声在冷却塔总噪声级中仅次于风机的噪声。水量的大小，也即塔的大小，与淋水声直接有关。淋水声不但与冷却塔水池的水深有关，而且还与水滴细化程度有关。显然，倾盆注入的水流要比细如雾状的水珠不仅热交换差，而且噪声也高，这就要求有高质量的喷头，水滴细化良好。另外，受水填料种类也影响噪声值，软性材料要比硬性材料噪声低，斜置填料要比直接正面滴入噪声低，有折波式和点波式几种，选用时要适当考虑。

（4）水泵噪声。循环水泵噪声往往也是很强的噪声源，尤其是水泵本身质量不高，安装不良或年久失修时。一般情况下，尽量把水泵置于专门室内，不但易于保养，而且对环境影响也较小。

（5）冷却塔的配管及阀件噪声。在调节或开启、关闭阀件时，由于阀门的节流作用造成刺耳的水击声。这种情况一般很少发生。

B　冷却塔噪声治理要点

a　风机降噪措施

（1）增大叶轮直径，降低风机转速，减小圆周速度。根据冷却塔的特点和节能要求，增大叶轮直径，减低出口动压，从而可以实现节能和降噪的要求。

（2）采用大圆弧过渡的阔叶片，其形状近似于带圆角的长方形，适于配合低速驱动，并能达到高效及降噪要求。叶片扭转角为空间扭曲型，合理选择升力系数和冲角值，有利于减小周期扰动和尾迹涡流，可实现较大的降噪量，且具有良好的气动性能。这类叶型风叶所用材料一般为轻型铝合板材。

（3）机翼形叶片，要比等厚度板形叶片气流扰动来得小，尤其是大风叶和在较高转速时，具有较高升力系数和较大的冲角，有利于减少周期扰动和尾迹涡流，可实现较大的降噪量，并具有良好的气动性能。

（4）采用均流收缩段线，最大限度实现了均匀的气流速度场，使风机进口处涡流减为最小，确保轴流风机的正常工作条件。

（5）风叶外缘与机壳的间隙应该是常数，否则将产生不均匀扰动，出现周期性的脉动噪声，因此要控制外缘径向跳动量。

（6）风叶端面应在同一平面内，否则将形成湍流噪声。

（7）提高整机部件加工和安装精度，也可降低风机噪声。

（8）提高转子平衡精度，先作静校，后作动平衡校准，以减少振动和由此而引起的风叶扰动噪声。

b 淋水噪声降低措施

（1）增加填料厚度，改进填料布置形式，对降低淋水落噪声有利。

（2）在填料与受水盘水面间悬吊"雪花片"（因其形状如雪花而得名，是用高压聚乙烯横压成型），可减小落水差，使水滴细化，降低淋水噪声。

（3）受水面上铺设聚氨酯多孔泡沫塑料。这是一种专门用于冷却塔降噪用的新型材料，它既有一般泡沫塑料的柔软性，又有多孔漏水的通水性，可减小落水撞击噪声。

（4）进风口增设抛物线形状放射式挡声板，进风不受影响，而落水噪声则不会直接向外辐射。

c 设置声屏障

在冷却塔噪声控制工程中，声屏障是比较常用的降噪措施。设置时应注意下面 3 点：

（1）一般来说，增加声屏障将影响冷却塔正常进风，影响冷却效果，这就要看原来有的冷却塔是否留有富余容量，否则慎用。

（2）冷却塔声屏障一般只能设置一个边，至多能 L 形布置。若噪声影响居民面广，上置屏障的效果不尽理想。

（3）冷却塔声屏障高和宽的面积一般都很大，而且大都安装在高处，受风压力大，建造时要考虑原建筑是否牢固，有没有安装位置。

d 增设消声器

增设进排气消声器也将影响通风效果，因此对消声器除了消声量要求外，通风阻力也要小。

（1）进气消声器。增设进风消声围裙，实际上是一种消声空腔，进风首先通过消声百叶窗，然后进入环状消声腔，使得淋水噪声通过进风口外辐射时有较大的衰减。

（2）排气消声器。阻性消声器的消声量依通道长度而定，每米 15~18dB(A)。

6.7.2.3 内燃机噪声控制

A 内燃机噪声源分析

内燃机的整机噪声通常分为气体动力性噪声、燃烧噪声和机械噪声。其中气体动力性噪声包括排气噪声、进气噪声和冷却系统风扇噪声。

（1）排气噪声。排气噪声是内燃机声源组成中最高的噪声源，属于一种宽频带噪声，其噪声级高达 117~125dB。噪声峰值一般出现在排气周期性基频及其谐波处，尤其是单缸机气柱共振产生的低频峰值，而涡旋则形成高频峰值。

（2）进气噪声。对于非增压柴油机，因进气管道上空气滤清器的吸声作用，进气噪声可得到大幅度抑制，对于增压柴油机，高速压气机会产生强烈的高频叶片噪声和涡旋噪声，声级比非增压时高 8dB。

（3）燃烧噪声。汽油机用电火花点燃汽油和空气的混合体，燃烧柔和，因此燃烧噪声不很突出。柴油机则相反，它是靠压缩提高气缸内空气压力和温度，使雾化了的柴油突然自燃，一旦着火，燃烧就很剧烈甚至粗暴，燃烧噪声就很高。

（4）机械噪声。内燃机的机械噪声是其零部件在相对运动时，相互撞击并激发结构振动所产生的，以活塞撞击、曲轴扭振和齿轮机构的振动响应为主。

（5）冷却系统风扇噪声。用于冷却水箱的风扇是不可忽视的声源之一，尤其在大型柴油机上这类噪声显得十分突出，当内燃机的进、排气管路安装消声器后，风扇噪声便成为主要成分。

B　内燃机噪声治理要点

（1）降低进、排气噪声。在进、排气管路上安装消声器是降低噪声的有效措施，通常排气消声器选用抗性消声器，而进气消声器可用抗性或阻抗复合消声器。

（2）降低燃烧噪声。燃烧噪声主要产生在速燃期，强度主要由最大压力升高率决定。压力升高率主要取决于着火延迟期的长短和在着火延迟期内形成可燃混合气的数量。缩短着火延迟期，可使着火前形成的可燃混合气量少些，着火后压力升高较缓，燃烧噪声较低。

缩短着火延迟期的一种措施是减小喷油提前角，推迟喷油开始时间，降噪声作用明显。采用增压措施，可使柴油进气密度、压力和温度升高，缩短着火延迟期，燃烧变得柔和，压力升高率降低，燃烧噪声显著降低。在组织供油规律时应努力使着火延迟期最短。采用预喷射、泵喷嘴和双弹簧喷油器装置等减少着火延迟期内的喷油量，也可减少压力升高率，降低燃烧噪声。此外选用低噪声燃烧室如碗形、球形燃烧室等，也能取得很好的降噪效果。

在降低燃烧噪声的同时，会使内燃机的其他一些性能指标例如烟度、油耗和排放恶化。这就必须统筹兼顾，为获得各种性能指标的最佳组合，有时只好折中。因此受其他因素制约，难以减小燃烧激励力时，从结构上采取措施使燃烧力激励的振动在传递到内燃机表面的途径中，尽可能地衰减并减小表面噪声辐射效率，对于降低燃烧噪声显然也是非常有效的。

（3）降低机械噪声。

1）降低活塞撞击噪声的措施。通过改进活塞结构，减小活塞与气缸的工作间隙是有效的降噪措施。此外，减小活塞撞击的措施还有减少活塞环数量，缩短活塞长度，采用椭圆活塞环、压力润滑和活塞销向主推力面偏移以及提高气缸套刚度和阻尼，减小缸套变形等。

2）曲轴扭振噪声的降低。曲轴扭振噪声可装置扭振减振器降噪。内燃机扭振减振器应同时满足曲轴扭振强度要求和降噪要求。扭振减振器的减振性能和调频特性与结构形式有关。近年来发展的压入式橡胶减振器性能优于硫化式橡胶减振器。

3）降低齿轮机构噪声的措施。对于齿轮机构的降噪需要从消除共振、增大刚度、降低转速、改进齿形、提高精度等多方面考虑。

（4）降低结构响应。内燃机的结构件在燃烧力和机械撞击力作用下表面产生法向振动时辐射噪声称结构响应，辐射效率取决于其模态。构件主要有机体、缸盖罩、齿轮室盖板、油底壳、进排气管、机体盖板和皮带盘等。降低结构响应的有效途径是降低表面振动模态的幅值，把结构件的主要声辐射模态调整到激励力最小的频率上。例如，合理加强机体不同部位的刚度；在钢板制油底壳、缸盖罩，齿轮室前盖板类零件上设置或压出加强筋或加阻尼层；对进气管、油底壳等安装结合面作隔振处理等。

（5）降低冷却风扇噪声。合理设计风扇叶片，采用机翼型叶片可降低风扇噪声；采用隔声室——消声器的综合治理方案，不仅可有效降低风扇噪声，同时对其他部分产生的噪声也有显著的效果。

6.7.2.4 水泵房的噪声治理

A 水泵的噪声源分析

水泵噪声就其发声部位来说，主要为泵体噪声、电机噪声及管路噪声3个部分。

当叶轮被泵轴带动高速旋转时，叶片和被叶片带动的水流之间发生力的作用，将外加的机械能传递给被抛的水流。当叶轮转动，叶片上的水流质点的圆周速度沿半径方向愈来愈大，在逐渐增大的离心力作用下，基本上沿着径向流过叶轮，并被甩向叶轮出口，从而使水流获得动能。由于水泵叶轮上的叶片数有限，在叶轮出口处圆周方向形成的压力分布不均，当水周期性地通过导叶的进口或蜗壳室的隔舌部位时，这个压力的高低变化就传递到压水侧，这种压力脉动产生了泵体的噪声以及泵壳出水管的振动。同时在叶轮、导叶、泵壳的内部，漩涡的发生是不可避免的，特别是在远离水泵设计工况点的状态下，这种漩涡不规则地反复发生、消失，也会产生噪声和振动。

B 水泵噪声治理措施

水泵噪声频谱呈中频特性，高频声较小，在31.5~125Hz的低频段常有一个峰值，其声级一般在85~101dB（A），随着转速、扬程增高，噪声级亦增高。根据水泵噪声产生机理、传播途径及不同场所的要求，可采取相应的措施，见表6-2。

表6-2 水泵噪声治理措施

噪声来源		采取措施
机械性故障	地脚螺栓松动	拧紧并填实地脚螺栓
	联轴器不同心	矫正同心度
	转动部件振动大	对转动部件校正平衡，校正电机与泵体同心度
	泵轴弯曲，轴承坏或磨损	矫直或调换泵轴，更换轴承
	泵内有严重摩擦	检查并修整咬住部分
气蚀、水锤		选择合适的阀型及口径，降低吸水高度，减少水头损失，避免远离泵的设计工作点运行，减少局部流速过高的现象
机组噪声空气声传导		机房（组）作隔声（降温通风）吸声处理。电机亦可设局部隔声罩
机组固体声传导		避免将水泵设置在水池上或楼板上，需设在楼板上时，应使水泵基础中心和梁中心一致或使之跨在两根梁上，尽可能接近建筑物墙壁
		机组做隔振处理，进、出水管配置柔性接管，管道支架座弹性支承连接，进、出水管与墙体连接处垫软木或橡胶板
管路噪声		设置消声装置，如加设1/4的长分支管或水锤消声器，管道包孔

6.7.2.5 中小型空压站的噪声控制

A 空压机噪声源分析

空压机噪声与振动中进气噪声、排气噪声及排放噪声属于空气动力噪声；压缩机与电机的本机噪声属机械噪声。往复活塞式压缩机运行时曲柄连杆不平衡力产生较大的振动扰力，电机的旋转质量不平衡亦产生振动扰力，排气管道系统也有可能产生振动，甚至共振，这些振动扰力通过基础及支承结构传播影响环境。

（1）进气噪声。在空压机运行过程中吸气阀不停地间歇开闭，气体间歇地被吸入气缸，在进气管内形成压力脉动的气流，以声波的形式从进气口辐射出来形成进气噪声。实测表明，空压机的进气噪声较机组其他部位辐射的噪声高出 5~10dB（A），是整个机组的主要声源部位，又由于大部分中小型空压站的进气口都设在室外屋檐之上，所以对外环境的污染严重。

（2）排气噪声。空压机排出的压缩空气经排气管进入储气罐或其他用气部位，与进气一样，排气也是间歇地进行，必然要形成压力脉动，使排气管和储气罐振动而辐射噪声。由于排气是在密封管道中进行的，管道壁较厚，有的系统在储气罐和排气口之间还设有冷却器，所以排气噪声比进气噪声要低，也呈明显的低频特性。如果排气管道系统设计不当也有可能发生共振而产生结构噪声。有些空压站的储气罐布置在室外，甚至接近居民住宅，其噪声对环境亦有不利的影响。

（3）排放噪声。有的空压站在空气机的排气管道或储气罐设置了排放口，在周期性停车或调试过程中，把压缩空气排放至大气而形成很强的喷射噪声，声级可超过 110dB（A），是空压站最强的噪声源。排放口常启动，并且声级过高，对内外环境都有较大的危害。

（4）机体本身噪声。空压机运转时，许多部件撞击摩擦而产生机械性噪声即本机噪声，主要包括曲柄连杆机构的撞击声、活塞在气缸内做往复运动的摩擦振动噪声以及阀片对阀座冲击产生的噪声等。机体本身噪声具有随机性质，呈宽频特性。

（5）电机噪声。一般来说，中小型空压机组的电机噪声要比空压机本机噪声低一个数量级，占次要地位。

（6）空压机的振动。空压机曲柄连杆机构的往复运动所产生的不平衡扰力是压缩机基础振动的根源。这些振动对人体的危害比较严重，是空压站内外环境恶劣的主要原因之一。V 型及 W 型空压机，气缸直径小，不平衡力较小；L 型空压机具有较大的垂直扰力和水平扰力；Z 型空压机也具有一定的垂直扰力及回转力矩。

（7）空压机站噪声振动概况。一般来说，安装多台往复活塞式空压机的空压站是一个强噪声及强振动的动力站房，如果不采取必要的控制，空压机运转时产生的噪声振动将对站房内外环境形成较严重的污染。

（8）空压站的辅助设备噪声。空压站的辅助设备是水冷却系统的设备：离心水泵及冷却塔；气体的干燥与净化系统设备：切换阀门及脱水器；通风系统的轴流风机等。虽然这些辅助设备的噪声比起空压机的进排气及本机噪声要低一个数量级，但是在空压机主要声源经控制降低后，这些辅助设备的噪声有可能突出，对于邻近居民住宅的空压站，这些辅助设备的噪声与振动的影响不可低估。

B　空压站噪声振动控制的方法

（1）进气消声。由于空压机进气噪声比机组噪声高出 10dB（A）以上，所以在空压机进气口或管路上安装消声器以降低进气噪声是必须实施的措施之一。应注意消声器内部清洁及滤清器的配合使用，并尽可能减少进风阻力。在选用进气消声器时，应注意消声器的过滤作用与压降指标，消声器一般安装在进气端。

（2）排气消声。空压机排气口处安装消声器是降低气体脉动形成的低频噪声，可使排气管道及储气罐处噪声有较大的降低，有的排气系统安装有冷却器也可起到类似的作用。

（3）排放口消声。在压缩空气排放口安装放空消声器，可大大降低排放口的压缩空气喷注噪声。

（4）储气罐内吸声。在储气罐内安装吸声体，可降低储气罐内的共鸣声。但在安装了排汽消声器后，一般情况下此措施已无必要。在特殊情况下，储气罐内安装吸声体时，要考虑到罐内的压缩气体的温度、含油含水、储气罐是压力容器等工况。

（5）站房内建筑吸声。在站房内及值班室的顶部安装吸声结构是为了增大站房内的吸声系数，降低因混响引起的噪声，减少站房噪声对外环境的影响。吸声结构的设计须充分考虑站房噪声的低频特性，适当加大吸声材料的厚度和容重，吸声结构还须考虑室内消防、安全及色彩协调问题。

（6）隔声值班室。在空压站的一侧或一端设置一个按标准要求的隔声值班室，使操作值班人员在其中观察和休息，仅是定期进入站房内巡视检查，这样可使值班人员大部分时间免受较高噪声的直接影响。

（7）门窗处理及通风系统的消声。一般情况下，空压站的门窗不应封闭，以利于站房内的通风降温，但站房距居民住宅较近时，就不得不把空压站的门窗封闭并安装机械通风系统。也就是说，门窗一旦封闭，就必须机械通风，风量须满是机组散热的要求。

（8）空压机的隔振处理。中小型往复活塞式空压机的隔振因机型不同、结构不同及振动扰力不同，处理方法及难易程度也不同。V 型及 W 型空压机，重心较低，转速较高，结构基本对称，隔振处理比较简单。Z 型空压机重心偏高，有一定的倾覆力矩，隔振结构设计应比较慎重。L 型空压机的重心偏高，不但有较大的垂直扰力，而且有较大的作用位置较高的水平扰力，尤其是低转速 L 型空压机的隔振后机组振幅不易控制，难度较大，应进行必要的工程计算。在进行隔振设计时，应着重考虑以下几方面的问题：

1）隔振效率与系统固有频率的确定；

2）机组振动的控制值；

3）隔振器的选择；

4）管疲乏及电缆的弹性连接；

5）隔振效果。

7 工业生态系统循环经济技术

7.1 能源的开发利用

7.1.1 高炉余压发电技术

高炉余压发电技术简称"TRT"，所谓"TRT"是国际上对这种节能装置的简称，其英文全称为"Top Pressure Recovery Turbine Unit"，一般确切地称之为高炉煤气余压回收透平发电机组。

高炉是钢铁企业的重要设备，其主要作用是冶炼生铁。炉内有铁矿石、焦炭和附加物组成的炼铁炉料，当高温空气被鼓风机鼓入高炉后，经过一系列化学反应，熔化的铁水从高炉底部排出。其顶部则输送出大量的高炉煤气，经过重力除尘、旋风除尘及干式（或湿式）煤气清洗工艺得到较干净的高炉煤气，再经过减压阀组或 TRT 进入低压煤气管网供用户使用。

随着高炉越来越趋向于大型化和高压炉顶，高炉所需能耗也越来越大，另外，由于原来炉顶压力是由减压阀组控制的，故顶压越高，在减压阀组上浪费的能量也就越多，产生的噪声也越大，对环境的污染程度越大。TRT 是用透平膨胀机将原来损耗在减压阀组上的高炉煤气的压力能转换成机械能，再通过发电机将机械能变成电能输送给电网，据统计TRT 回收的能量相当于高炉鼓风能耗的三分之一左右。该装置的特点是：不消耗任何燃料，是消除噪声污染、无公害的最经济的发电设备，可以代替减压阀组调节稳定炉顶压力。由此可见，TRT 既具有显著的经济效益，又具有明显的环保、社会效益，因此各钢铁企业都作为重大节能技术推广应用。

TRT 装置在工艺中的设置一般是：高炉产生的煤气经过重力除尘器、塔文系统/双文系统/比肖夫系统，进入 TRT 装置，TRT 与减压阀组是并联设置。高压的高炉煤气经过TRT 的入口蝶阀、入口插板阀、（调速阀）、快切阀，进入透平机膨胀做功，带动发电机发电，自透平出来的低压煤气，进入低压煤气系统。发电机的出线断路器接在 10kV 系统母线上，经变电所与电网相连，当 TRT 运行，高炉正常时，发电机向电网送电，当高炉短期休风时，TRT 不解列停机，作电动运行，从电网吸收电能。

近年来，通过干式 TRT 改造，TRT 发电量显著增加。2015 年底调研的 56 座干式 TRT 的 1000m³ 以上高炉，最高发电量已达 57kW·h/t，如图 7-1 所示。而一般湿式 TRT 发电量在 30kW·h/t 左右。目前，仍有部分 1000m³ 以上采用湿式 TRT，存在进一步改造的空间。

7.1.2 煤气的民用化

冶金生产过程排放的煤气，包括焦炉煤气、高炉煤气、转炉煤气、电炉及铁合金炉的

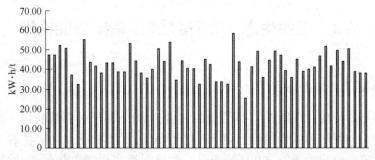

图 7-1　2015 年 56 座 1000m³ 以上高炉干式 TRT 吨铁发电量

烟气等。这些煤气或烟气的温度较高，含有大量的物理热和化学热，是一种良好的能源。同时，冶金炉煤气中，含有的碳、氢化合物的比例很高，如利用得当是很好的化工资源。因此，应大力加强煤气利用的研究。

目前，冶金炉煤气主要用做冶金厂内部的燃料，比如用于热风炉的换热、加热炉内对钢锭的加热等。一般说来，冶金生产所产生的煤气量远大于冶金企业所使用的煤气量，富余的部分目前还没有很好地利用。

要使冶金炉煤气得到充分利用，必须要有良好的除尘设施和煤气中气态污染物的处理设施。煤气中的粉尘含量和硫化物等的含量必须小于所规定的标准（因为粉尘对管道和设备具有磨损和腐蚀作用；硫化物等在钢锭加热时对钢锭的表面质量产生有害影响，并在煤气制取化工产品时对催化剂具有很大的毒害作用）。国内目前的现状是由于环保设施不过关、煤气储存设备的容量不足、利用途径不多和利用量不足等原因，煤气的回收率与国外先进水平相比有很大差距。相比之下，转炉煤气回收利用的难度更大。

从节能的角度出发，煤气的物理热应通过废气余热锅炉和烟气管道的冷却充分地回收和利用，或将煤气的废气余热和余压用于发电而回收能源。煤气经过一定的处理和转换用作城市的供热和取暖，焦炉煤气中含有 CH_4 的比例较高，可采取近似天然气的工艺制取合成氨，目前国内有少数厂家（如攀钢等）生产。高炉煤气中由于含有的 CO 比例不高（15%~25%），而含有的 N_2 量很高（55%~60%），制取化工产品从经济的角度来说难度较大。转炉煤气含有 CO 的量很高（依据煤气收集方式的不同达 60%~90%），从理论上来说是一种很好的化工资源。

转炉煤气可以用作制取合成氨、尿素、甲醇等产品。其基本原理是使 CO 产生变换反应：

$$CO + H_2O \Longrightarrow H_2 + CO_2$$

这一反应是一可逆反应，使用催化剂控制反应的平衡转化率。当制作合成氨时，要求反应进行彻底，在合成塔内经脱硫和脱 CO_2 后与制氧机的副产品 N_2 在催化作用下合成氨。NH_3 与脱下的 CO_2 合成尿素（$CO(NH_2)_2$）。控制上述反应的平衡转化率使其部分转化为 H_2，再经脱硫和脱 CO_2 后，将 CO 和 H_2 的混合气体合成甲醇。据理论估算并考虑到生产效率问题，年产 100 万吨的转炉炼钢产生的煤气可合成氨约 5 万吨，并可生产约 10 万吨的 CO_2。若年产 600 万吨钢的企业，其煤气可合成氨 30 万吨左右，相当于国家的一个大型或特大型氨厂的产量，并且炼钢工艺和此合成氨工艺产生的 N_2 和 CO_2 的量对尿素合成所需的量来讲是足够的。因此，用转炉煤气制造尿素有较好的技术经济优越性。

7.2　工业生态（循环经济）系统节能减排

7.2.1　生态钢铁工业发展途径

钢铁行业是高消耗、高能耗，高污染的行业。以"高开采—低利用—高能耗—高排放"为特征的单向发展模式已经行不通。末端治理需要大量资金、回收的资源得不到有效的利用，影响企业的经济效益和环境质量。钢铁制造实现绿色化是 21 世纪钢铁产业发展的最大目标。

工业生态（循环经济）是一种可持续发展的生态经济。是按照自然生态系统的物质循环、能量守恒和生态规律，利用自然资源和环境容量重构经济系统。"减量化（Reduce）、再利用（Reuse）、再循环（Recycle）"（简称"3R"原则）是循环经济最重要的实际操作原则。20 世纪 90 年代以来，发展循环经济已成为国际社会的一大趋势。循环经济是一种建立在物质不断循环利用基础上的经济发展模式，组织成一个"资源—产品—资源再生"的闭环反馈式循环过程，以期实现"最佳化的生产、最适度的消费，最少量的废弃"。循环经济倡导的是一种与环境、社会和谐的经济发展模式。

7.2.2　发展循环经济的基本思路

（1）指导思想。按照循环经济的"3R"原则，通过实施可持续发展战略，促进金属和非金属资源节约、能源高效利用、水资源节约、清洁生产、节能减排以及资源回收与综合利用，追求生态环境和经济效益的最佳化。发展具有市场潜力和比较优势的钢铁制造系统，延长产品生产链，生产高档次、高附加值的精品板材，以获取更高的资源利用价值和钢材使用价值。构建资源和能源节约、生产与管理高效、环境清洁的运行管理模式，使21 世纪钢铁厂成为与环境友好的能源和资源节约型绿色冶金工厂。

（2）发展思路。循环经济是把清洁生产、资源综合利用、可再生能源开发、产品的生态设计和生态消费融为一体，达到"生态工业系统"与"自然生态系统"相耦合的自然循环型。钢铁制造流程经过不断的技术开发和集成优化，可以使整体功能得到拓展，不断地延伸其制造链、经营链，形成工业生态链，铁素资源形成循环经济中的重要一环，如图 7-2 所示。钢铁企业生产的产品供给社会使用，钢铁产品生产过程中产生的气、固、液废弃物经过采取经济有效的处理手段后，可再次在钢铁企业内部循环使用，富余的可被社会使用的资源，如水、蒸汽、电等可以再次供给社会利用。钢铁厂的社会经济职能也通过生态化转型得到进一步扩展。

建设循环型企业的目标是"零排放"，企业内部建立资源循环、能源循环、水循环、冶金渣和固体废弃物循环的四个循环体系。

钢铁工业发展循环经济的关键主要体现在工业物质和能源"小、中、大"三个层面上的循环，即在三个层面上运用"减量化、再利用、再循环"原则，把钢铁企业的经济活动组成一个"资源—产品—再资源"的反馈式流程，实现"低开采、高利用、低排放"，最大限度地利用物质和能量、提高资源效率、减少污染物排放，提升经济运行效益。

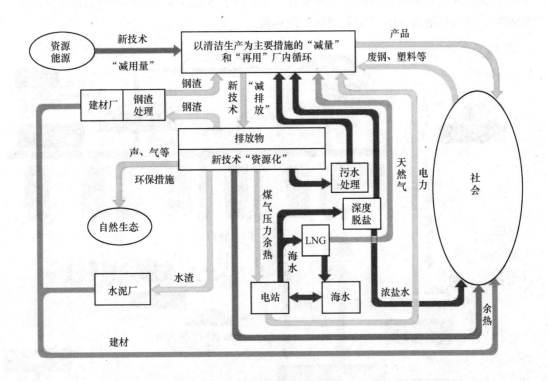

图 7-2 循环经济流程图

钢铁企业将面向市场，拓展企业的钢铁生产功能，使它除充分发挥钢铁生产功能外，还具有能源转换、固体废弃物处理和为相关行业提供原料等功能，实现物质和能源的循环。图 7-3 显示了钢铁厂中的物质和能源中、小循环以及钢铁企业与社会之间的物质和能源的大循环。钢铁企业在"小、中、大"三个层面的物质循环系统如下：

（1）小循环。指钢铁企业内部的物质、能量和废弃物循环。包括以铁素资源为核心的生产上下工序之间的循环，水在各个工序内部的自循环以及各个工序生产过程中产生的副产品在本工业内的循环等，例如，下游工序的副产品、废品和固体粉尘与炉渣，返回到上游工序，作为原料重新处理以及其他消耗品在本企业内的循环。

（2）中循环。指钢铁企业与其他企业之间的物质和能量循环。例如，下游产品的废物返回上游工序，作为原料重新利用；或者是一个企业产生的副产品、废品和余热、余能送往其他企业，加以利用。这就是"生态工业园"的基本思路。

（3）大循环。指钢铁企业与社会之间的物质和能量循环。包括向社会提供民用煤气，在冬季将余热输供社会居民取暖，以替代燃煤锅炉；利用钢铁高温冶炼条件成为城市废弃物处理中心；钢铁渣用于建材和城市道路交通建设；利用煤焦油深加工芳香烃衍生物作为医药、颜料等精细化工产品的中间原料；利用钢铁的高炉水渣、转炉钢渣、石灰筛下物及粉煤灰等固体废弃物生产水泥熟料；使用报废的钢铁产品并经回收后作为钢铁生产原料重新使用等。

按照上述 3 个循环层次，钢铁工业可主要从提高铁素资源利用效率、能源循环利用率、水循环利用率和固体废弃物利用率等 4 个方面入手实施循环经济。目前，正在兴建的湛江钢铁基地和武钢防城港钢铁基地项目，都定位于节能减排和循环经济指标达到国际一流水平，将被打造为全国"绿色钢铁"的典范。

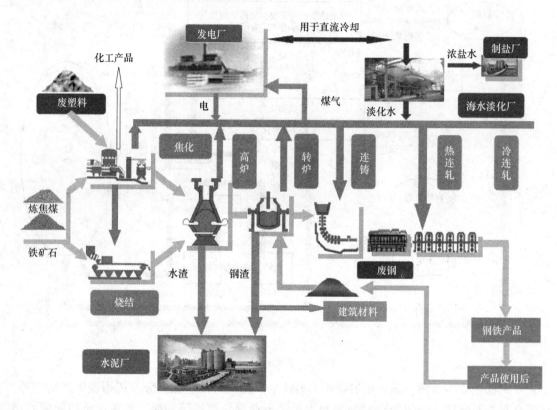

图7-3　钢铁厂循环经济流程

此外，应打破行业壁垒，大力发展行业链接技术，构建行业和企业间循环经济产业链。其具体措施和实施途径包括：

（1）钢铁-电力循环经济产业链。实现钢铁企业煤气"零排放"的一个重要途径，是建立"共同火力发电"模式，即钢铁企业将多余的副产煤气输送给火力发电厂，代替部分煤炭燃料，以充分利用钢铁企业的剩余煤气，实现煤气"零排放"，或钢铁企业自行利用余热余压进行并网发电。共同火力发电整合了钢铁企业和电力企业各自的优势，充分利用了钢铁企业的剩余煤气和火力发电厂的现有设备资源（锅炉和发电机组），相互弥补，在增加很少投入的情况下即可获得最大效益。

此外，钢铁企业自己建设利用余热余能的发电机组实现自主发电，产生的电能一部分满足自身生产的需要，多余部分并入市政电网。与之相应的发电技术和余热余能形式包括高炉炉顶余压发电（TRT）、余热锅炉蒸汽发电、煤气—蒸汽联合循环发电（CCPP）、全烧高炉煤气或气煤混烧锅炉余热发电等。

（2）钢铁-化工循环经济产业链。钢铁生产过程产生的焦炉煤气、高炉煤气和转炉煤气除作为燃料，用于企业内部生产，还可作为化工产业的原料用于生产氢、甲醇、二甲醚等，产生更高的附加值，由此与化工行业构成循环链接，实现资源效率最大化和经济效益最大化。其主要可实行模式有：

1）利用焦炉煤气规模提氢气，生产出来的氢气转供炼油、石化等行业加氢处理提高油品质量。如莱钢利用焦化副产品建设苯加氢等煤化工项目，已开发化工产品 15 种，年产值达到 5.36 亿元。

2）可利用焦炉煤气提氢气，转炉煤气提一氧化碳、二氧化碳，合成精甲醇，尾气可发电。

3）利用焦炉煤气、转炉煤气可生产商品甲醇、燃气、乙二醇、醋酸产品；引入新型煤气化炉生产清洁燃气，与尾气、高炉煤气实施燃气蒸汽联合循环发电，并实施余热余能分布式发电，可实现用电自给及外送。利用焦炉煤气吸附制氢工艺是目前比较成熟的技术。钢铁企业（或焦化厂）的副产焦炉煤气有 50%～60% 的氢气、20%～30% 的甲烷，是非常好的制氢原料。与天然气制氢相比，焦炉煤气制氢节省了蒸汽转换或部分氧化等甲烷裂解过程，节约了相应的能源消耗，相对更加经济，是大规模、高效、低成本生产廉价氢气的有效途径。此外，还可为石化行业提供加氢处理气体、氢气动力汽车，以及为氢冶金服务，这些有可能成为中国使用氢能源的突破口之一。

（3）钢铁-建材产业链。在钢铁生产过程中，产生的固体副产物主要有高炉渣、转炉渣、除尘系统的粉尘及脱硫副产物等，这些固体副产物的主要成分与水泥成分接近，可以做水泥原料使用。因此，钢铁生产可与建材行业链接，构成钢铁—建材循环经济产业链，使副产的冶金渣资源化利用。与之相配套的技术有冶金炉渣生产水泥、冶金炉渣生产微晶玻璃、陶瓷等多种途径。此外，钢铁生产产生的脱硫石膏可用含二氧化碳的烟气生产碳化砖，利用其中的氧化钙成分碳酸化来固定二氧化碳，生产碳酸钙产品，以废治废，使副产物得以资源化，实现高附加值利用。

（4）钢铁-市政产业链。钢铁-市政循环经济产业链主要是与城市污水处理厂联合，充分利用中水和污水。城市污水经过污水处理厂处理后排放的中水，可以作为钢铁生产过程中的冷却水或工艺用水。根据钢铁企业与城市的关联程度，可在钢铁企业内部或紧邻钢铁企业建立城市污水处理厂，使其具有处理城市污水和提高钢铁生产水资源的双重功能。

（5）钢铁-农业循环经济产业链。钢渣中含有较高的 Ca、Mg，同时含有 P、S 等有益元素，用于制造硅肥、磷肥、钾肥、复合肥、缓释肥、土壤改良剂等，有利于改良土壤，保持土壤成分均衡促进农作物生成。

（6）钢铁-有色金属循环经济产业链。钢铁生产过程中产生的烧结烟尘、高炉尘泥、转炉尘泥中都含一定比例的锌，特别是高炉尘泥中锌的成分较高，可以作为有色行业提取锌的原料，转炉尘泥中铁的含量较高，可以返还烧结重新利用，实现废物的资源化利用。

钢铁工业发展循环经济基本模式如图 7-4 所示。

钢铁企业实施循环经济发展的典型案例包括：

（1）我国首个钢铁工业生态园区——包钢生态园区。包头钢铁工业生态园区是我国首个以钢铁行业的生态工业园区，园区以包钢为主体，以钢铁和稀土为主导产业，由钢铁产业群落、稀土产业群落、配套群落和决策支持网络四个群落组成。辅助以相关补链企业与静脉产业，作为工业生态产业链的还原者，增加产业链的抗风险能力，同时使整个生态链更为完整。形成矿石—铁精矿—烧结矿—铁—钢—机械加工的主产业链；矿石—铁精矿—烧结矿—铁渣—钢渣—建筑材料的资源化产业链；矿石—稀土精矿—矿粉—稀土功能材料—稀土应用材料产生链和煤炭—焦炭—煤气—电力产业链。钢铁群落与配套群落之间构

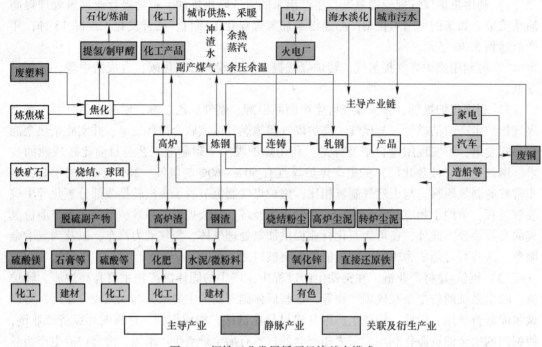

图 7-4   钢铁工业发展循环经济基本模式

成互利共生关系，如炼铁的高炉煤气提供给发电厂作为发电能源的来源，而电厂的电力又直接服务于钢铁的生产。钢铁群落在中循环上又与补链企业构成偏离共生关系，如煤炭行业为钢铁行业能源和钢铁生产的辅料，钢铁工业生产的钢材用于机械加工产业，生产过程产生的废钢渣和铁渣经过处理后，用于建筑材料行业。园区内的环保行业作为生态工业链的分解者和还原者，最无法回用的废物进行处理，实现园区水资源等的循环，减少了园区对周边环境的压力。

（2）本钢集团规划成为循环性钢铁企业。本钢集团针对自身发展中存在的工艺装备落后、能耗、水耗较高、产品结构单一等问题，以循环经济理念为指导，结合自身的区位优势，加强多层次产业链的共生耦合与延伸，优化产品结构与产业结构，重点发展高级汽车板、高档家电板、高强度涂层板、无取向硅钢片等关键短缺钢材品种。依靠自筹资金等途径，加快产业升级、淘汰落后产能，实施设备技术大型化、现代化和高效化，是老工业基地完成现代化改造，走新型工业道路。对于自有矿山的开采实行边开采、边绿化，将废弃的采场、排土场、尾矿库的生态恢复作为一种生产投资，以此为基础发展生态农业、林业和旅游业，将单纯的经济负担转变为新型经营型的生态环境产业，向生态产业多元化方向发展。同时，利用本钢集团的发展拉动其他产业和地区的发展，促进当地的产业结构调整和提升。将企业自身副产的煤气、蒸汽、余热等作为清洁燃料、清洁热源提供给周边社会，并消纳来自社会的部分废弃物资。以本钢集团为核心，高度相关的钢铁和煤炭产业链，钢铁加工、新型材料和仓储物流功能区的建设为重点规划的生态园区，目的是使本钢成为东北地区乃至全国钢铁企业循环经济的示范，并促进当地经济的发展。

（3）首钢循环经济模式的构建。首钢京唐钢铁厂以循环经济理念为指导，全面推广采用先进的节能、节水、资源回收利用和环保技术，走新型化的工业化道路，对能源实行集中管理和统一调配，一方面把二次能源用于城市生活，利益方面把钢铁厂作为社会废弃物无害化处理中心，实现企业效益、社会效益和环境效益的统一。通过采用大型烧结机和大型球团设备，特大型焦炉和高炉，以及"全三脱"的洁净钢冶炼技术减少了相应工序的能耗和物耗。烧结燃耗由 50kg/t 降低到 43kg/t，烧结铁矿粉耗量由 1010kg/t 降低到 990kg/t，焦化铁水降低燃耗 4~7kg/t，高炉炼铁年节约焦炭 100 万吨/年。生产工序内产生的铁素资源，全部回收利用；非含铁固废通过与建材、化工等行业的链接，大部分转化消纳。钢铁厂更是结合自身区位特点，利用厂内余热进行海水淡化，将淡化盐水用于当地盐厂进行制盐。企业通过实施循环经济战略实现铁素资源 100%循环利用，工业废水 100%循环，固体废物 100%循环利用，水循环利用率达到 97.5%，废水基本实现"零排放"。

7.2.3 钢铁厂发展循环经济实施方案

7.2.3.1 减量化

通过大力推广应用大型化技术装备、先进的工艺技术、现代管理理念，最大限度降低原燃料、原材料及各种资源消耗，从而降低生产过程中废渣、废料、废次材及污染物的产生，节约资源，降低成本、减少排放、提高效益。减量化措施如下。

A 焦化

炼焦技术在我国有近百年的发展历史，但我国炼焦装备水平跨越式的发展和提升阶段是在国际金融危机发生后的近几年时间。在产能高速扩张的同时，炼焦技术得到了迅猛发展。焦炉大型化发展速度加快，2006 年我国引进 7.63m 特大型焦炉，使顶装焦炉由过去的炭化室高 4.3m、6m 发展到现在的 7m 及 7.63m；2008 年我国自主设计的 7m 焦炉在鞍钢鲅鱼圈投产，我国焦炉不断大型化发展，配套水平不断提高。目前，我国已设计出 8m 顶装超大容积焦炉，其技术水平达国际领先。

捣固焦炉在炭化室高 4.3m 的基础上，又开发出 5.5m、6m 和 6.25m 大型捣固焦炉。2009 年我国第一座 6.25m 捣固焦炉在唐山佳华投产，标志着我国焦炉大型化及配套装备水平又迈上了一个新台阶。可靠有效的大型捣固焦炉装备技术的成功研发，加快了我国从世界焦炭生产大国迈入世界炼焦技术强国的步伐。2012 年我国新投产 5.5m 以上捣固焦炉总产能占当年新增产能的比例为 69.9%，至此我国投产的捣固焦炉已超过 370 座，焦炭产能接近 2 亿吨，占 2012 年全国焦炭总产量的 45.1%。

自 20 世纪 80 年代宝钢从日本引进干熄焦技术开始，我国干熄焦技术得到不断发展。2009 年首钢京唐 260t/h 干熄焦及配套装置投产，此装置是目前世界上最大处理能力的干熄焦装置，其技术也代表了世界最高水平。截至 2012 年底，我国共投产干熄焦装置 130 多套，总计干熄焦处理能力达 1.7 万吨/时，配套焦炉能力达 1.5 亿吨/年，50 家大中型钢铁联合企业焦化厂干熄焦配套产能近 90%。

大型焦炉和干熄焦技术的采用，提高入炉焦成品率，减少炼焦煤用量。采用干熄焦工艺，使焦炭强度提高，每吨铁水可降低燃料消耗 3~7kg/t。如图 7-5 所示为目前世界上最大的焦炉及其附属设备。煤气脱硫采用真空碳酸钾配制酸工艺生产硫酸，减少硫铵生产所需硫酸的外购量。

"十二五"期间，产业结构优化调整取得进展。全国淘汰落后焦炭产能 8016 万吨；全国新建常规焦炉 175 座，新增焦炭产能 10842 万吨，其中炭化室高度大于 6m 的顶装焦

图 7-5　大型焦炉外貌

炉和大于 5.5m 捣固焦炉 166 座，产能 10542 万吨。同时，焦炉煤气制甲醇能力达到 1220 万吨；煤焦油加工总能力达到 2280 万吨；苯加氢总能力达到 584 万吨；新建干熄焦装置 93 套，处理能力 12617t/h，干熄焦装置总计 198 套，总处理总能力达到 2.5 万吨/时；建成焦炉煤气制天然气总能力 36 亿立方米/年。新建投产的焦化项目与淘汰落后产能双措并举优化了焦炭与化产品的结构，不仅提升了煤化工资源化综合利用和循环经济的发展水平，而且增加了焦化企业新的利润增长点，并有效地推进了节能减排。

"十二五"时期，我国焦化行业"四新技术"的研发应用取得长足进步。焦化生产新工艺、新技术、新装备、新材料的研发应用取得了一些可喜成果。例如：低氮氧化物排放大型焦炉研发与应用技术、炼焦过程自动化控制技术、大型煤仓储配技术、煤调湿技术、配煤专家系统技术、捣固炼焦技术、干法熄焦技术、粗苯加氢精制技术、煤焦油加氢精制技术、脱硫废液提盐技术、负压蒸馏工艺技术、焦炉烟道气余热利用技术、焦炉煤气制甲醇技术、焦炉煤气制天然气技术、合成催化剂国产化技术、焦化废水深度处理回用技术、焦炉消纳危险固废技术、焦炉烟气脱硫脱硝技术，以及已进入工业试验的换热式两段焦炉技术等，无论从研发设计、装备制造与配套、建设与运行管理各方面，都取得了新的进步或实现了突破性进展。

"十二五"以来，除工业和信息化部经两次修订实施的《焦化行业准入条件》以外，《炼焦化学工业污染物排放标准》、《焦化废水治理工程技术规范》、《焦炭单位产品能源消耗限额》、《环境保护法》等 30 多项焦化产业相关法规、标准先后公布实施，焦化产业法规标准得到进一步健全完善。

据中国炼焦行业协会对焦化会员重点生产企业统计，2015 年，全国焦炭产量为 44778 万吨，同比 2014 年下降 6.5%。焦炭贸易出口 985.54 万吨，同比 2014 年增长 15.11%。2015 年与 2010 年相比，吨焦耗新水由平均 1.98t 下降到 1.53t，下降 0.45t。吨焦产品能耗由 125.55kgce/t，下降到 122.37kgce/t，下降 3.18kgce。另外，由于部分企业新建焦炉煤气制甲醇和 LNG 装置的快速发展，焦炉煤气的利用率大幅提高。各焦化企业加大节能环保设施的配套建设和技术升级改造，焦化生产和环境治理明显改善。焦化行业节能减排取得显著进步。

B　烧结与球团

带式烧结机是目前使用最广泛的烧结设备，由烧结机本体、布料装置、点火装置、抽风除尘设备等组成。目前我国建成和投产了一批超大型烧结机。仅 2008～2012 年间，宁钢 430m²、拜城钢厂 430m²、八钢 430m²、首钢京唐公司曹妃甸 500m²、安阳钢铁 500m²、中天钢铁 550m²、太钢 600m² 等大型烧结机相继建成、投产，不仅采用一系列先进技术，且单机生产能力达到世界领先水平。至此，我国大中型烧结机面积在全国烧结机总面积之中已占有明显优势，烧结矿的质量得到了进一步的提高。烧结机大型化、自动化水平的提高对烧结工序能耗的降低具有明显促进作用，全国重点企业烧结工序能耗由 2008 年55.49 千克标准煤降低至 2012 年 51.14 千克标准煤。

我国球团装备的大型化和现代化取得较大成绩，圆形竖炉、小于 8m² 矩形竖炉逐步被淘汰，新建球团装备基本以大型链算机-回转窑为主。2008 年首钢京唐曹妃甸年产 400 万吨带式焙烧机开始建设，结束了我国带式焙烧球团技术发展停滞不前的局面。2009 年我国球团继续快速发展，宝钢湛江建成了我国第二条年产 500 万吨的单条球团生产线，并且是由我国自主设计、建设的第一条 500 万吨级的球团生产线。2010 年京唐钢铁公司年产400 万吨的 504m² 带式焙烧机投入运行并取得了良好的效果。另外，我国许多球团设备相继建设了脱硫设施，环保指标得到改善。

截至 2012 年，我国单机生产能力 100 万吨/年的链算机-回转窑已有 30 余条，武钢鄂州球团厂年产能力 500 万吨链算机-回转窑设备已经达产，我国球团装备和生产技术不断进步，球团矿生产能耗由 2008 年 31 千克标准煤降低至 2012 年的 28.5 千克标准煤。

在烧结（球团）生产过程中，产生大量含尘和含有 SO_2、NO_x、PCDD/Fs（二噁英）等有害气体的烟气。为保护环境、同时减少主抽风机转子磨损，含尘烟气在排入大气前必须经过机头除尘设施净化。

目前，我国烧结（球团）工序机头电除尘器的除尘效率设计在 90%～99.4%，实测在87%～99.42%；基本能够稳定将排放浓度控制在 80mg/m³ 以下，好的可以控制在 50 mg/m³。但机头电除尘虽然作为一种相对比较成熟的设备，但是对于具有比阻高、颗粒细、黏性大的机头烟气的工况适应性较差。随着使用时间的增加，机头电除尘器极板、极线上的积灰严重，甚至结瘤成为灰柱，除尘效率降低比较明显，低于设计值。而且随之使用时间的增加，除尘效率降低比较明显。已颁布的《钢铁工业大气污染物排放标准烧结（球团）》（GB 28662—2012），对烧结（球团）机头颗粒物排放限值在 40～50mg/m³ 之间（现有企业 2015 年 1 月 1 日起执行），因此这样就要求除尘效率要提高到 99% 以上，致使多数机头除尘器很难满足新的国家的排放规定。此外，电除尘对微细颗粒物的捕集能力不高，特别对 PM2.5 以下的微细粒子捕集不高。电除尘器后排放烟尘中 PM10 达到92.47%，PM2.5 达到 35.56%，主要因为超细粒子难以荷电、电极振打产生的二次扬尘更容易使已捕集的细微粒子逸出。因此，鉴于电除尘自身特点，在实际应用中实现更高的除尘效率和更低的排放浓度 30mg/m³ 以下十分困难。随着国家排放标准的提高及 PM2.5 微细粒子控制的要求，电除尘器即使采用 5 电厂甚至 6 电厂，仍可能达不到国家的排放标准，电除尘器已逐渐不能满足钢铁行业的要求。

截至 2013 年 5 月，全国钢铁工业配置脱硫系统 372 套（454 台烧结机），面积74930m²，其中循环流化床 32 套，石灰石石膏法湿法 180 套，氨法 31 套，氧化镁法 20套，旋转喷雾 26 套。重点大中型钢铁企业配置脱硫系统 236 套（291 台烧结机），面积58042m²，其中循环流化床 26 套，石灰石石膏法湿法 90 套，氨法 27 套，氧化镁法 16 套，旋转喷雾 25 套。此外，钢铁企业 2013 年在建的还有 46 台烧结机。

烧结烟气 SO_2 控制技术主要分为湿法脱硫和干（半干）法脱硫。其中，湿法脱硫技术包括石灰石/石灰-石膏法、氧化镁法、氨-硫铵法、双碱法等脱硫技术。干（半干）法脱硫技术包括循环流化床法（CFB）、喷雾干燥法（SDA）、密相干塔法、新型脱硫除尘一体化技术（NID）、MEROS 法、活性炭法（AC）等脱硫工艺技术，在我国钢铁行业烧结工艺都有应用实例。

采用大型烧结机和低温厚料烧结及烟气脱硫等技术，与传统相比，有减少燃料消耗和节电的显著特点。烧结利用废气余热作为原料干燥的热能和用于点火助燃空气，降低能耗，燃料用量一般由传统工艺的 50kg/t 降低到 43kg/t。球团采用带式焙烧机生产工艺，总能耗降低 10% 以上。如图 7-6 所示，大型烧结机的烧结台车与球团焙烧机。

图 7-6　大型烧结机与球团焙烧机

C　炼铁

高炉发展趋向大型化。截至 2014 年末，我国重点钢铁企业 1000m³ 以上大型高炉 297 座。其中 3000m³ 以上高炉 39 座，2000~2999m³ 高炉 77 座，1000~1999m³ 高炉 239 座。宝钢 4966m³ 高炉、首钢曹妃甸 5500m³ 高炉和沙钢 5800m³ 等 15 座 4000m³ 以上高炉使得我国特大型高炉在世界上占据一席之地（表 7-1）。

表 7-1　2010~2014 年重点统计钢铁企业高炉情况　　　　　　　　　　（座）

炉　型	2010 年	2011 年	2012 年	2013 年	2014 年
高炉合计	598	648	713	689	704
5000m³ 及以上	3	3	3	3	3
4000~4999 m³	11	11	12	13	14
3000~3999 m³	17	19	19	19	22
2000~2999 m³	58	59	69	73	77
1000~1999 m³	127	161	217	225	239
300~999 m³	373	383	383	350	342
299 m³ 及以下	9	12	10	6	7

　　重点统计钢铁企业 1000m³ 以上高炉生产能力所占比例已达到 60% 以上，我国大中型高炉的技术经济指标已达到世界先进水平。国内 1000m³ 级高炉技术指标与国外相当，利用系数、风温优于国外；4000m³ 级、5000m³ 级高炉技术指标整体优于国外。

　　采用大型高炉、精料技术和合理炉料结构，熟料率提高到 90%，综合入炉品位提高到 61% 以上，吨铁入炉矿可以降低到 1600kg/t 以下。在大高炉生产过程中采用高风温和富氧、大喷煤技术，焦比由传统的 380kg/t 可降低到 270kg/t 以下，每年可节约大量焦炭，同时高炉渣量由也可以大幅下降。如图 7-7 所示为采用并罐式无料钟炉顶装料设备和无中继站直接上料工艺的大型高炉外貌。

图 7-7　大型高炉外貌

D　炼钢

　　到 2014 年底，我国钢铁会员企业拥有大约 699 座转炉，其中 300t 以上转炉 11 座，200~299t 转炉 36 座，100~199t 转炉 304 座，100t 以下转炉 318 座。2012 年新投产转炉均为 100t 以上，最大转炉容量达 300t（表 7-2）。

　　我国会员钢铁企业炼钢电炉数量 142 座，产能 5948 万吨，与 2013 年相比，电炉数量增加 25 座。其中 100t 以上电炉 27 座，新投产电炉也均为 100t 以上，最大电炉容量高达 220t，这是目前我国最大的电炉（表 7-3）。

表 7-2　2010~2014 年重点统计钢铁企业转炉情况　　　　　　　　　　　（座）

炉　　型	2010 年	2011 年	2012 年	2013 年	2014 年
转炉合计	518	579	659	642	669
300t 及以上	10	10	11	11	11
200~299t	36	30	34	35	36
100~199t	184	230	284	299	304
50~99t	175	193	214	213	235
49t 及以下	113	116	116	84	83

表 7-3　　2010~2014 年重点统计钢铁企业电炉情况　　　　　　　（座）

炉　型	2010 年	2011 年	2012 年	2013 年	2014 年
电炉合计	153	126	125	117	142
100t 及以上	26	25	25	27	27
50~99t	54	52	48	41	60
11~49t	49	30	33	31	37
10t 及以下	24	19	19	18	18

图 7-8 为 300t 转炉正在兑入铁水，准备炼钢生产。采用 300t 大型转炉和"全三脱"炼钢、溅渣护炉、活性白灰、烟气干法除尘、汽化冷却等技术，实现负能炼钢，与传统工艺相比，每年节水 46%。采用铁水 100% 预处理措施、"全三脱"冶炼、副枪及智能化炼钢、顶底复合吹炼等技术，入炉钢铁料消耗由 1085kg/t 降低到 1070kg/t 以下，减少钢铁料消耗。炼钢采用活性白灰冶炼、挡渣出钢等技术，石灰、白云石等原材料消耗降低，减少了转炉渣排放。优化工艺流程，总图布置上尽量缩短炼铁与炼钢的距离，缩

图 7-8　大型转炉

短铁水运输距离，减少过程温降和金属损失。提高连铸机作业率和连浇炉数，钢水成坯率可得到显著提高。

电炉炼钢比例远低于工业发达国家 30%~50% 的水平。2012 年我国粗钢产量 71654.2 万吨，电炉钢比例仍维持在约 10%。

由图 7-9 看出，近年来我国粗钢产量迅速增长的背景下，电炉钢产量并没有实现同比例增长。其原因主要是因为我国废钢资源相对缺乏导致废钢资源供应不足和价格较高；同时，电价相对也较高，使得电炉钢生产成本较高，产品竞争力较弱，进而限制了电炉钢比例的进一步提高。

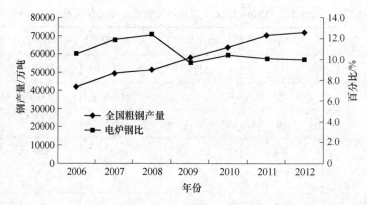

图 7-9　电炉炼钢产量占比

从长远来看，我国钢铁工业已基本度过产能急剧扩张的时期，随着废钢积蓄量的增加和节能减排要求的不断提高，发展电炉钢的驱动力将越来越强，同时，钢铁工业产品结构调整和优特钢产业升级的需要也将一定程度上拉动电炉钢的发展。

根据中国钢铁工业协会的预测结果，2020 年我国粗钢产量按照低中高三个情景预测，产量分别为 72021 万吨、74667 万吨和 77348 万吨。届时，废钢资源产生量将会有明显的上升，国内对节能和环保的要求将进一步提高，电炉钢的竞争优势将逐步明显，电炉钢将会迎来发展的加速期。同时，不可否认的是，高炉-转炉流程仍将是我国未来一段时间甚至是相对长一段时期内粗钢生产的主导流程。因此，2020 年的电炉钢比例将比 2015 年进一步上升，达到 18%～25%，但是仍不能占据主导地位。综合考虑，2020 年我国电炉钢比例取 20%，那么按照低、中、高三个情景，2020 年我国电炉钢预测产量分别为 14404 万吨、14933 万吨和 15470 万吨。

钢铁行业能源消费总量控制将对钢铁行业产生重要影响，从目前国家发展思路来看，高耗能行业获得的能源总量只能减少不会增多，企业今后要想进一步发展，唯有提高电炉钢的比例，况且电炉钢的发展符合节能减排、低碳发展的方向，在 2020 年我国废钢积蓄量到一定程度后，电炉钢所占比例必定会逐渐提高。

E　轧钢

随着连铸技术的发展，采用方（圆）坯连铸机生产的铸坯生产条形产品，采用厚度为 150～250mm 连铸板坯生产板材的技术已逐渐成熟，但存在着从铸坯至最终产品间加工量较大、能耗大、污染较大、生产周期长、成本较高的问题。近终形连铸连轧技术是当前钢铁冶金领域的一项前沿技术。它打破了传统带钢生产工艺模式，直接将钢水浇铸成薄带钢，实现铸轧一体化，使钢铁生产流程更紧凑、连续、高效、环保。在连铸过程中采用2250mm 和 1580mm 等大型宽带钢生产线，减少氧化铁皮产生和废钢的产生，提高成材率；采用节能型加热炉，减少金属烧损量；连铸坯热送热装率达到 75% 以上，减少二次加热烧损；采用连续化生产工艺，综合成材率得到提高。图 7-10 显示了宽带钢的现场生产线。

图 7-10　宽带钢生产线

7.2.3.2　再利用

对生产过程中的废气余热、余压、余气、废水、含铁物质充分利用，做到含铁物质、煤气、废水、非含铁固废全部回收利用，实现废弃资源向社会基本零排放。

A　含铁固体物的处理及综合利用

　　为实现企业循环经济的目标，对烧结、球团、炼铁、炼钢、轧钢等各主要生产工序含铁尘泥充分回收，并在厂内循环利用，回收炼钢钢渣中的渣铁，炼钢、轧钢产生的废钢全部回收作为炼钢入炉料。通过充分回收及利用钢铁厂生产过程中的铁素资源，使铁素资源得到100%利用。如图7-11所示为铁素资源在钢铁企业内部各生产工序间的循环过程。铁矿石经过各生产工序加工后除了得到合格的钢铁产品外，还有部分含铁废弃物生产，如尘泥、轧钢铁皮等，这些废弃物经过处理后又可被各生产工序作为含铁原料使用。

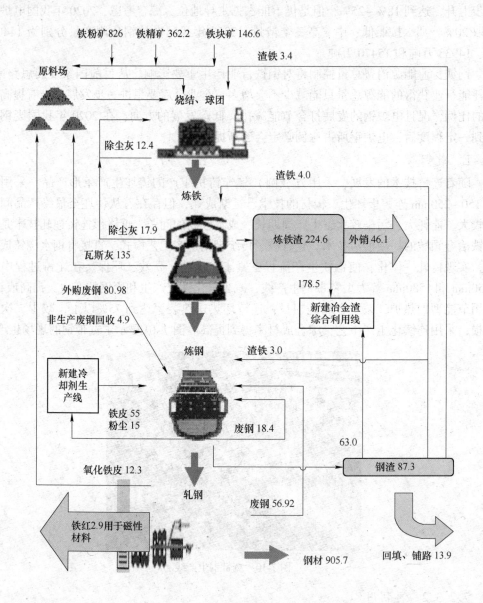

（单位：万吨）

图7-11　钢铁厂生产系统铁素资源循环流程图

B 非含铁固体物的处理及综合利用

图 7-12 显示了非含铁固体物的处理及综合利用措施。利用措施一般可分为以下两种。

a 主要非含铁固体物的处理及综合利用

贯彻循环经济原则，除含铁资源循环利用外，所有固体废弃物，如高炉水渣、转炉渣等，均需综合利用，既要节约成本，又要保护环境。固体废弃物具体利用，大部分采用地区经济协作的方式进行有效处理。

b 其他非含铁固体物的处理及综合利用

（1）脱苯系统再生器产生的残渣混入焦油中回收；焦油渣、生化处理污泥均掺入炼焦煤中再利用。

（2）锌渣全部送冶炼厂重熔使用。

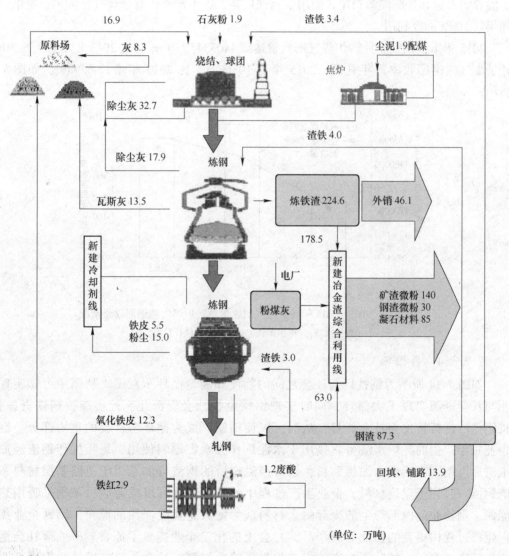

图 7-12 钢铁厂非铁固体废弃物资源循环流程图

（3）冷轧产生的废盐酸设置废酸再生站进行再生处理利用。

（4）自备电站锅炉粉煤灰渣用于生产建筑材料。

7.2.3.3　能源循环利用

充分利用生产过程中产生的余压、废气余热、余气进行能源转化，最大限度降低能源消耗，提高资源的利用率。利用高炉炉顶煤气余压、干熄焦显热和富裕高炉煤气进行发电，利用热风炉废气对助燃空气、煤气进行预热和作为干燥剂干燥喷吹煤粉。利用烧结环冷机高温废气和干熄焦烟气，通过废气余热锅炉，产生蒸气，回收转炉和加热炉气化冷却产生的蒸汽，用于其他工序生产需要，每年通过回收废气余热、余汽增加蒸汽产量。

钢铁厂自产的燃气有高炉、焦炉和转炉三种煤气，为充分回收钢铁生产中副产的二次能源（焦炉、高炉及转炉煤气等），设置高炉、焦炉和转炉煤气柜，提高煤气回收量，减少能源购入量和外购能源费用，除用于钢铁厂各工序生产外，富余煤气全部用于发电，做到煤气100%回收利用。

2015年重点钢铁企业转炉煤气回收量达到$4403343 \times 10^4 m^3$，比2013年增长了6.50%；转炉煤气吨钢回收率逐年升高，2015年达$108 m^3/t$，比2013年增长6.93%，如图7-13所示。

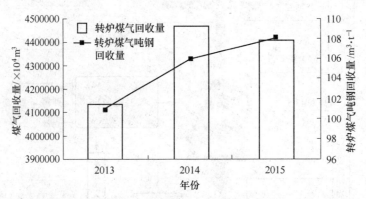

图7-13　2013～2015年转炉煤气回收量及转炉煤气吨钢回收量情况

（数据来源：《中国钢铁工业环境保护统计月报》）

7.2.3.4　再循环

如图7-14所示为钢铁厂与社会之间的物质和能量循环示意图。从图中可知实现企业与社会资源实现了大循环，同时实现钢铁废物社会资源化、社会废物钢铁资源化、将钢铁厂优势转化为社会优势，从而可以使钢铁厂成为循环型社会的重要部分。钢铁企业每年产生的高炉水渣可直接用于水泥厂作为水泥原料使用，每年生产钢渣经加工细磨后可用于高活性水泥掺和料，也可经磁选后的钢渣可加工用于道路基层材料和生产钢渣砖，用于建筑材料。企业生产过程中的高温蒸汽可以成为居民冬季采暖用热能能源，钢铁企业内部产生的废弃耐火材料成为耐火企业生产用的原料，钢铁企业焦化厂生产过程中得到的焦油等副产品为社会上的化工企业提供了原材料等。而社会活动产生的废弃塑料、轮胎等为高炉生产提供了喷吹燃料，社会的建筑拆迁为钢铁企业提供了废钢来源等。

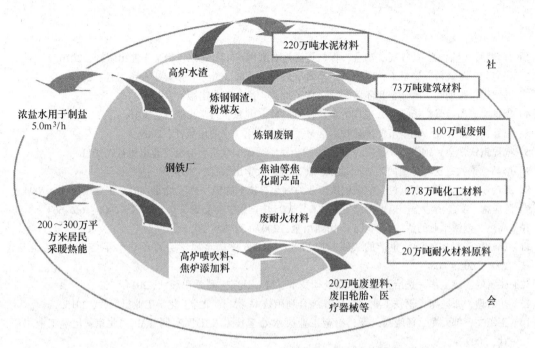

图 7-14　钢铁厂与社会之间的物质和能量循环示意图

参 考 文 献

[1] 张朝晖，赵福才，马红周．冶金环保与资源综合利用 [M]．北京：冶金工业出版社，2016.

[2] 张寿荣，王筱留，毕学工，等．高炉高效冶炼技术 [M]．北京：冶金工业出版社，2015.

[3] 马红周，张朝晖．冶金企业环境保护 [M]．北京：冶金工业出版社，2010.

[4] 李继文，谢敬佩，杨涤心．现代冶金新技术 [M]．北京：科学出版社，2010.

[5] 王社斌，许并茂．钢铁节能减排技术 [M]．北京：化学工业出版社，2009.

[6] 德国钢铁学会．钢铁生产概况 [M]．中国金属学会译．北京：冶金工业出版社，2011.

[7] 李晶．钢铁是这样炼成的 [M]．北京：北京理工大学出版社，2013.

[8] 殷瑞钰，王晓齐，李世俊．中国钢铁工业的崛起与技术进步 [M]．北京：冶金工业出版社，2004.

[9] 陈应耀．实施清洁生产追求持续发展 [C]．2005 中国钢铁年会论文集，北京，2005：662-664.

[10] 高昆．钢铁工业的清洁生产 [J]．山西冶金，2007 (3)：59-60.

[11] 邹红．济钢实施清洁生产的实践与启示 [C]．2006 中国金属学会青年学术年会论文集，北京，2006：605 - 608.

[12] 张雪峰，姚卫华．选冶工业废水新处理技术 [M]．北京：科学出版社，2014.

[13] 岳清瑞，张殿印．钢铁工业"三废"综合利用技术 [M]．北京：化学工业出版社，2015.

[14] 王绍文，邹元龙，杨晓莉，等．冶金工业废水处理技术及工程实例 [M]．北京：化学工业出版社，2009.

[15] 杨岳平，徐新华，刘传富．废水处理工程及实例分析 [M]．北京：化学工业出版社，2003.

[16] 王绍文，王海东，孙玉亮，等．冶金工业废水处理技术及回用 [M]．北京：化学工业出版社，2015.

[17] 张景来，等．冶金工业污水处理技术及工程实例 [M]．北京：化学工业出版社，2003.

[18] 王社斌，许并社，等．钢铁生产节能减排技术 [M]．北京：化学工业出版社，2009.

[19] 钱小青，葛丽英，赵由才．冶金过程废水处理与利用 [M]．北京：冶金工业出版社，2008.

[20] 单明军，吕艳丽，丛蕾．焦化废水处理技术 [M]．北京：化学工业出版社，2007.

[21] 杨作清，李素芹，熊国宏．钢铁工业水处理实用技术与应用 [M]．北京：冶金工业出版社，2015.

[22] 陈继辉．焦炉烟道气低温脱硝技术发展现状及对策分析 [J]．冶金动力，2016 (3)：13-18.

[23] 郑文华．焦化厂余热回收利用技术 [C]．2013 年全国焦化节能减排关键技术研讨会论文集，2013：8-9.

[24] 陶谋鑫．攀钢焦化厂尿素装置投产 [J]．氨肥技术，1992 (3)：59.

[25] 闫小平．焦化余热利用现状与发展 [J]．中国化工贸易，2014 (6)：115.

[26] 张朝辉，赵福才，马红周，等．冶金环保与资源综合利用 [M]．北京：冶金工业出版社，2016：56-100.

[27] 朱廷钰．烧结烟气净化技术 [M]．北京：化学工业出版社，2009.

[28] 王社斌，许并社．钢铁生产节能减排技术 [M]．北京：化学工业出版社，2009：91-143.

[29] 朱廷钰，李玉然．烧结烟气排放控制技术及工程应用 [M]．北京：冶金工业出版社，2015.

[30] 钟秦．燃煤烟气脱硫脱硝技术及工程实例 [M]．北京：化学工业出版社，2007.

[31] 丁全贺，耿云峰．高炉煤气回收利用技术开发与应用 [J]．中国石油和化工，2010.

[32] 陈志斌．国内转炉煤气回收利用技术的现状及发展 [J]．冶金动力，2003 (1)：9-12.

[33] 郭红，程红艳，陈林权．国内转炉一次烟气除尘技术及其发展方向 [J]．炼钢，2010 (26)：71-74.

[34] 王永刚，叶天鸿，翟玉杰，等．转炉煤气干法净化回收技术与湿法技术比较 [J]．工业安全与环保，2008 (34)：10-12.

[35] 闫晓燕. 转炉烟气干法净化回收技术的运用 [J]. 科技前沿, 2011 (12)：62-63.

[36] 吕平, 张春燕. 转炉烟气干法净化回收技术应用 [J]. 冶金丛刊, 2015 (5)：20-23.

[37] 任庆玖. 垃圾焚烧发电厂烟气布袋除尘 [J]. 硅谷, 2008 (13)：73.

[38] 刘晓, 王学斌, 周菊华. 简析垃圾焚烧发电厂烟气污染控制及防治对策 [J]. 能源技术与管理, 2011 (1)：130-133.

[39] 张文斌, 梅连廷. 半干法烟气净化工艺在垃圾焚烧发电厂的应用 [J]. 工业安全与环保, 2008 (34)：37-39.

[40] 贺鹏, 张先明. 中国燃煤发电厂烟气脱硫技术及应用 [J]. 电力科技与环保, 2014 (1)：8-11.

[41] 朱桂林. 钢铁渣在建材工业中的应用 [J]. 中国水泥, 2006 (7)：33-35.

[42] 王海风, 张春霞, 齐渊洪, 等. 高炉渣处理技术的现状与新的发展趋势 [J]. 钢铁, 2007, 42 (6)：83-87.

[43] 王茂华, 汪保平, 惠志刚. 高炉渣处理方法 [J]. 鞍钢技术, 2006 (2)：1-4.

[44] 周传典. 高炉炼铁生产技术手册 [M]. 北京：冶金工业出版社, 2005.

[45] 戴晓天, 齐渊洪, 张春霞, 等. 高炉渣急冷干式粒化处理工艺分析 [J]. 钢铁研究学报, 2007, 19 (5)：14-19.

[46] Bisio G. Energy recovery from molten slag and exploitation of recovered energy [J]. Energy, 1997, 22 (5)：501-509.

[47] Nagata K, Ohara H, Nakagome Y. The heat trans ferperform2 ance of a gas-solids on tactor with regulariy arranged baffle plates [J]. Powder Technology, 1998, 99 (3)：302-307.

[48] 孙鹏, 车玉满, 郭天永, 等. 高炉渣综合利用现状与展望 [J]. 鞍钢技术, 2008 (3)：6-9.

[49] 马军, 邹真勤. 国内外钢铁企业固体废弃物资源化利用及技术新进展 [J]. 冶金经济与管理, 2006 (4)：14-16.

[50] 梁文泉, 王信刚, 何真, 等. 矿渣微粉掺量对混凝土收缩开裂的影响 [J]. 武汉大学学报 (工学版), 2004, 37 (1)：78-81.

[51] 范莲花. 矿渣微粉对混凝土收缩性能的影响 [J]. 太原科技, 2007 (5)：80-81.

[52] 周美茹, 李彦昌. 矿渣粉对混凝土耐久性的影响 [J]. 混凝土, 2007 (3)：58-62.

[53] 赵庆新, 孙伟, 缪昌文, 等. 磨细矿渣掺量对混凝土徐变性能的影响及其机理 [J]. 硅酸盐学报, 2009, 37 (10)：1760-1766.

[54] 金祖权, 郭学武, 侯保荣, 等. 矿渣混凝土硫酸盐腐蚀研究 [J]. 青岛理工大学学报, 2009, 30 (4)：75-86.

[55] YEAUAKY, KIMEK. An experimental study on corrosion resistance of concrete with ground granulate blast-furnaceslag [J]. Cement and Concrete Research, 2005, 35 (7)：1391-1399.

[56] 杨文武, 钱觉时, 范英儒, 等. 磨细高炉矿渣对海工混凝土抗冻性和氯离子扩散性能的影响 [J]. 硅酸盐学报, 2009, 37 (1)：29-34.

[57] 卫蕊艳, 刘孟贺, 张松虎, 等. 矿渣微粉对混凝土性能影响的试验研究 [J]. 洛阳工业高等专科学校学报, 2004, 14 (4)：20-22.

[58] 蒋伟锋. 高炉水渣综合利用 [J]. 中国资源综合利用, 2003 (3)：28-29.

[59] 张培新, 文崎业, 刘剑洪, 等. 矿渣微晶玻璃研究与进展 [J]. 材料导报, 2009, 17 (9)：8-47.

[60] 杨南如. 碱胶凝材料形成的物理化学基础 [J]. 硅酸盐学报, 1996, 24 (2)：209-215.

[61] 王峰, 张耀君, 宋强, 等. NaOH 碱激发矿渣地质聚合物的研究 [J]. 非金属矿, 2008, 31 (3)：9-21.

[62] Cheng T W, Chiu J P. Fire-resistant geopolymer produced by granulated blastfurnace slag [J]. Minerals Engineering, 2003, 16 (3)：205-210.

[63] Oguz E. Removal of phosphate from a queous solution with blastfurnace slag [J]. Journal of Hazardous Material, 2004, 114 (1-3)：131.

[64] Lu S C, Bal S Q, Shan H D. Mechanisms of phosphate removal froma queous solution by blastfurnace slag and steel furnace slag [J]. Zhejiang UnivSci A, 2008, 9 (1)：125-132.

[65] Gong G, Ye S, Tian Y, et al. Preparation of a new sorbent with hydrated lime and blast furnace slag for phosphorus removal from aqueous solution [J]. Journal of Hazardous Materials, 2009, 166 (2-3)：714.

[66] 杨绍利，盛继孚. 钛铁矿熔炼钛渣与生铁技术 [M]. 北京：冶金工业出版社，2006.

[67] 薛向欣，杨合，姜涛. 含钛高炉渣生态化利用的新思路与新方法 [M]. 北京：科学出版社，2016.

[68] 翁义道. 钙镁磷硅肥的生产及其在水稻上的增产效应 [J]. 磷肥与复肥，1999 (6)：70-71.

[69] 雯哲. 高炉渣和钢渣利用的新途径 [J]. 技术与市场，2010, 17 (1)：58.

[70] Hizonfradejas A B, Nakano Y, Nakai S, et al. Evaluation of blast furnace slag as basal media for eelgrass bed [J]. Journal of Hazardous Materials, 2009, 166 (2-3)：1560-1566.

[71] 赵青林，周明凯，魏茂，等. 德国冶金渣及其综合利用情况 [J]. 硅酸盐通报，2006, 25 (6)：165-171.

[72] 耿磊. 钢渣的处理与综合应用研究 [D]. 南京理工大学，2010.

[73] 舒型武. 钢渣特性及其综合利用技术 [J]. 有色冶金设计与研究，2007, 28 (5)：31-34.

[74] 雷加鹏. 国内钢渣处理技术的特点 [J]. 钢铁研究，2010, 38 (5)：46-48.

[75] 靳松. 钢渣处理方法和有效利用的比较分析 [C]. 全国冶金自动化信息网 2010 年年会. 2010.

[76] 王晓娣，刑宏伟，张玉柱. 钢渣处理方法及热能回收技术 [J]. 河北联合大学学报（自然科学版），2009, 31 (1)：120-124.

[77] 叶平，刘玉兰，陈广言，等. 转炉渣的风淬处理及综合利用 [C]. 首届宝钢冶金废弃资源综合利用技术论坛. 2006.

[78] 曾建民，崔红岩，向华. 钢渣处理技术进展 [J]. 现代冶金，2008, 36 (6)：12-14.

[79] 仲增墉，苏天森. 一种钢渣处理的新工艺 [J]. 中国冶金，2007 (10)：61-62.

[80] 魏昶，李存兄. 锌提取冶金学 [M]. 北京：冶金工业出版社，2013.

[81] 黄勇刚，狄焕芬，祝春水，等. 钢渣综合利用的途径 [J]. 工业安全与环保，2005, 31 (1)：44-46.

[82] 张乐军，陆雷，赵莹. 钢渣粉煤灰微晶玻璃的研制 [J]. 新型建筑材料，2007, 34 (1)：7-9.

[83] Karamberi A, Orkopoulos K, Moutsatsou A. Synthesis of glass-ceramics using glass gullet and vitrified industrial by-products [J]. Journal of the European Ceramic Society, 2007, 27 (2-3)：629-636.

[84] 袁萍，孙家瑛，任传军，等. 钢渣微分对沥青混合材料性能影响研究 [J]. 建筑施工，2007, 29 (6)：443-444.

[85] 石东升. 粒化高炉矿渣细骨料混凝土 [M]. 北京：冶金工业出版社，2016.

[86] Ahmedzade P, Sengoz B. Evaluation of steel slag coarse aggregate in hot mix asphalt concrete [J]. Journal of Hazardous Materials, 2009, 165 (1-3)：300.

[87] Hisham Q, Faisal S, Ibrahim A. Use of low CaO unprocessed steel slag inconcreteas fine aggregate [J]. Construction and Building Materials, 2009, 23 (2)：1118-1125.

[88] 孙莉，姜驰，张文静. 钢渣预处理含铬模拟废水的试验研究 [J]. 当代化工研究，2016 (5)：104-105.

[89] 刘盛余，马少健，高谨，等. 钢渣吸附剂吸附机理的研究 [J]. 环境工程学报，2008, 2 (1)：117-121.

[90] Jha V K, Kameshima Y, Nakajima A, et al. Hazardous ions uptake behavior of thermally activated steel making slag [J]. Journal of Hazardous Materials, 2004, 114 (1-3)：139-144.

[91] 娄阳，杜玉如．钢渣处理含镍废水试验研究［J］．化工技术与开发，2009，38（3）：38-40.

[92] 钱小青，葛丽英，赵由才．冶金过程废水处理与应用［M］．北京：冶金工业出版社，2008.

[93] 邓雁希，许虹，钟佐众，等．钢渣对废水中磷的去除［J］．金属矿山，2003（5）：49-51.

[94] 郑礼胜，王士龙，张虹，等．用钢渣处理含砷废水［J］．化工环保，1996，16（6）：342-343.

[95] 张从军，甘义群，蔡鹤生，等．利用钢渣处理含铜废水的试验研究［J］．环境科学与技术．2005，28（1）：85-88.

[96] 林美群．利用钢铁生产废弃钢渣吸附水中苯胺的研究［J］．矿产保护与利用，2007（5）：50-51.

[97] Kang H J, An K G, Kim D S, et al. Utilization of steel slag as an adsorbent of lonic lead in wastewater［J］. Journal of Environmental Science and Health Part A Toxic/hazardous substances & environmental engineering, 2004, 39 (11-12): 3015-3028.

[98] 王士龙，张虹，刘军，等．用钢渣处理含镍废水［J］．贵州环保科技，2003，9（2）：45-48.

[99] 张颖．土壤污染与防治［M］．北京：中国林业出版社，2012.

[100] 刘鸣达，张玉龙，李军，等．施用钢渣对水稻土硅素肥力的影响［J］．土壤与环境，2001，10（3）：220-223.

[101] 张玉龙，刘鸣达，王耀晶，等．施用钢渣对土壤和水稻植株中硅、铁、锰的影响［J］．土壤通报，2003，34（4）：308-311.

[102] 李军，张玉龙，刘鸣达，等．钢渣对辽宁省水稻的增产作用［J］．沈阳农业大学学报，2005，36（1）：45-48.

[103] 付翠彦，郑轶荣，刘建秋，等．对不同配比钢渣脱硫剂脱硫性能的实验研究［J］．洁净煤技术，2008，14（1）：61-64.

[104] 李耀中．噪声控制技术［M］．北京：化学工业出版社，2001.

[105] 马大猷．噪声控制学［M］．北京：科学出版社，1987.

[106] 高红武．噪声控制技术［M］．武汉：武汉理工大学出版社，2009.

[107] 李秋，许勤．某钢铁厂高炉系统工程噪声强度测定分析［J］．中国职业医学，2000，27（4）：49-51.

[108] 郭杰，方航玲，王闻伟．钢铁厂风机房噪声治理［J］．能源与环境，2008（6）：72-74.

[109] 周兆驹，郑耀斌，王建新，等．室外大型空气压缩机的噪声治理技术［J］．环境工程学报，2005，6（5）：74-77.

[110] 常志军，李志然．100t级电炉炉体冶炼噪声控制研究［J］．冶金丛刊，2004（3）：5-7.

[111] 沈秋霞，姚青，赖风香，等．噪声测量仪器的发展［J］．电声技术，2008，32（3）：80-82.

冶金工业出版社部分图书推荐

书　名	作　者	定价(元)
物理化学（第4版）（本科国规教材）	王淑兰	45.00
冶金物理化学研究方法（第4版）（本科教材）	王常珍	69.00
冶金与材料热力学（本科教材）	李文超	65.00
钢铁冶金原理（第4版）（本科教材）	黄希祜	82.00
钢铁冶金原理习题及复习思考题解答（本科教材）	黄希祜	45.00
热工测量仪表（第2版）（国规教材）	张　华	46.00
材料科学基础教程（本科教材）	王亚男	33.00
相图分析及应用（本科教材）	陈树江	20.00
冶金传输原理（本科教材）	刘　坤	46.00
冶金传输原理习题集（本科教材）	刘忠锁	10.00
钢铁模拟冶炼指导教程（本科教材）	王一雍	25.00
钢铁冶金用耐火材料（本科教材）	游杰刚	28.00
电磁冶金学（本科教材）	亢淑梅	28.00
冶金设备及自动化（本科教材）	王立萍	29.00
钢铁冶金原燃料及辅助材料（本科教材）	储满生	59.00
现代冶金工艺学——钢铁冶金卷（第2版）（本科国规教材）	朱苗勇	75.00
钢铁冶金学（炼铁部分）（第3版）（本科教材）	王筱留	60.00
炉外精炼教程（本科教材）	高泽平	39.00
连续铸钢（第2版）（本科教材）	贺道中	30.00
复合矿与二次资源综合利用（本科教材）	孟繁明	36.00
冶金设备（第2版）（本科教材）	朱　云	56.00
冶金设备课程设计（本科教材）	朱　云	19.00
冶金工厂设计基础（本科教材）	姜　澜	45.00
炼铁厂设计原理（本科教材）	万　新	38.00
炼钢厂设计原理（本科教材）	王令福	29.00
轧钢厂设计原理（本科教材）	阳　辉	46.00
冶金科技英语口译教程（本科教材）	吴小力	45.00
冶金专业英语（第2版）（国规教材）	侯向东	36.00